U0004731

賞蛙地圖

楊胤勛 — 撰文攝影
向高世 — 審訂
楊懿如 — 序薦

晨星出版

| 推薦序 |

和蛙類作朋友

東華大學環境學院楊懿如副教授

蛙類是出沒在黑夜裡的頑皮精靈，和風細雨的天氣是牠們的最愛，荷葉當傘、綠葉當帽，就這樣躲在暗處高歌，和你玩捉迷藏。

聰明的蟾蜍是我們的好鄰居，經常慵懶的坐在路燈下守燈待蟲，也是捕捉害蟲的高手。在稻田、平原或池塘看到褐色的蛙類從眼前快速跳過，八九不離十是有一雙彈簧腿的赤蛙，牠們一跳的距離可達身體的三十倍，相當於小朋友一跳就跳過操場。綠意盎然的森林是樹蛙的家，但要找到牠們可要有好眼力，牠們都有絕佳的保護色。溪流、瀑布、溫泉都是蛙類出沒的地方，台灣的蛙類有三十二種，從海平面到三千公尺的高山，都能發現蛙類的蹤跡。

雖然如此，想要拜訪這群善於隱藏的精靈，和牠們作朋友，也不是一件容易的事，牠們的家沒有地址，該如何登門造訪呢？

楊胤勛先生花了好多年的時間，到台灣各地用鏡頭觀察紀錄蛙類生態，並彙整成《賞蛙地圖》，也就是為蛙類的家安裝門牌，讓我們有機會親近觀賞牠們。

為什麼要賞蛙呢？蛙類成體用皮膚呼吸，蝌蚪在水中生活，都直接與自然環境接觸，也迅速反應各種環境變化，是最好的環境監測利器。最近三十年來，由於環境變遷，全球蛙類的數量下降，並引起廣泛的注意。因此，如何提升人類對於蛙類的認識，並以實際行動來保護牠們，已經是刻不容緩。賞蛙就是讓人們親近、認識、接納、進而保育蛙類的最佳方式。

《賞蛙地圖》也是一本蛙類知識小百科，想要瞭解蛙類，並和蛙類作朋友，就從這本書開始吧！

｜作者序｜

懂蛙、賞蛙、愛蛙

楊胤勛

剛開始賞蛙時，因為不懂青蛙，常常撲空，看到很多高手每次夜間觀察都滿載而歸，挫折到差點放棄。幸好二〇〇五年初，因緣際會認識了熱心的蛙友陳明弘（Winsun）先生，在他的帶領下，我快速學習青蛙相關知識及夜間生態攝影技巧，並開始累積賞蛙經驗和觀察要領。透過Winsun，陸續認識何俊霖（Hoher）、李欣學（小潔）、江志緯（小黑）、陳志明（Ziming）等蛙友，因為大家對夜間生態觀察都有狂熱的執著，讓我賞蛙時不再是單槍匹馬，每次活動也因多人多隻眼睛而更加精彩萬分。再加上青蛙公主楊懿如教授、青蛙小站站長李鵬翔兩位大師級青蛙專家無私的指導，並透過李站長設立的青蛙小站上的資料、賞蛙情報網的長期紀錄、青蛙討論區的最新消息和蛙友攝影作品，讓筆者能隨時充實青蛙相關知識和訊息，真是獲益匪淺。

《賞蛙地圖》絕對不是筆者一人之力所可以完成，要感謝的人多到數不完，全台各地的蛙友無私提供賞蛙地點，甚至無條件實地帶領筆者深入各個人跡罕至的賞蛙地點，如高雄蛙友李漢廣先生、新竹油點草農場主人陳紹忠先生、鳥會及蝶會的陳王時老師、台南真理大學的莊孟憲教授等人，這些恩情筆者謹記在心。還有許多朋友知道筆者撰寫本書後，不吝給予建議、指教和鼓勵，甚至免費提供青蛙棲地照片，如向高世老師、兩棲調查小隊永遠的志工李懷莉、網友小工友、李東陽、Neo老師等，沒有您們的幫忙本書必定遜色不少。當然最要感謝是我的家人，他們必須容忍我三更半夜出門賞蛙，甚至搞到隔天天亮才返家，不但沒禁止我這非比尋常的興趣，反而給予我實質的鼓勵和支持。

最後，希望《賞蛙地圖》一書能有助於對賞蛙有興趣卻不知如何入門的人，能快速上手成為賞蛙專家。相信台灣的蛙類也會張開雙手歡迎大家，若能一起加入賞蛙、愛蛙、護蛙的行列，這必定是台灣蛙類之福。

初拿到《賞蛙地圖》時，不禁讚嘆：「新的賞蛙聖經出現了！這本書必將成為每個賞蛙人隨身必備的寶典！」書內對於全台的賞蛙聖地幾乎網羅一空！每個賞蛙點介紹得非常生動且實用，可以感受到作者對每個賞蛙點的熟悉與感情。不只是賞蛙點，書內對青蛙的知識、賞蛙的技巧也有深入淺出的介紹，真是一本適合新手到老鳥的蛙書！

青蛙小站（http://www.froghome.tw/）站長、蛙類攝影專家 **李鵬翔**醫師

台灣是兩棲爬行動物相當豐富的地區，擁有高達32種蛙類，近年賞蛙風氣盛行，賞蛙圖鑑也如雨後春筍般陸續出現，而《賞蛙地圖》是結合賞蛙路線及圖鑑功能的一本工具書，作者楊胤勛先生花費很多時間，利用無數的夜晚，蒐集所有台灣蛙類的生態圖片，及繪製賞蛙路線地圖，是一本結合知性與休閒的課外圖書，有助於民眾對蛙類的認識。希望未來有更多的民眾投入賞蛙活動，一同關懷台灣的蛙類生態。

台北市野鳥學會常務理事、台灣蝴蝶保育學會常務理事、蛙類專家 **陳王時**

青蛙的世界就如人的世界般「風情萬種」，鼓著鳴囊似乎在向人挑釁的青蛙，其實是在向同伴發出求偶的訊息；站在葉子上向天空「仰望」的青蛙、裝可愛的青蛙等不同樣態的Pose，實際上各自代表不同的意義，有的令人驚奇四起，有的則令人發噱不已！究竟青蛙世界有多少種風情，且讓我們一起徜徉青蛙世界吧！

台中縣高美國小校長 **黃財源**

小勛十分喜歡觀察自然生態，平時上山下海走過台灣各個角落，這種不畏艱辛的研究精神讓我非常敬佩，尤其對青蛙的研究更是鉅細靡遺。《賞蛙地圖》書中有非常珍貴的青蛙圖片和介紹，可說是青蛙寶典。好書不寂寞，相信它對台灣未來的生態保育會有很大的貢獻。

台中縣大安國小家長會會長 **陳茂林**

聽完小勛的演講，進而去小勛的部落格看看，才發現原來青蛙有各種各樣的面目！有的可愛得令人愛不釋手；有的站在葉子上向遠處「眺望」，不曉得在沉思些什麼；有的卻讓我忍不住要和牠大吵一架（因為牠鼓鼓的腮幫子似乎在向我下戰帖，縱使小勛說，牠是在求偶啦！）很期待小勛的書，一定和演講一樣精采！讓我們一塊兒「驚豔」吧！

台中縣順天國中學生　**黃玫瑄**

小勛能在伸手不見五指的山裡，找到攀附樹枝上的樹蛙；在溪澗內聽聲辨位找到隱蔽色極佳的斯文豪氏赤蛙；或是走在山徑上，一個伸手，手裡突然「變」出一條蛇來；有時車還在路上開著，他突然停下來，告訴你這條水溝中有哪種蛙正在鳴叫。跟小勛到野外，真是處處充滿驚奇，總能滿載而歸。有時跟著出遊的友人都感到倦了，卻仍見他興致勃勃地抱著相機取景，果真應了「千年等待，就為了換得一瞬間的美麗」這句話。如今，他的細膩、敏銳與堅持終於結成了豐美的果實－小勛要出書了！身為朋友，真為他感到驕傲與開心。透過他的精采的文字與照片，您也能一窺他細膩又敏銳的內心世界，並且認識他所鍾愛的蛙類。衷心地推薦給愛蛙的、正準備開始愛上蛙的您，這本值得收藏的賞蛙圖鑑。

知名山友　**劉佩珊**

台灣氣候溫暖潮濕，蕞爾小島上就發現有32種青蛙，依著四季時序接力登場。想知道要去哪裡拜訪這些山林裡可愛的夜精靈嗎？帶著小勛的《賞蛙地圖》，按圖索驥、聽音辨位，保證讓你有個驚喜不斷的夜晚。

國內最大攝影網站DCView評議委員、資深蛙友　**陳明弘**

認識小勛是在四年前一個仲夏的夜晚，記得那天我們先到高美溼地看海後再轉往新社賞蛙，對他而言我是個賞蛙新手，但他總是在過程中不厭其煩的和我分享賞蛙的經驗和許許多多賞蛙的故事，讓我獲益良多。除此之外我都懷疑他眼睛有著特異功能，每次跟著他的腳步去賞蛙，只見他的手電筒好似東晃晃西照照，然後他就指著那裡說這裡有一隻，那裡也有一隻。青蛙大多有著保護色，小勛到底是怎麼能迅速的發現，真是令人大嘆太神奇了。但隨著自己的賞蛙次數愈來愈多，才知道這特異功能是靠著無數次的經驗及非常了解青蛙的習性及棲地才能達到的。

知名部落客（http://www.tonylee.idv.tw/）　**李東陽**

如何使用本書

《賞蛙地圖》是提供賞蛙新手的推廣性書籍，以大量野外實拍圖片配合淺顯易讀的文字來闡述。共四章，第一章介紹青蛙基本知識，包括生活史、身體構造、天敵和棲地等；第二章則是帶領讀者出門賞蛙，介紹賞蛙裝備、找蛙技巧、紀錄及拍照方式；第三章則是精選100個台灣賞蛙景點，親訪賞蛙天堂；第四章是台灣32種野生蛙類圖鑑；第五章則是青蛙的保育觀念。其中以第三章和第四章為本書重點，閱讀重點如下：

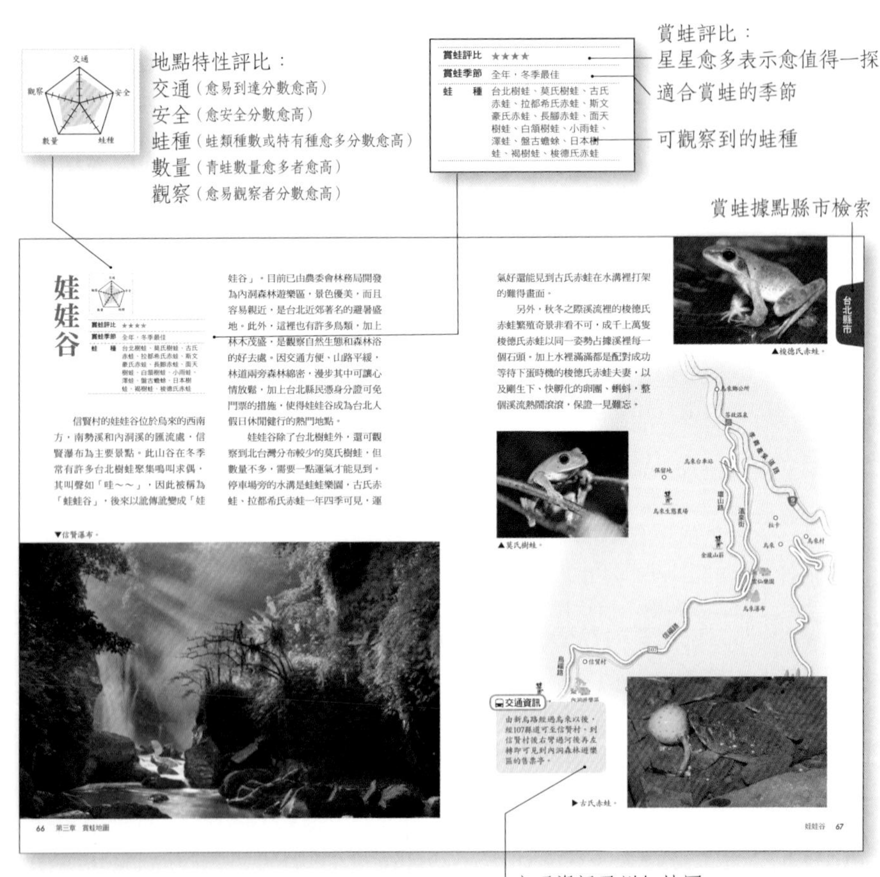

特有種　表台灣特有種

保育類II級　表示珍貴稀有野生動物

特有亞種　表台灣特有亞種

保育類III級　表示其他應予保育之野生動物

俗別名	無
體長	♂ 5 ~ 6.5cm ♀6 ~ 7.5cm
繁殖期	1 2 3 4 5 6 7 8 9 10 11 12
分布海拔	0 500 1000 1500 2000 2500 3000

體長指吻端至尾端

俗別名

著色區為繁殖期

海拔分布

科別

中名

學名

橙腹樹蛙 *Rhacophorus aurantiventris*

俗別名	無
體長	♂ 5 ~ 6.5cm ♀6 ~ 7.5cm
繁殖期	1 2 3 4 5 6 7 8 9 10 11 12
分布海拔	0 500 1000 1500 2000 2500 3000

◆ **棲地**：零散分布在海拔1500公尺以下的中低海拔原始闊葉林中，發現地點包括宜蘭福山植物園、烏來、三峽、北橫明池、東眼山、台中烏石坑、高雄扇平森林遊樂區、屏東太漢山、墾丁國家公園南仁山保護區、台東知本、多良、依麻林道及利嘉等地。

▲腹面橙紅色。

◆ **特徵**：橙腹樹蛙體型中型，身體及四肢修長，頭部吻端尖，上唇白色，鼓膜及顳褶明顯，下唇也有白線，但於吻端處中斷為一大特徵。背部光滑，墨綠色，散布一些白色或黃色的斑點。體側從吻端到股部有一條白線，白線下方鑲有細黑邊，腹側橙紅色，腹部橙紅色沒有黑斑。前肢背面綠色，腹面橙紅色，手臂外側白色皮瓣明顯，指間有微蹼，指端吸盤橙紅色。後肢背面綠色，腹面橙紅色，腿部外側白色皮瓣明顯，趾間蹼發達，趾端吸盤橙紅色。雄蛙具咽下單一外鳴囊。

相似種比較

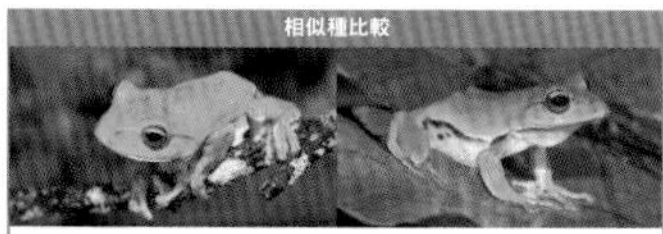

莫氏樹蛙
- 體型略小。
- 體側無白線。
- 後肢內側血紅色且有黑斑。
- 虹膜紅色。

翡翠樹蛙
- 有過眼金線。
- 腹部白色。

342　第四章　賞蛙圖鑑

▶橙腹樹蛙下唇有白線但於吻端處中斷，看起來好像嘟嘴巴要親人的樣子。

▶▼雄蛙具咽下單一外鳴囊。

▼有些個體背上有白點。

橙腹樹蛙 *Rhacophorus aurantiventris*　343

相似種及鑑別重點

鑑別主圖

地圖標記說明

3	國道		台北捷運
2	省道	K	高雄捷運
106	縣道或鄉道		鐵路
72	快速道路		步道入口
	山脈		步道
	機關或學校		瀑布
	遊樂區		農場
	賞蛙景點		寺廟
	溫泉		火車站
			博物館

第四章賞蛙圖鑑邊欄設計為巨棲地，圖例說明如下。至於青蛙的棲地則區分為巨棲地和微棲地，詳細說明請參見第43至46頁。

巨棲地共四種，說明如下：

高海拔森林

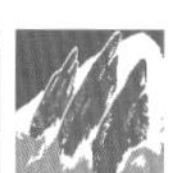

中海拔森林

低海拔森林

平原地區

第一章 青蛙知多少

第二章 賞蛙技巧大公開

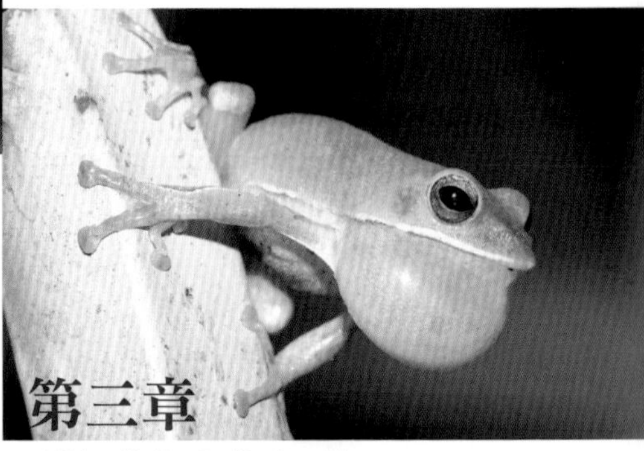

第三章 賞蛙地圖

台北縣市

桃園

新竹

苗栗縣市

台中縣市

雲林嘉義

台南

高雄縣市

屏東縣市

宜蘭縣市

花蓮縣市

台東縣市

南投縣市

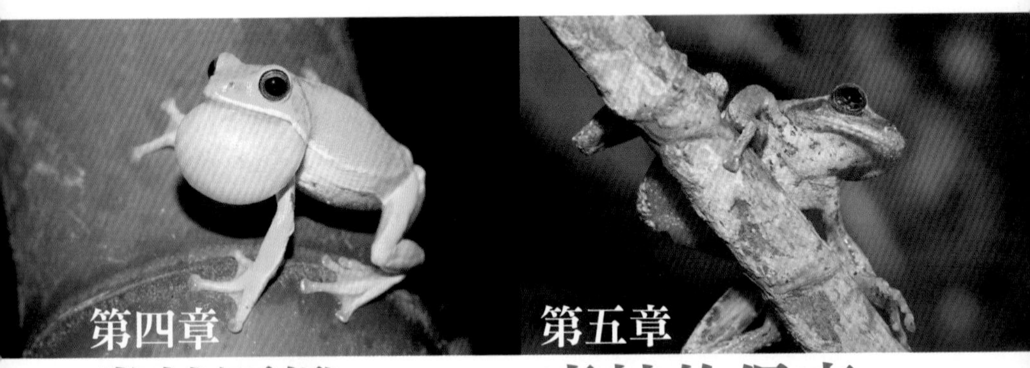

第四章 賞蛙圖鑑

第五章 青蛙的保育

｜結語｜

第一章

青蛙知多少

青蛙的一生

青蛙在分類上屬兩棲類無尾目，所謂兩棲類，是指一大群一生有經歷兩個主要時期，其中幼體時期是生活在水中，用鰓呼吸，成體則是可離水而居，用肺、口腔黏膜和皮膚呼吸的動物。而台灣的兩棲類又可以分為有尾目和無尾目。有尾目的兩棲類動物雖然從幼體到成體中間也會經過變態的過程，但是變態完成後，尾巴並不會消失，例如：台灣高山上所產的山椒魚（山椒魚科）。

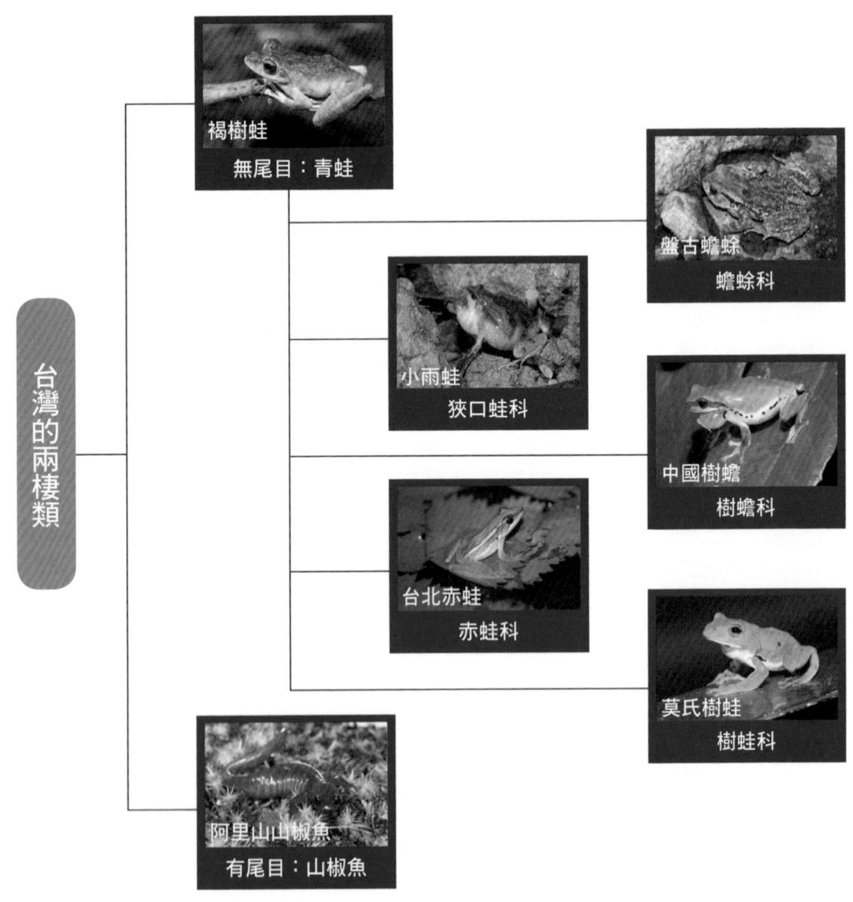

青蛙和蟾蜍則屬於無尾目，牠們在由幼體轉為成體的變態過程中，尾巴會慢慢消失，故名為無尾目。絕大部分的青蛙，一生會經歷三個主要時期，分別是卵、蝌蚪和成蛙，其中蝌蚪是生活在水中的幼體，成蛙則可離水而居。

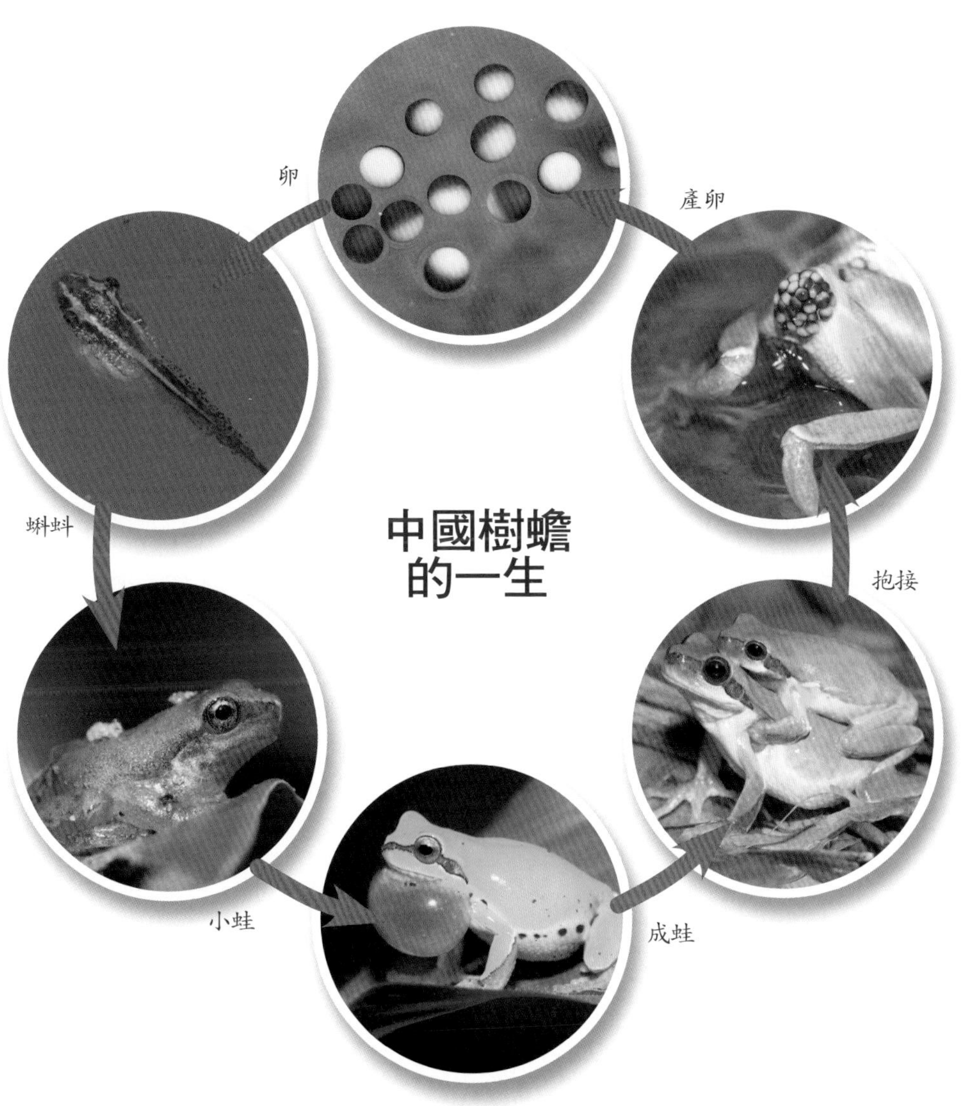

卵

青蛙的卵可以不同聚集方式區分為：一、卵團型：整團相黏；二、卵泡型：呈泡沫狀；三、沉底分散型：一生出來就分散沉入水中；四、卵串型：卵串成一長串；五、片狀漂浮型：成片飄浮在水面上；六、顆粒狀：每顆卵顆粒分明。

▼沉底分散型：如台北赤蛙、日本樹蛙。

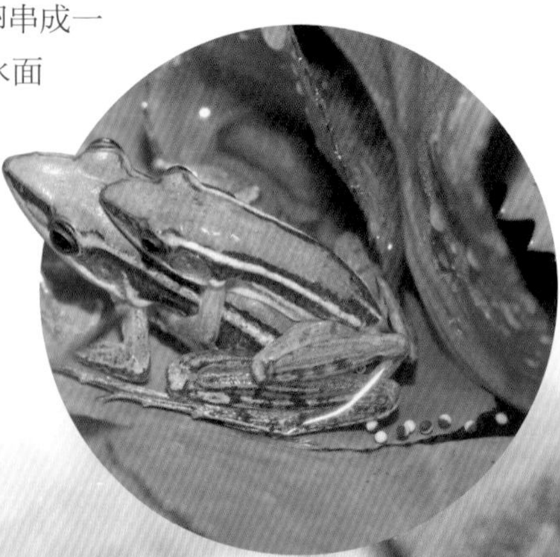

▼卵泡型：如翡翠樹蛙、白頷樹蛙。

▲顆粒狀：如面天樹蛙。

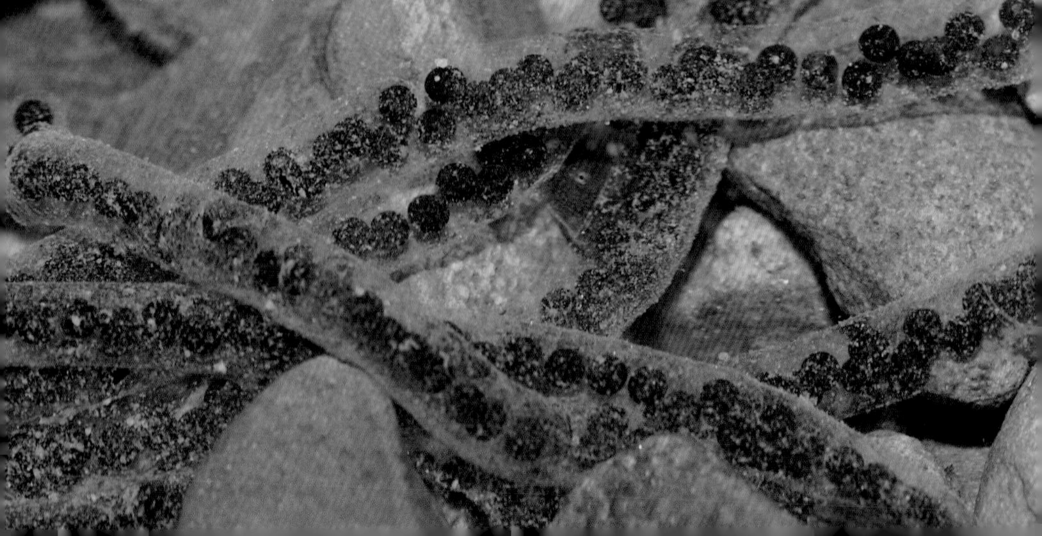

海蛙卵

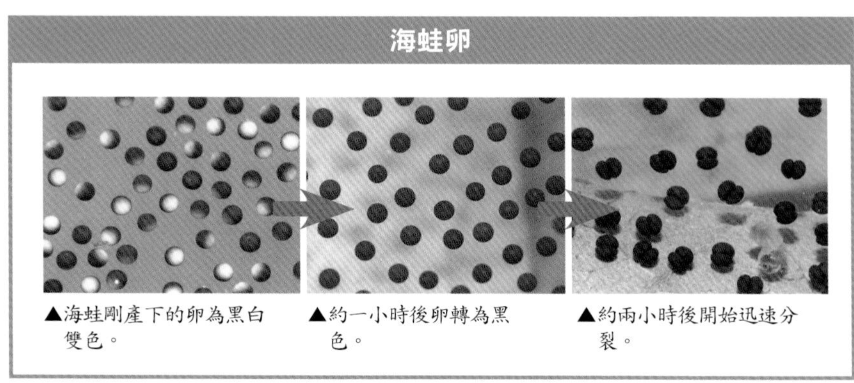

▲海蛙剛產下的卵為黑白雙色。

▲約一小時後卵轉為黑色。

▲約兩小時後開始迅速分裂。

▼卵串型：如盤古蟾蜍、黑眶蟾蜍。

青蛙的卵孵化成蝌蚪所需要的時間會依種類及溫溼度而有所差異，一般來說需要4至10天。而溫度越高孵化時間越短，某些蛙類喜產卵於暫時性水域，這些水域可能因一場大雨而形成，陽光曝曬後便快速消失，故卵的發育必須特別快速，如海蛙、中國樹蟾的卵，在氣溫較高時都僅須一天就可迅速孵化成蝌蚪。而面天樹蛙的卵如果碰到無雨且乾燥的天氣，將不會快速孵化，而大雨過後積水出現，面天樹蛙的卵則可能在一日內孵化完成。

▲片狀漂浮型：如小雨蛙、史丹吉氏小雨蛙、澤蛙、貢德氏赤蛙等。

◀卵團型：如梭德氏赤蛙、長腳赤蛙。（圖中卵已長腳，並因為干擾，而略分散）

蝌蚪

卵孵化之後即進入蝌蚪期，剛孵化的蝌蚪具有羽狀外鰓，但通常很快就會消失，取而代之的是長在外鰓前方的內鰓。

蝌蚪期的長短，會受到許多因素影響。在水溫低的時候，蝌蚪期會拉長，甚至可能度冬至隔年春天才變態。環境條件改變成不適合成蛙生活的時候，蝌蚪期也會增長；相反的，若乾旱造成缺水壓力，則也可能刺激蝌蚪的發育及變態加速。一般在常溫食物充裕情況下，蝌蚪期大約30到40天，但也有例外，如牛蛙蝌蚪就需要兩年才能完成變態。

從蝌蚪變成成體的過程稱為變態，蝌蚪的變態過程是先長出後腳，再長出前腳，長出前腳的蝌蚪尾巴會慢慢消失，並進入小蛙期。

▶正在吃東西的蝌蚪。
▼剛孵化的蝌蚪具有羽狀外鰓。

▶蝌蚪有時也會吃死掉的動物屍體，甚至是同類的屍體。

小蛙

小蛙時期骨骼系統及消化系統會發生很大的轉變，並開始慢慢離開水域，踏出陸上生活的第一步。此時的小蛙暫時無法進食，而是靠著分解尾巴來提供成長所需營養。這些神奇的過程都是經過長期適應與演化的結果，才使得蛙類可以從兩億五千萬年前繁衍至今，並散布於南極洲外的所有大陸。

▲長出後腳的黑蒙西氏小雨蛙蝌蚪。

▲前腳已長出的褐樹蛙。

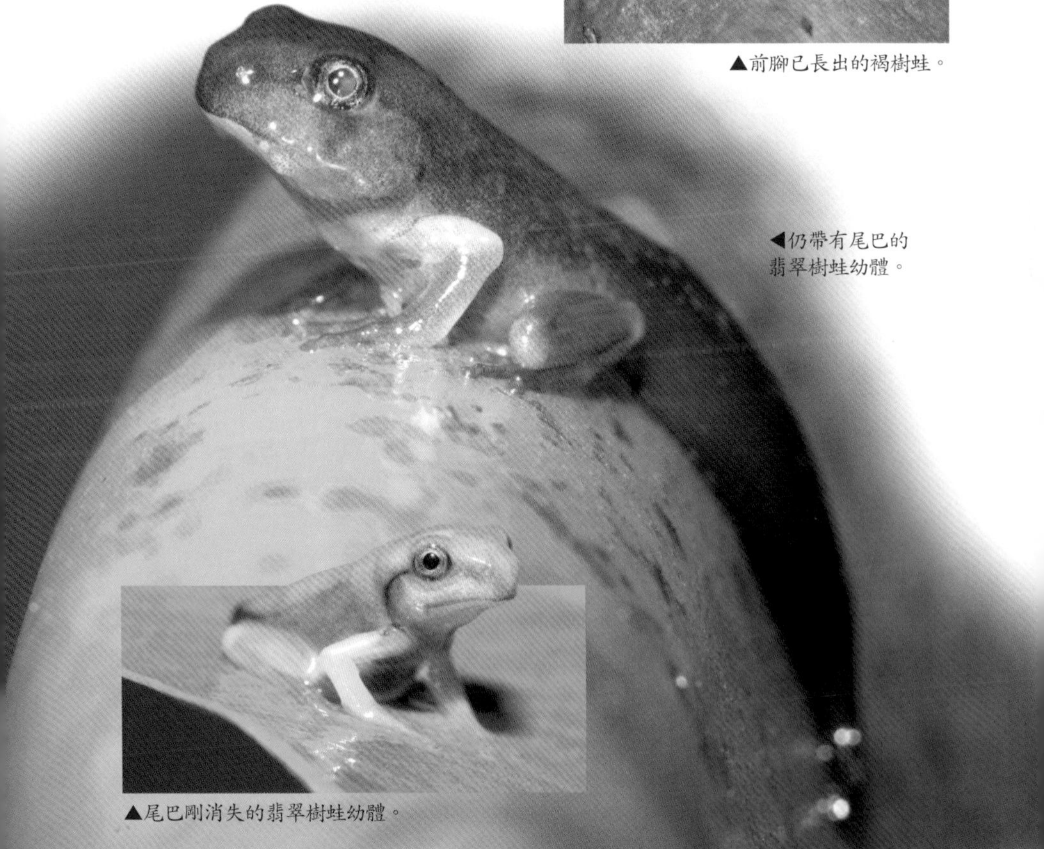

◀仍帶有尾巴的翡翠樹蛙幼體。

▲尾巴剛消失的翡翠樹蛙幼體。

配對

台灣所見到的野生蛙類都是採用體外受精產卵的方式生殖。典型的交配方式是雄蛙抱在雌蛙的背上，這動作稱為「抱接」。開始產卵時，雄蛙通常會用大腿輕夾母蛙的腹側，刺激母蛙排卵，這時雄蛙會將泄殖腔口盡量靠近母蛙，然後公母蛙會同時排卵及排精，以提高受精率。當雄蛙感覺到母蛙體內已經沒有卵，便會主動離開並結束整個交配的行為。

其中，值得一提的是台灣產五種樹蛙和白頷樹蛙的產卵方式非常特別，除了典型的求偶配對儀式外，牠們會做出一團卵泡，並將卵粒安置其中。

製作卵泡的過程相當繁複，公母蛙完成抱接配對以後，母蛙會帶著公蛙來到水裡吸水，這過程對母蛙來說非常辛苦，因為牠必須背著沉重的公蛙入水，吸飽水後，還得頂著比平常重上許多的大肚子，四處尋找適合製作卵泡的地點。因此樹蛙科的母蛙體型通常比公蛙大且強壯許多。

而哪裡適合製作卵泡呢？直接將卵泡打在水中並不適合，因為卵泡長期泡水會腐爛，長在水域上方的植物體或是人造水桶的壁邊應該是較好的選擇，因為等到卵孵化後，只要等一

▲日本樹蛙抱接。

▶拉都希氏赤蛙產卵時，公蛙會用後腿輕壓刺激母蛙排卵。

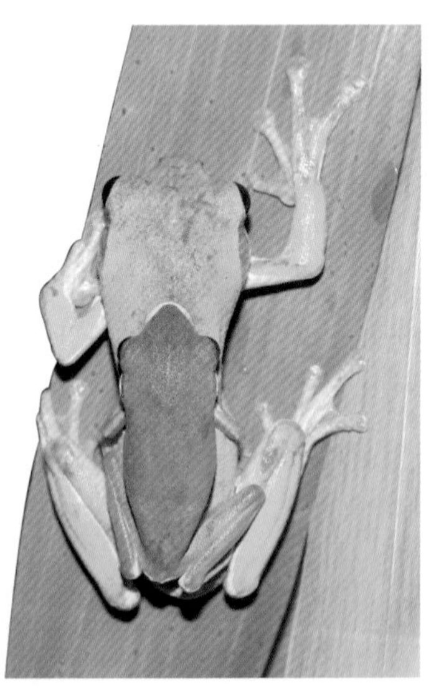

▲諸羅樹蛙的母蛙比公蛙體型大上許多。

▲正在吸水的翡翠樹蛙夫妻。

場大雨，蝌蚪就可以順著雨水進入水桶中成長。

至於踢卵泡的過程耗時多久，每種樹蛙都不同，不過動作大同小異，都是母蛙排出卵混和預先吸好的水分及黏液，公蛙排出精子，然後公母蛙一起用後腳踢打，最後做出一團如泡泡般的卵泡。有些體型較大的蛙種如翡翠樹蛙，因為母蛙肚內的卵數量較多，需要做兩團卵泡才夠用，因此多半還有中場休息並順便補吸水的過程，整個踢卵過程結束，母蛙通常也累到筋疲力竭。

▶正在踢打卵泡的翡翠樹蛙。

青蛙的身體構造

台灣的青蛙目前有32種，有些種類之間長得極像，反而有些同種青蛙在不同個體間的外觀變異卻很大，因此青蛙的辨識對賞蛙新手來說，其實是有難度在的。我們不能單靠顏色、體型或單一特徵就判定是哪種青蛙，一定要多確認幾個部位的特徵才能加以判定。所以了解青蛙身體各部位的名稱是青蛙辨識入門第一課，非常重要。而因為青蛙和蟾蜍的身體構造略有不同，加上青蛙的某些部位是特定種類才有，本書為了力求完整，分別用豎琴蛙、黑眶蟾蜍、中國樹蟾和澤蛙四張圖片來分別加以說明。而不同種的青蛙其蝌蚪身體構造差異並不大，本書採用梭德氏赤蛙蝌蚪為代表來介紹。

豎琴蛙

體長測量

青蛙體長指的是吻端至尾端的長度，而蝌蚪則區分為體長和尾長。兩者的體長皆須以物種的中軸線為基準點測量。

青蛙體長

體 長

蝌蚪體長

體 長
尾 長

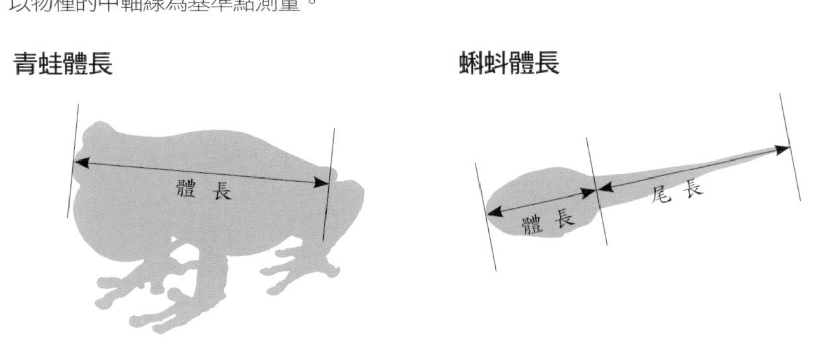

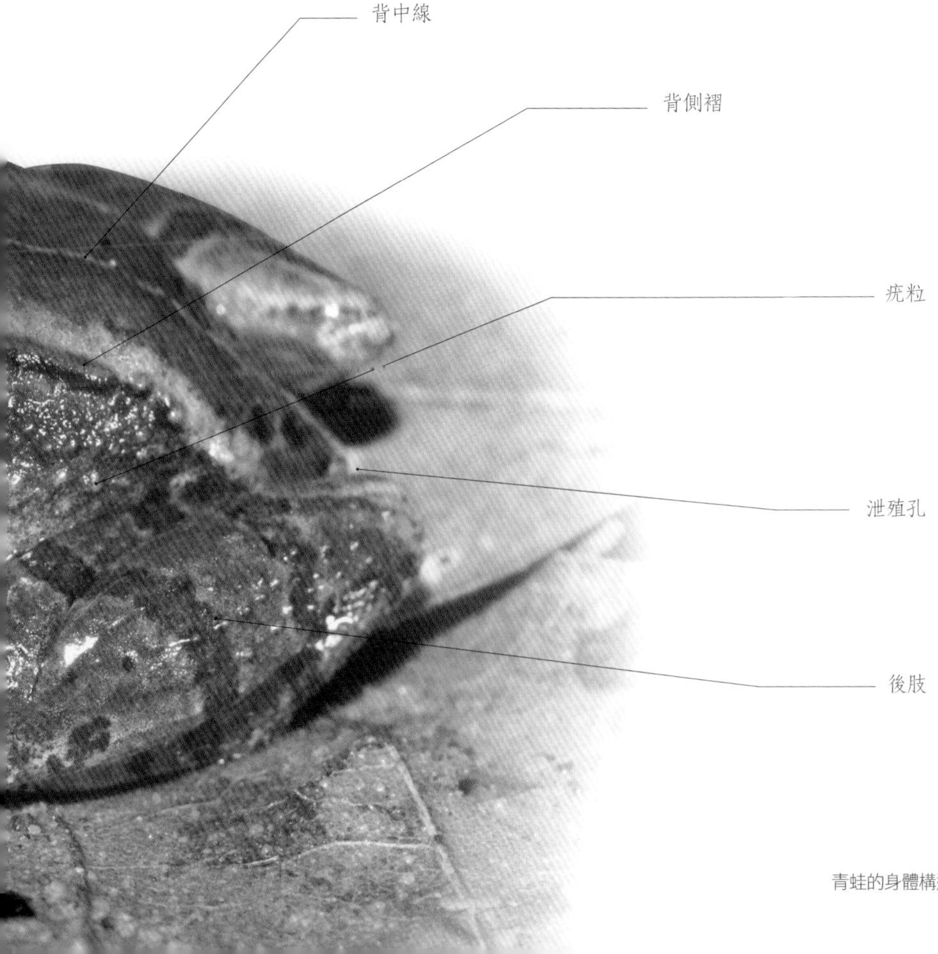

背中線
背側褶
疣粒
泄殖孔
後肢

黑眶蟾蜍

澤蛙

中國樹蟾

梭德氏赤蛙蝌蚪

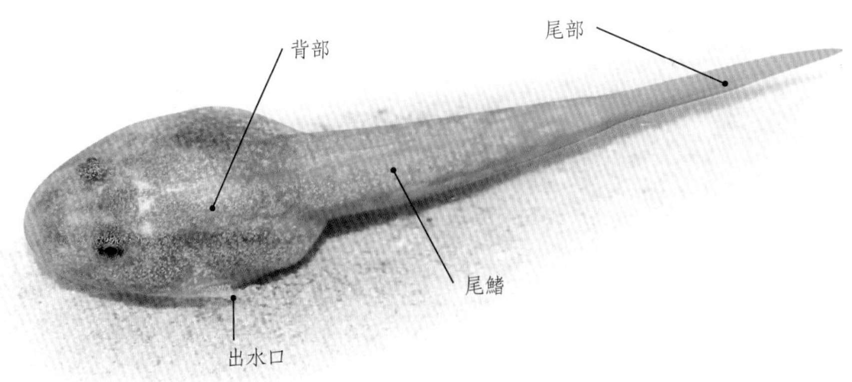

素食或葷食

青蛙在蝌蚪期是以素食為主，不過到了成蛙時期會轉為葷食主義者。其實大部分的青蛙不但是吃全葷，還只吃活的、會動的動物，只要體積是牠們可以吞下的動物，牠們都視為最佳美食。所以從前在田裡釣青蛙時，用什麼當餌並不重要，但是一定要會晃動，這樣青蛙才會上鉤；青蛙不太挑食，以牛蛙為例，舉凡昆蟲、蚯蚓、小魚、小蛙、小蛇、小老鼠甚至小鳥等，都有可能成為蛙類的盤中佳餚。

▼正在吞食蚯蚓的黑眶蟾蜍。

青蛙是大胃王

除了食性廣，同時牠們還是食量驚人的大胃王呢！牠們可以一次吃下和自己身體差不多體積的食物量，所以如果家裡有養青蛙的話，看看牠可以為我們吃掉多少蚊蟲，所以青蛙對於人類，絕對是有益的動物喔！

雖然青蛙的食量很大，但牠們耐餓的功夫也是很厲害的，一旦飽餐一頓後，撐個一兩個月不再進食也不會餓死。當然囉，這群愛吃的傢伙為了滿足口腹之慾，當然捕食和找食物的功力不能太差；像蟾蜍就很聰明，懂得在路燈下守株待兔，等待驅光性昆蟲受光的吸引而自投羅網。而其他蛙類則常利用身體保護色藏在自然界的隱密處，一旦發現有食物經過時，牠們會全神貫注的盯住食物，然後伺機發動攻擊。青蛙捕食的方式是先閉起眼睛，然後吐舌把食物鉤回嘴裡並迅速吞下。

青蛙吞嚥的過程非常有趣，如果只是抓到小型的食物自然沒問題，一口就直接吞到胃裡，但如果抓到的食物是像魚類或是蚯蚓等很大或很長的食物，那吞嚥就沒辦法一氣呵成了，往往都要經過一番的努力，才能完成整個吞食的過程。這時候，我們可以看見青蛙擠眉弄眼甚至手腳並用來幫助吞嚥，非常有趣哦！

▲剛吃下一隻小蟲的拉都希氏赤蛙。

青蛙的天敵

大概是因為青蛙肉質鮮美且營養豐富，所以以青蛙為食的動物其實非常多，一般最為人所知的就是蛇類，筆者其實也有多次在野外見到蛇類吞食青蛙的經驗。青蛙在遭到天敵攻擊的時候，常會吸氣盡量把身體鼓大，讓攻擊牠的蛇類吞嚥難度增高，並發出類似嬰兒哭泣的聲音，好似在求救一般。比起青蛙，蟾蜍因為有毒，許多天敵基本上對牠們是敬而遠之的，但仍有某些蛇能忍受蟾蜍的毒性，如擬龜殼花，就是以蟾蜍為主食的蛇。蟾蜍一旦被蛇攻擊也會有鼓起肚子的反應，但道高一尺魔高一丈，擬龜殼花具有特化的大牙，專門用於刺穿蟾蜍的肚子，所以每次看到擬龜殼花吞蟾蜍，就會看見血肉糢糊的殘忍畫面。

▼青蛙是蛇類的美食。

▶水生昆蟲也會攻擊蛙類。

▲水蛭吸食青蛙的血。

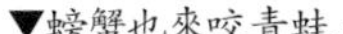

▼螃蟹也來咬青蛙。

螃蟹、水生昆蟲也是天敵

除了蛇以外，還有其他動物如螃蟹、鳥類甚至水生昆蟲也會攻擊蛙類，另外筆者在野外實地觀察時也常常看見青蛙被蚊蟲或水蛭寄生吸血，有趣的是這些蚊蟲也是蛙類的食物之一，可見得在自然界裡誰吃誰還真難說呢！

青蛙除了自然界裡原有的天敵外，現在還多了馬路上的汽車，筆者在野外最不願意見到的就是路上的蛙類屍體，牠們的犧牲真的非常冤枉，筆者也希望各位賞蛙人到了野外，多多注意路上和腳下的蛙類，以免製造太多不必要的殺戮。而人類對蛙類的危害當然不僅於此，影響蛙類生存最大的問題還是來自環境的破壞，因為棲地消失對蛙類的影響將是全面性的毀滅，後果非常嚴重。

青蛙的鳴叫

青蛙鳴叫主要為了求偶，而且只有公蛙會發出求偶的叫聲，母蛙只是聆聽著並透過公蛙的叫聲來選擇對象。母蛙選擇公蛙的條件是什麼呢？主要是比較公蛙鳴叫聲的高低音來鑑別，而非大小聲；一般來說，體型大的蛙叫聲較低沉，母蛙只要選擇低音的叫聲就可以找到較適合的公蛙，這是頗為常見的蛙類擇偶方式。

▶鳴叫中的澤蛙

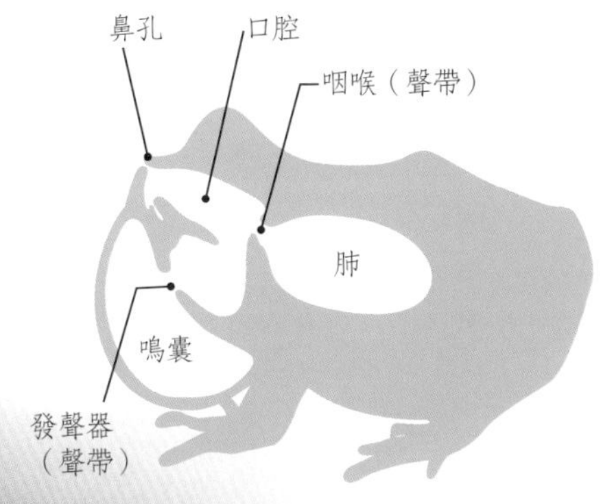

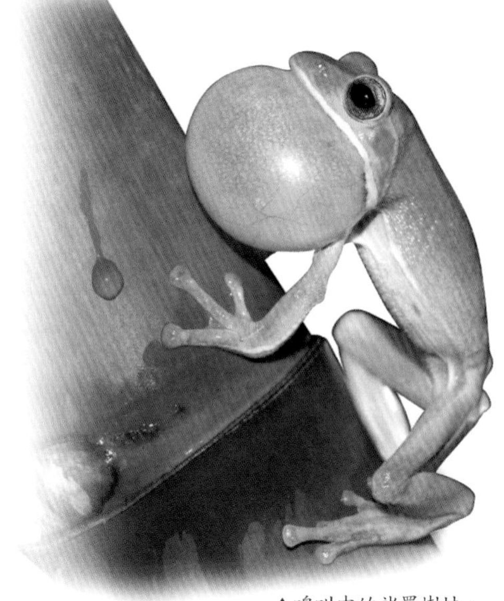

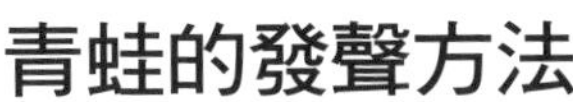
▲鳴叫中的諸羅樹蛙。

青蛙的發聲方法

青蛙的鳴叫和人類說話的方式完全不同，人類張著口說話，但青蛙卻是閉著口鳴叫，可是閉著口要怎麼叫呢？

青蛙在閉著口的情況下透過鼻孔吸入一口空氣，並將空氣擠到肺裡，此時青蛙的肚子會鼓起。當開始發聲的時候，青蛙會關起鼻孔閉氣，再收縮肚子將肺裡的空氣往喉下擠，經過聲帶時將振動聲帶所發出的聲音和空氣一併擠入鳴囊中，鳴囊因為充氣而鼓起，形成共鳴腔將聲音傳出去，之後縮起鳴囊再將氣擠回肺部，這樣就完成一聲鳴叫。

之後青蛙會將這口氣來回在肺與鳴囊間來回傳送，發出一連串嘓嘓嘓嘓的叫聲，有些蛙可以用同一口氣來回叫上千次而不用換氣，但最終這口氣還是要從鼻孔呼出。

鳴囊大小
決定叫聲大小

青蛙的叫聲有時挺像蟲叫聲，但是仔細聽還是有質感上的不同，因為青蛙的叫聲是透過共鳴的方式傳出，所以會比其他蟲類所發出的單純摩擦聲響來得渾厚圓潤，但就音量來說就不一定比較大了。不過蛙鳴因為經過鳴囊的共鳴發送，往往可以比蟲叫聲傳得遠，一般蛙鳴可以傳個三四百公尺不成問題，國外更有紀錄傳超過一公里的蛙鳴聲。而青蛙叫聲的大小和體型無關，反而和鳴囊的大小有關；比如台灣體型最小的小雨蛙，就因為具有超大鳴囊，其叫聲比體型大牠數倍的拉都希氏赤蛙來得大聲。

▲拉都希氏赤蛙的內鳴囊，聲音就像含在口裡。

▼鳴叫聲像蟲的史丹吉氏小雨蛙。

▼小雨蛙有著超大鳴囊，是個大聲公。

▲被紅斑蛇咬住的白頜樹蛙，發出類似嬰兒的叫聲。

其實青蛙不是只有求偶一種叫聲，筆者曾觀察到多次公青蛙的打架行為，在打架的過程中，兩隻青蛙會彼此發出挑釁的爭鬥聲，並靠這聲音了解彼此的位置然後互相接近，相遇後開始大打出手。除了爭鬥外，青蛙被錯抱或是被天敵攻擊時，也會發出的類似嬰兒般的叫聲，這種叫聲稱為釋放叫聲。

▲打架中的日本樹蛙，不斷發出爭鬥聲。

鳴囊型態

青蛙的鳴囊形態多變，以鳴囊外顯程度區分為內外鳴囊之分；以鳴囊的位置區分，則有咽下和咽側兩種；又以鳴囊的個數來分，有單鳴囊和雙鳴囊的差異，也有青蛙是沒有鳴囊的（如盤古蟾蜍）。

▲諸羅樹蛙是咽下單鳴囊。

▲斯文豪氏赤蛙是咽側雙鳴囊。

▲拉都希氏赤蛙是內鳴囊。

▲腹斑蛙是咽下雙鳴囊。

青蛙的感官

青蛙的耳朵

青蛙的耳朵並沒有外耳殼，中耳的鼓膜就直接裸露在外，牠能接受到環境中細微的聲波震動，並藉以判別身處環境的狀況。一般來說青蛙可以聽到附近同伴的叫聲，並加以附和或是比拼。所以當我們在野外實在找不到青蛙時，不妨先準備青蛙的叫聲在現場播放，有些蛙聽到錄音機傳來的其他同類叫聲時，也會誤以為真有同伴在附近而抱以熱烈回應，藉此我們就可

▲貢德氏赤蛙鼓膜特寫。

▶莫氏樹蛙是容易被叫聲欺騙的蛙種。

以發現青蛙的藏身之處喔。

當然聽力如此好的青蛙，也會隨時感受其他不明聲響，所以當我們靠近青蛙時，青蛙就可以感受到我們腳步聲，進而逃離或停止鳴叫。對蛙類而言，鼓膜像是靈敏的小型雷達，可以偵測細微聲波，是不可或缺的避敵利器。

青蛙的鼓膜不只有聽覺功用，同時具備類似擴音器的功能，所以青蛙叫聲的傳播，除了透過鳴囊共鳴後傳出，鼓膜也有貢獻，就像音響的左右喇叭一樣，鼓膜也有發送聲音的能力。所以有些蛙類的公母可以用鼓膜來區分，以台北赤蛙為例，公蛙的鼓膜比眼睛大，母蛙的則是比眼睛小。

▼台北赤蛙公蛙的鼓膜比母蛙的來得大。

青蛙的眼睛

青蛙有著大而明亮的眼睛，這應該就是牠可愛迷人的主因。不過有著大電眼的青蛙視力其實不太好，牠只可以看見物體約略的輪廓，而且只對會動的物體有反應，所以蛙類世界流傳著三句箴言：

- 看到比自己體型小的東西是食物就吃。
- 看到比自己體型略大的東西是異性就抱。
- 看到比自己體型大很多的東西是敵人就跑。

青蛙就靠著這三句箴言來應付牠的生活，當然這麼簡單的判斷方式，出錯的機會也就大了，所以我們常看見不同的青蛙錯抱在一起的現象，錯抱的組合更是千奇百怪，有綠色樹蛙錯抱赤蛙、大蛙抱到小蛙、公蛙抱公蛙、多搶一結果搶的還是別種母蛙、抱到屍體、抱到石頭，甚至抱到卵泡、3P、抱錯蛙還抱到後腿的搞笑樣子，每次看見都讓人哈哈大笑。

▲大眼睛的褐樹蛙，虹膜有T型斑。

▲日本樹蛙公蛙抱公蛙。
▼拉都希氏赤蛙抱錯黑眶蟾蜍，結果被過肩摔。

如果我們再仔觀察青蛙的眼睛，牠是有上下眼瞼的；但是上眼瞼不會動，下眼瞼則可以往上閉合。眼睛裡還有肌肉牽動著可以自由轉動，且因為眼睛位置和口腔連結，所以眼部的肌肉還可以幫助青蛙吞嚥，這也就是為什麼我們可以在青蛙吞嚥時，看見牠們擠眉弄眼擺出千奇百怪的表情。

▶剛吞下一隻蚯蚓的黑眶蟾蜍，眼睛閉起可以幫助牠吞嚥。

完美的偽裝

青蛙主要靠皮膚顏色偽裝，青蛙的皮膚顏色以青綠色、土褐色為主，但皮膚的色素細胞會隨著環境、溫度等外在條件而有所變化，比如躲在土裡的台北樹蛙，常常都是土色的；而棲息在植物體上的個體卻又常是亮麗的綠色，差異很大，有時真讓人不敢相信是相同的蛙種，其實這是蛙類為了配合環境顏色改變體色，達到隱蔽效果。

青蛙保護色

許多蛙類身上都有花紋，乍看下很醒目，卻具有保護效果；例如許多蛙類頭部的眼睛及鼓膜部分有深色縱帶或菱型黑斑，看起來像帶著黑眼罩，事實上這條黑眼罩是為了遮住頭部重要的感覺器官，避免遭受攻擊。此外有些青蛙的四肢有深色橫紋、體側有縱向花紋、或者在背部中央有一條淺色背中線將身體分成兩半，這種花紋主要是為了打破身體原有的輪廓，讓青蛙看起來不像青蛙，錯亂天敵本能的判斷力。

更有趣的是某些青蛙的大腿內側還有醒目的顏色或特殊花紋，而且僅在跳躍或游泳時露出來，例如莫氏樹蛙的大腿內側紅色，白頷樹蛙的的大腿內側及腹側有網狀花紋，當青蛙逃跑時，突然露出不一樣的顏色或花紋，可能使隨後追捕的天敵感到迷惑，青蛙再利用這混亂的一瞬間爭取脫逃的機會。

◀花狹口蛙受到天敵驚擾時會先鼓起身體，再分泌毒液。

▲很多澤蛙在背部中央有條淺色背中線將身體分成兩半，讓身體形狀看起來不像一隻蛙。

▲長腳赤蛙的臉上有黑色菱型斑，可讓天敵無法分辨眼睛的確實位置。

▲白頷樹蛙後腿的網紋可能也有類似的效果。

▲腹斑蛙的四肢有深色橫紋。

▲中國樹蟾的黑色面罩是為了遮住頭部最重要的眼部。

繁殖期變色

但有些蛙類在繁殖季時，體色也會有所變化，例如日本樹蛙、褐樹蛙，公蛙在發情的時期明顯變黃，但母蛙則維持原本褐色為主的色調，加上公蛙母蛙體型大小差異很大，看起來就好像兩種不同的青蛙在抱接一般，非常有趣。而青蛙的皮膚對於蛙類來說，除了具偽裝的效果以外，其實還扮演很重要的角色，例如可以幫助呼吸，還靠它來感應周遭環境的溫濕度變化，有些蛙類皮膚還帶毒性，讓吃下牠們的天敵感到不適甚至中毒，如蟾蜍和花狹口蛙。青蛙的皮膚對環境的敏感度極高，所以是很好的環境指標動物，當蛙類突然從我們居住的地方消失或減少時，也表示附近的環境出現重大變化，將來可能也會影響人類的健康。

▲褐樹蛙公母蛙體型差異頗大，加上顏色上的明顯差異，看起來就好像兩種不同的青蛙在抱接一般。

▲繁殖期變黃的褐樹蛙公蛙

▲植物體上的台北樹蛙體色就很綠。

▲土裡的台北樹蛙體色通常都很土。

▲莫氏樹蛙大腿內側紅色在天敵出現時會露出來，也許會嚇天敵一跳再趁亂逃脫。

青蛙的移動

青蛙最主要的活動方式就是跳躍，因此身體構造也朝向適應跳躍的方向演化。青蛙修長的後肢是名副其實的彈簧腿，會產生往前衝的力量，比較短壯的前肢則能減輕落地後的衝擊力，前後腳各司其職，以完成跳躍的動作。青蛙的後大腿、小腿及足部平常坐疊在一起，就如同壓扁的彈簧，放鬆拉直後往外彈出的力道便可使身體向前，而青蛙為了能夠跳得更遠，騰空以後也會拉長身體減少阻力，簡單一個跳躍動作，就有這麼多的細節配合協調，難怪青蛙是個跳躍高手。另外，青蛙也是游泳高手，長而具蹼的後肢在水裡也是非常有用的利器，讓牠們能靈活行動於水陸兩種環境。

▲吸盤發達的翡翠樹蛙善於爬樹。

▲褐樹蛙為了適應流水的環境，也具有發達的吸盤。

▲碰到天敵站起的盤古蟾蜍。

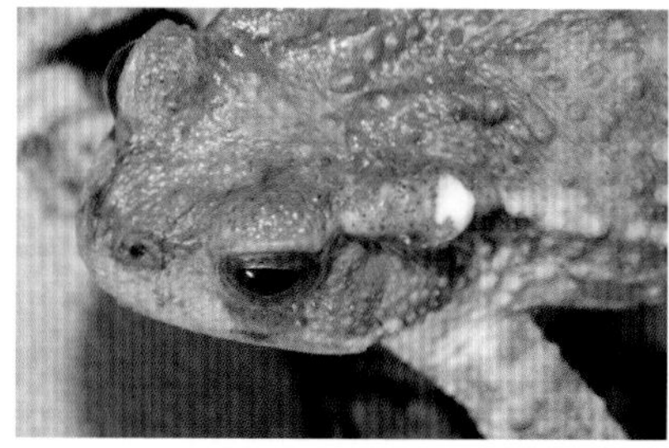

▲從耳後腺分泌毒液的盤古蟾蜍。

蟾蜍笨手笨腳

但蟾蜍就不同了，身體笨重，後肢也不特別長或壯，完全不善於跳躍，運動方式以短跳加行走為主，且走起來又慢又不靈活，尤其在逃命的時候，很難用走路的方式逃脫；好在蟾蜍本身具有毒性，碰到天敵的時候，乾脆就不逃走了，甚至還會鼓氣讓身體看起來更大，接著起身站立做出恫嚇的假動作，用以嚇退敵人。

吸盤有助攀爬

而樹棲性的蛙類，指（趾）端擴大成圓盤狀，指（趾）端腹面有肉墊形成吸盤，讓牠們可以靈巧地在樹上攀爬。通常在溪流活動或生殖的蛙類指（趾）端也具有吸盤，可吸附在溪裡的石頭上避免被潮水沖走。

◀牛蛙利用後肢產生往前衝的力量向前彈出。

青蛙的脫皮

很多人問我青蛙到底會不會脫皮？其實青蛙不但會脫皮，而且是不斷的在脫皮，只是牠們的脫皮都是一小片、一小片的慢慢脫落，就好像我們曬太陽之後的脫皮，不明顯也不容易被察覺。但如果碰上天氣比較乾或是環境有所變化的時候，脫皮現象就會比較劇烈，有時候甚至會看到一大片透明的皮整層脫下。下次在野外幸運看見青蛙脫皮時，趕快拿出相機將過程拍下，因為這些畫面可是非常難得一見的喔！

至於青蛙會如何處置脫下的皮呢？因為青蛙的皮膚富含角蛋白，青蛙通常會把它吃下去。有時候青蛙會乾脆把皮直接放入口中，借用嘴巴的力量把皮扯下，整個脫皮加吞皮的動作一氣呵成，這個又拉扯、又擠眉弄眼的樣子非常有趣。

▲拉都希氏赤蛙正在吞食脫下來的皮。

▶盤古蟾蜍脫皮。

青蛙的棲地

台灣的巨棲地及蛙種分布對照表

巨棲地	巨棲地描述	出現蛙種
平原地區	泛指海拔不高、地形平坦且無森林覆蓋的地區，一般以禾本科植物及部份熱帶及亞熱帶植物為主，多半已經過人為開墾。	盤古蟾蜍、黑眶蟾蜍、中國樹蟾、小雨蛙、黑蒙西氏小雨蛙、花狹口蛙、長腳赤蛙、拉都希氏赤蛙、澤蛙、金線蛙、海蛙、貢德氏赤蛙、虎皮蛙、台北赤蛙、牛蛙、面天樹蛙、白頷樹蛙、諸羅樹蛙
低海拔森林	海拔800公尺以下的丘陵地型，植物以亞熱帶及熱帶闊葉林為主	盤古蟾蜍、黑眶蟾蜍、中國樹蟾、小雨蛙、黑蒙西氏小雨蛙、史丹吉氏小雨蛙、巴氏小雨蛙、花狹口蛙、古氏赤蛙、拉都希氏赤蛙、澤蛙、長腳赤蛙、金線蛙、梭德氏赤蛙、斯文豪氏赤蛙、貢德氏赤蛙、豎琴蛙、虎皮蛙、台北赤蛙、腹斑蛙、日本樹蛙、褐樹蛙、面天樹蛙、艾氏樹蛙、白頷樹蛙、莫氏樹蛙、諸羅樹蛙、台北樹蛙、翡翠樹蛙、橙腹樹蛙
中海拔森林	海拔800-2500公尺的山區、高原，植物以亞熱帶闊葉林、針葉林、混生林為主	盤古蟾蜍、中國樹蟾、拉都希氏赤蛙、長腳赤蛙、梭德氏赤蛙、斯文豪氏赤蛙、腹斑蛙、日本樹蛙、面天樹蛙、艾氏樹蛙、莫氏樹蛙、台北樹蛙、橙腹樹蛙
高海拔森林	海拔2500公尺以上的高山地型，植物以針葉林、高山草原為主	盤古蟾蜍、梭德氏赤蛙、斯文豪氏赤蛙、腹斑蛙、艾氏樹蛙、莫氏樹蛙

台灣的微棲地及蛙種分布對照表

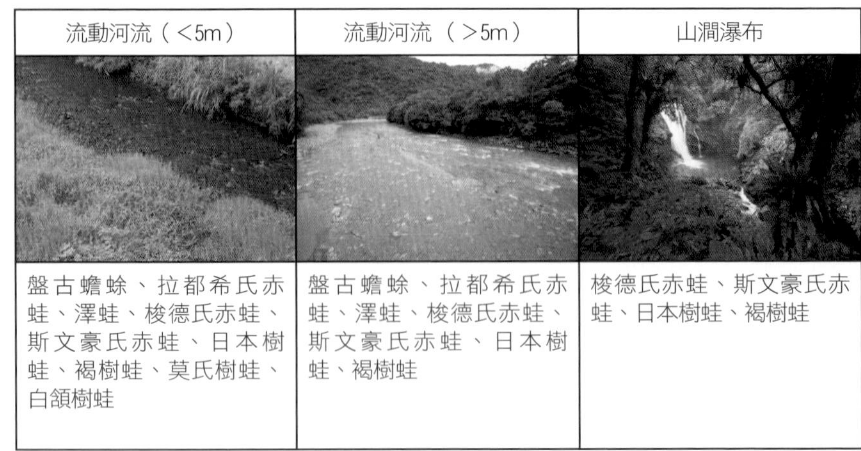

流動河流（<5m）	流動河流（>5m）	山澗瀑布
盤古蟾蜍、拉都希氏赤蛙、澤蛙、梭德氏赤蛙、斯文豪氏赤蛙、日本樹蛙、褐樹蛙、莫氏樹蛙、白頷樹蛙	盤古蟾蜍、拉都希氏赤蛙、澤蛙、梭德氏赤蛙、斯文豪氏赤蛙、日本樹蛙、褐樹蛙	梭德氏赤蛙、斯文豪氏赤蛙、日本樹蛙、褐樹蛙

水池埤塘	水池岸邊	水池邊植物體
盤古蟾蜍、黑眶蟾蜍、腹斑蛙、牛蛙、貢德氏赤蛙、拉都希氏赤蛙、澤蛙、金線蛙、虎皮蛙、台北赤蛙、花狹口蛙	盤古蟾蜍、黑眶蟾蜍、小雨蛙、黑蒙西氏小雨蛙、史丹吉氏小雨蛙、巴氏小雨蛙、腹斑蛙、牛蛙、貢德氏赤蛙、古氏赤蛙、拉都希氏赤蛙、澤蛙、金線蛙、豎琴蛙、虎皮蛙、台北赤蛙、海蛙	長腳赤蛙、台北赤蛙、海蛙、諸羅樹蛙、褐樹蛙、莫氏樹蛙、白頷樹蛙

灌叢	樹林底層	樹洞
中國樹蟾、諸羅樹蛙、艾氏樹蛙、莫氏樹蛙、面天樹蛙、翡翠樹蛙、白頷樹蛙、台北樹蛙	盤古蟾蜍、黑眶蟾蜍、小雨蛙、黑蒙西氏小雨蛙、史丹吉氏小雨蛙、巴氏小雨蛙、面天樹蛙、白頷樹蛙、台北樹蛙	橙腹樹蛙、艾氏樹蛙、莫氏樹蛙

乾溝	水溝	水溝邊植物體
盤古蟾蜍、黑眶蟾蜍、小雨蛙、黑蒙西氏小雨蛙、史丹吉氏小雨蛙、巴氏小雨蛙、拉都希氏赤蛙、澤蛙、面天樹蛙	盤古蟾蜍、黑眶蟾蜍、小雨蛙、黑蒙西氏小雨蛙、史丹吉氏小雨蛙、巴氏小雨蛙、花狹口蛙、古氏赤蛙、拉都希氏赤蛙、澤蛙、長腳赤蛙、金線蛙、虎皮蛙、梭德氏赤蛙、斯文豪氏赤蛙、海蛙、日本樹蛙、褐樹蛙、莫氏樹蛙、面天樹蛙、白頷樹蛙、台北樹蛙	中國樹蟾、褐樹蛙、莫氏樹蛙、面天樹蛙、白頷樹蛙、台北樹蛙

暫時性水域	暫時水域邊植物	喬木
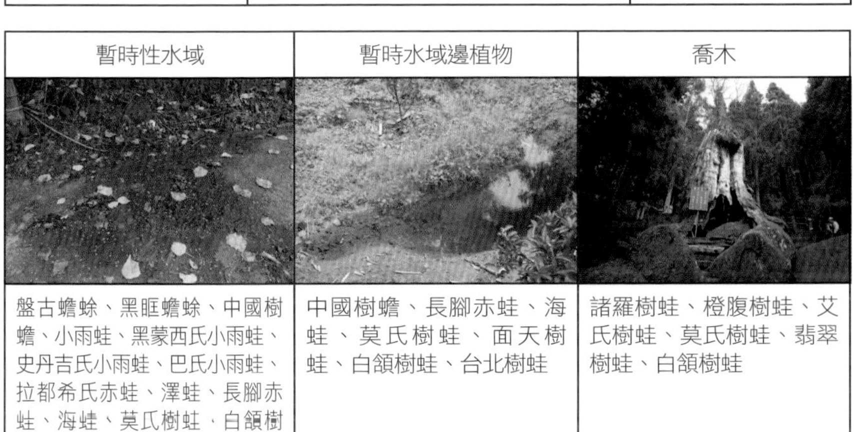		
盤古蟾蜍、黑眶蟾蜍、中國樹蟾、小雨蛙、黑蒙西氏小雨蛙、史丹吉氏小雨蛙、巴氏小雨蛙、拉都希氏赤蛙、澤蛙、長腳赤蛙、海蛙、莫氏樹蛙、白頷樹蛙、台北樹蛙、花狹口蛙	中國樹蟾、長腳赤蛙、海蛙、莫氏樹蛙、面天樹蛙、白頷樹蛙、台北樹蛙	諸羅樹蛙、橙腹樹蛙、艾氏樹蛙、莫氏樹蛙、翡翠樹蛙、白頷樹蛙

短草地	高草地	稻田
盤古蟾蜍、黑眶蟾蜍、小雨蛙、黑蒙西氏小雨蛙、史丹吉氏小雨蛙、巴氏小雨蛙、牛蛙、拉都希氏赤蛙、澤蛙、長腳赤蛙、台北赤蛙、面天樹蛙	中國樹蟾、面天樹蛙、翡翠樹蛙、白頷樹蛙	黑眶蟾蜍、小雨蛙、黑蒙西氏小雨蛙、牛蛙、貢德氏赤蛙、拉都希氏赤蛙、澤蛙、長腳赤蛙、金線蛙、虎皮蛙

竹林	菜園	果園

中國樹蟾、諸羅樹蛙、艾氏樹蛙、莫氏樹蛙、面天樹蛙、翡翠樹蛙、白頷樹蛙	黑眶蟾蜍、中國樹蟾、小雨蛙、黑蒙西氏小雨蛙、拉都希氏赤蛙、澤蛙、長腳赤蛙、虎皮蛙、台北赤蛙、面天樹蛙、翡翠樹蛙、白頷樹蛙、台北樹蛙	中國樹蟾、小雨蛙、黑蒙西氏小雨蛙、史丹吉氏小雨蛙、巴氏小雨蛙、拉都希氏赤蛙、澤蛙、長腳赤蛙、海蛙、諸羅樹蛙、莫氏樹蛙、面天樹蛙、翡翠樹蛙、白頷樹蛙

廢耕地	住宅	馬路
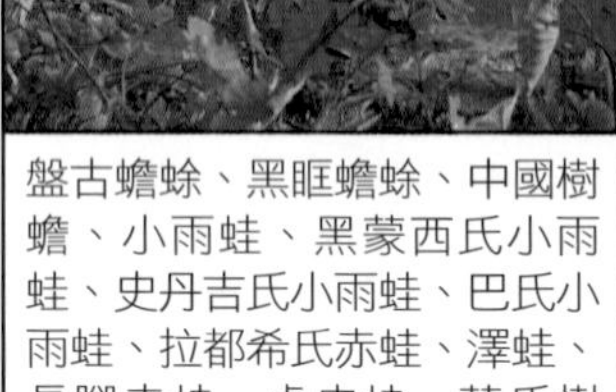		
盤古蟾蜍、黑眶蟾蜍、中國樹蟾、小雨蛙、黑蒙西氏小雨蛙、史丹吉氏小雨蛙、巴氏小雨蛙、拉都希氏赤蛙、澤蛙、長腳赤蛙、虎皮蛙、莫氏樹蛙、面天樹蛙、白頷樹蛙	盤古蟾蜍、黑眶蟾蜍、中國樹蟾、牛蛙、拉都希氏赤蛙、澤蛙、面天樹蛙、花狹口蛙	盤古蟾蜍、黑眶蟾蜍、小雨蛙、黑蒙西氏小雨蛙、史丹吉氏小雨蛙、巴氏小雨蛙、拉都希氏赤蛙、澤蛙、長腳赤蛙、斯文豪氏赤蛙、面天樹蛙

步道

盤古蟾蜍、黑眶蟾蜍、小雨蛙、黑蒙西氏小雨蛙、史丹吉氏小雨蛙、巴氏小雨蛙、拉都希氏赤蛙、澤蛙、長腳赤蛙、褐樹蛙、艾氏樹蛙、莫氏樹蛙、面天樹蛙、白頷樹蛙

第二章

賞蛙技巧大公開

賞蛙裝備

賞蛙活動常於夜間及雨後進行，視線不良加上路面濕滑，危險性比一般生態觀察高，因此需要良好的裝備，以策安全。以下先就服裝、燈光兩方面，說明賞蛙基本裝備。

服裝

賞蛙服裝選擇的原則是：「舒適」、「安全」、「便利」，以下分成鞋、褲、衣、帽等四項來說明：

▲登山鞋

▲運動鞋

鞋

在野外與環境接觸最多的就是雙腳，所以選購鞋子時，不僅得考慮保護效果，還得兼顧舒適和防滑。適合賞蛙的鞋子順序為：雨鞋、登山鞋、溯溪鞋、運動鞋、休閒鞋。雨鞋絕對是最佳選擇，既不用擔心踩入淺水域會弄濕鞋子，而且可以有效防止蛇類蚊蟲的噬咬，再加上價格便宜，強烈建議蛙友必備一雙。可惜，雨鞋質感較硬，若須長時間賞蛙，建議選購內部鋪棉的雨鞋，增加舒適感。

▲雨鞋

褲

褲子以兼具保暖和防蚊蟲的長褲為佳。運動褲較具彈性，穿起來舒適，方便在野外找蛙；牛仔褲較耐磨耐操；排汗褲則有排汗快乾的好處，都是不錯的選擇。但如果有特殊需求，例如深入水池埤塘，或至較深的溪流時，建議穿著及腰或及胸的涉水衣褲，完整包覆下半身，更可以行動自如地找蛙，不過，厚重悶熱的涉水衣褲穿久了會不舒服，這一點需特別注意。

衣

建議穿著長袖衣服，一來可禦寒，二來可防蚊蟲叮咬；夏夜賞蛙則可穿排汗衣。另外，建議選購具多重口袋的衣物，方便攜帶筆記本、圖鑑等物品，如雨天賞蛙，防水衣褲或雨衣也是必備，以免著涼感冒。

帽

強烈建議無論從事任何野外活動，一定要戴帽子，除了保暖，最大功用是保護頭部和防止蚊蟲叮咬。不過，要注意帽沿勿過大，以免產生視線死角，忽略頭上有毒蛇或其他危險。另外，頭巾也是不錯的替代品。

▲多重口袋的衣物

▲連身及胸的涉水褲

▶帽子不僅可保暖，還有保護頭部的功用

燈光

人類的夜間視力極差，賞蛙時的燈光變得重要，除了方便找蛙，更可照明，以免迷路或誤入危險區域。選購燈具時，須注意亮度、聚光度、使用時間、環保和方便性。亮度上只要足夠看清晚上環境即可，因為燈光太亮會太耗電，使用時間不長，也會讓蛙類不適；聚光度好的燈源通常可以照得比較遠，有助於找蛙；環保是指燈具的電池一定要能重複充電為佳。至於，方便性是選擇燈具的一大重點，以下針對幾種常見燈具加以介紹：

手電筒

新的LED白光手電筒，雖然較省電，使用時間也較長，但聚光效果差，亮度也略顯不足，而且這類燈具還是需要手持，使用方便性較差，不太建議使用。不過因為價錢便宜且電池取得容易，若沒有更好的燈具可勉強替代使用。

▲LED白光手電筒雖較省電，使用時間也較長，但聚光效果差，不建議使用。

電池頭燈

可直接戴在頭上的燈具，雙手可空出來做其他事，方便性頗佳。不過這種頭燈也有亮度不足和使用時間短的缺點，長期配戴可能造成頭部不適，並非最佳選擇。

蓄電池頭燈

這種頭燈有可重複充電的蓄電池，雖然較重，但使用時間長。頭燈又有多種型式，最方便的就是配有夾子的型式，可以任意別在衣服上或其他地方，雙手可完全空出來。

高瓦數LED燈

因科技的進步，市面上開始出現高瓦數、高亮度、高聚光性的單顆LED燈具，其中也有配上夾子的型式。這種燈具除了省電，還可搭配三號充電電池，兼具環保性，目前價格偏高，否則應該會是很好用的燈具。

▶燈上具有夾子的高瓦數LED頭燈。

賞蛙守則

賞蛙是非常值得推廣的生態觀察活動，因為主要在夜間進行，可利用放學、下班後在自家附近賞蛙，並不影響白天的工作或行程。另外，青蛙的生活通常離不開水，容易尋找，而且較不畏懼人類，只要我們放輕腳步並隨時注意安全，就能輕鬆賞蛙。而青蛙本身多變有趣的生態行為、可愛逗趣的外表和悅耳的鳴聲等都有吸睛效果，能讓人興起賞蛙的樂趣。不過，在推廣賞蛙活動時，也會擔心因賞蛙人口上升所衍生出來的問題，例如棲地破壞和過度干擾等，可能造成蛙類生存的危機。所以，若能在推廣賞蛙活動時，同時傳達正確的生態保育觀念，相信賞蛙活動和蛙類保育應該能齊頭並進。

▲蛙類可愛逗趣的外表是吸引人的原因。

▲青蛙較其他動物大膽許多，天敵在前也無動於衷。

因此，在正式開始介紹私房的賞蛙地點前，要先和讀者們約法三章，寫明賞蛙守則。希望大家在賞蛙之餘，同時也能注意到青蛙的保育問題，讓青蛙能在自然的環境下永續繁衍，人人有蛙可賞，這才是筆者出版本書的最大原意。

賞蛙守則：

1.不破壞青蛙的棲地。
2.不捕捉或戲弄蛙類。
3.不購買任何蛙類。
4.不用農藥或殺蟲劑。
5.不過度干擾青蛙的生活。
6.不放生。
7.不食用野生蛙類。

▼這麼可愛的青蛙，希望永遠都可以在野外看見牠們。

如何找蛙

備妥賞蛙裝備後，再來就是學習野外找蛙技巧了！相信這也是大多數人購買本書的主因吧？其實找蛙技巧不外乎：挑選賞蛙時機、了解青蛙喜好的棲地和習性、聽聲辨位和聲誘法這四大重點。

挑選繁殖季賞蛙

在台灣幾乎一年四季都是賞蛙季節，不同季節會有不同的蛙種登場亮相。一般以青蛙的繁殖季節為最佳觀察時機，因為這個時期公蛙會特別活潑愛現，鳴叫現象也會較為熱烈，當然也有助於我們發現青蛙躲藏的位置。同時在繁殖季節可以看見更多青蛙有趣的行為，比如抱接、產卵、護幼甚至打架等等，若能遇上這些特別畫面，一定可以讓我們對蛙類的生態有更多的了解（因深知季節對賞蛙的影響，所以在改成第四章介紹蛙種時，都加註繁殖季節月份）。

▶雨中賞蛙很辛苦。

▼春天是小雨蛙的天下，小小的身體卻有超大鳴囊，當然叫聲也很驚人。

▶莫氏樹蛙有時連白天都可以聽到牠們在鳴叫。

▼常在下半夜產卵的拉都希氏赤蛙。

挑選雨天賞蛙

除了挑對季節以外，天氣也很重要，大部分的青蛙都喜歡雨天，不過並不是那種會造成水災或土石流的大雨或豪雨，太大的雨勢反而讓蛙類受到驚擾而躲藏，也讓賞蛙活動的危險性提高，因此並不建議大雨時至野外賞蛙。最佳的賞蛙時機是許久未下雨，忽然下午下了場大雨，但到了黃昏，雨勢就減小或停止，這種天氣青蛙絕對會把握機會出來活動繁殖，同時因為雨已經停了，也不用再拿著雨傘或穿雨衣，安全性也較高，想當然爾這就是最佳的賞蛙時機。

上下半夜賞蛙大不同

賞蛙的時間選擇也是十分重要的，因為青蛙在上下半夜行為會有很大的差異，所謂上、下半夜以午夜12點區分。有些青蛙喜歡在上半夜甚至天一黑時就進入鳴叫的高峰期，但到了半夜，叫聲就會明顯減少，比如諸羅樹蛙、中國樹蟾等蛙種；但有些蛙反而愈晚叫聲愈大，比如面天樹蛙、澤蛙；當然也有連白天都叫不停的蛙種，像莫氏樹蛙、斯文豪氏赤蛙等。而下半夜的賞蛙，往往可以看見更精彩的畫面，因為許多蛙類都喜歡在上半夜完成配對並選擇好產卵地點後，下半夜才開始產卵。甚至也有些蛙類偏好黎明時才下蛋，青蛙下蛋的畫面，保證看一次就會永生難忘。

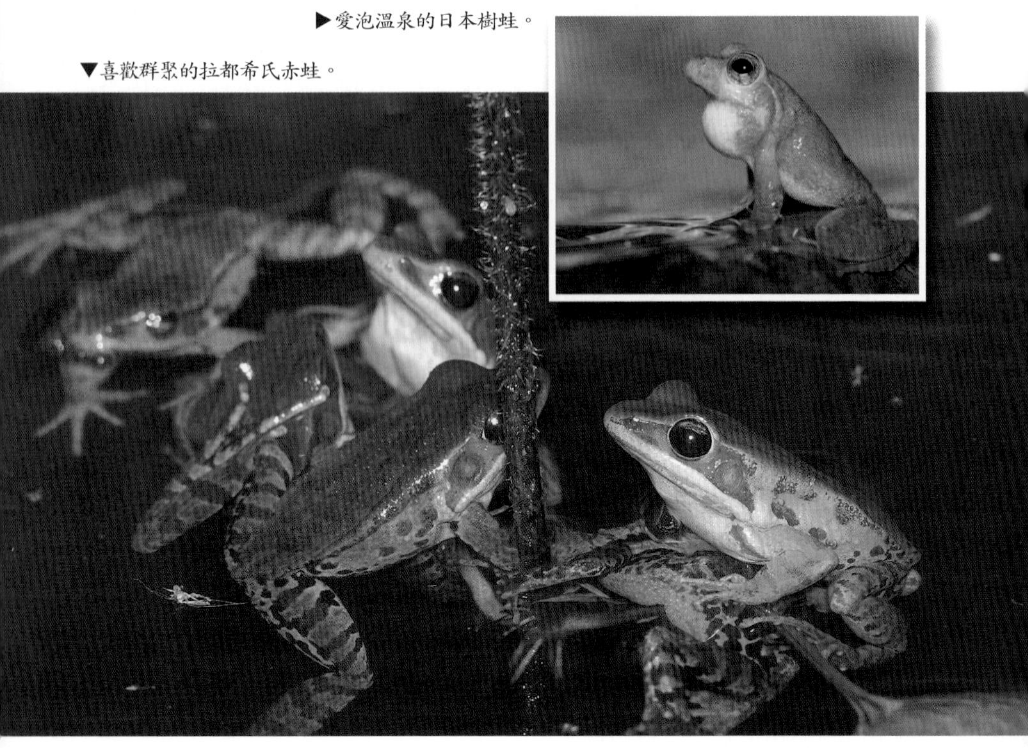

▶愛泡溫泉的日本樹蛙。

▼喜歡群聚的拉都希氏赤蛙。

了解青蛙喜好的棲地和習性

想在野外輕鬆找到青蛙，最重要的就是要了解青蛙喜歡怎樣的環境，再根據環境類型推測當地可能出現的蛙種（可參考第一章棲地出現蛙種列表），如此找起蛙來會更得心應手。另外，可以針對青蛙的習性下手，比如有些青蛙喜歡站在至高點，如褐樹蛙、斯文豪氏赤蛙；有些喜歡躲在掩蓋物下，如小雨蛙、黑蒙西氏小雨蛙、史丹吉氏小雨蛙、巴氏小雨蛙、古氏赤蛙等；但有些青蛙特別喜歡挖洞，如台北樹蛙、花狹口蛙；拉都希氏赤蛙喜歡群聚，還有像愛泡溫泉的日本樹蛙、春天逢下大雨必大鳴大放的中國樹蟾等，愈了解青蛙的特殊習慣，找蛙就愈簡單。本書第五章，會針對蛙種的棲地、習性及觀察重點詳加介紹，只要熟讀，一定得心應手。

聽聲辨位

當我們到了陌生的地方，除了隨意用燈亂照的海底撈針式搜尋青蛙外，還有一個好方法，就是仔細聆聽青蛙的叫聲，並從叫聲來源判斷青蛙躲藏的地方。當我們朝叫聲靠近時，或許可意外發現躲在附近的同類青蛙，或是

◀巴氏小雨蛙體型小又很會躲，要找牠們一定得靠牠們像鴨子般的叫聲。

▼花狹口蛙的叫聲可以傳很遠，循著叫聲就可以發現牠們的棲身之地。

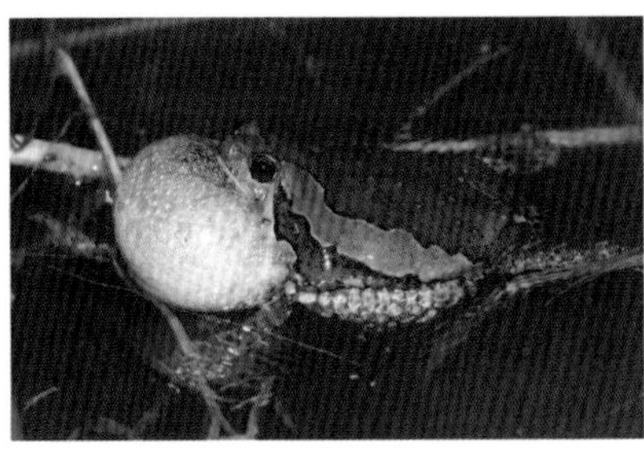

被公蛙叫聲吸引而來的母蛙。但要注意的是腳步千萬放輕、輕聲細語，同時人也不要太多，否則青蛙會因為受到干擾而停止鳴叫。萬一青蛙真的不叫了，不妨先停下腳步，不用多久，青蛙就會再次出聲。

聲誘法

青蛙有時因為受到驚擾或是天氣濕度過低，鳴叫意願不高，導致聽聲辨位的方法無法順利施展時，可在現場播放預錄好的青蛙鳴聲，有些青蛙會因此受騙跟進鳴叫。這種方法對於某些特定蛙種特別有效，比如莫氏樹蛙、諸羅樹蛙等蛙種，有機會試看看喔！

▼諸羅樹蛙也很適合用聲誘法來找尋。

捕抓青蛙須知

筆者不鼓勵在賞蛙時動手抓蛙，原因除了怕傷及青蛙外，也怕人在抓蛙時受傷了。若有非抓蛙不可的動機，請銘記以下捕抓須知。用網子捕抓的成功率高又不會傷及青蛙；若沒有網子而需要徒手抓蛙時，得注意手部清潔，先用清水洗手，確定手上沒有有毒物質後再動手抓蛙，因為蛙類皮膚對許多有毒物質是沒有抵抗能力的。捕抓時要掌握兩字訣，那就是「快」和「準」，先快速的用手往青蛙的上半身蓋下，切記快但不要用力，以免壓傷青蛙，再輕輕將青蛙握在手中，捕抓時可控制青蛙有力的後腿，就不易逃脫了。如果青蛙從您手中逃脫，建議不要再對同一隻青蛙下手，以免青蛙驚嚇過度而造成永久性的傷害。

▲莫氏樹蛙對於叫聲很敏感，很容易被假聲音欺騙。

青蛙怎麼拍？

在底片相機時代拍攝青蛙是件困難的事，笨重的機身、高成本的底片，以及低光下的拍攝技巧都是一道道難關；但今日數位相機已非常普級，不但輕巧方便，且可即拍即看馬上修正拍攝方法，拍攝青蛙的門檻因此降低許多。但若想拍出更專業的青蛙生態照片，還是有許多技巧得學習。以下針對消費級、類單眼和單眼數位相機三種相機類型以及拍蛙的角度及構圖，介紹拍攝青蛙的技巧。

拍蛙角度與構圖

建議拍蛙時得多注意角度與構圖。最好的拍攝高度是和青蛙的視線貼齊，並在青蛙的視線前方留白，這樣會產生一定的視線延伸感；背景盡量單純以突顯圖片主角。不過，雖然最佳拍攝法是如此，但在不用底片的數位時代，不妨大膽嘗試不一樣的角度和拍法，比如把相機拿高一點或低一點，不同的視角可能創造出不同的感覺，也可以拍出青蛙不同部位的特徵；背景雖然以單純較佳，但偶爾也表現一下背景環境，讓照片也可以說明青蛙所在的環境特色，也是很有生態價值的作品。

貼齊青蛙視線

雖然最好的拍攝高度是貼齊青蛙視線，並且在青蛙的視線前方留白，但是數位時代，建議可多嘗試不一樣的角度與構圖，能觀察到青蛙的不同特徵。

背景單純

背景單純的構圖，能突顯圖片主角。

拍出生態環境

背景若是能多拍一點青蛙所在環境，也很有生態價值，能提供賞蛙人辨別蛙種的生態棲所。

消費級數位相機

消費級數位相機是指隨身型的基本款數位相機，通常具備極聰明的自動模式，不須懂攝影知識就能使用，故也稱為傻瓜數位相機。雖然這類型的相機功能受限，但拍攝品質和相機性能已大幅提昇，有些相機已同時具備高畫素、內建防手震、高ISO和高倍光學變焦、內建閃光燈的功能，只要再具近拍模式（小花模式），就已經達成拍蛙的最基本要求。如何使用消費級數位相機拍蛙呢？以下有幾個祕訣非注意不可！

1

使用小花模式 大部分相機用小花圖示來代表近拍模式，所以近拍模式又叫「小花模式」。設定在這個模式下，相機的對焦範圍才會容許使用者在近距離對焦，拍出來的青蛙才可以清楚又大隻。

2

使用望遠端拍攝 以光學變焦的最遠端拍攝青蛙效果最佳，好處在於對青蛙干擾較小，同時因打光角度較佳、閃光燈的照射也會較均勻。不過得注意相機在望遠端的近攝功能是否夠強，以免小型蛙類的主體過小。

3

對焦在青蛙眼睛上 設在中央點對焦，拍攝時使用兩段式拍攝方法，第一段先將青蛙的眼睛放在畫面中央然後半按快門對焦，對焦完成後，勿放開快門，直接移動相機構圖，切記只可以上下左右移動相機，不可前後移動，以免焦點又跑掉，構圖完成後再完全壓下快門完成拍攝。

4

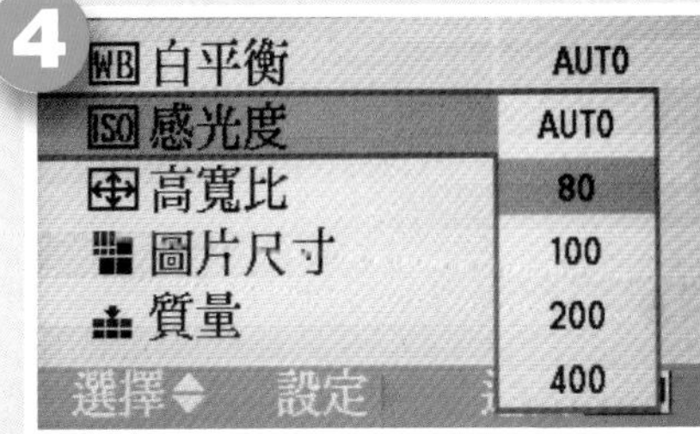

使用ISO100或最低ISO設定 一方面可以讓閃燈不會因拍攝距離過近而產生曝光過度的現象，一方面低ISO也可以得到較純淨的畫質，尤其一般消費級數位相機的CCD感光元件size都不會太大，高ISO通常雜訊較高，並不建議使用。

手電筒打光 手電筒打光並非曝光用，而是為了讓相機可以在較暗環境中快速對焦。若是使用閃光燈產生曝光過度的現象時，也可關掉閃光燈，改用手電筒打光。此時就需要較強的燈光，讓快門維持在安全限度內，不致手震造成照片模糊，甚至可用多盞燈源讓光線分布更均勻。

5

類單眼數位相機

類單眼的數位相機是更進階的相機，通常和單眼相機一樣，有光圈優先、快門優先、全手動拍攝等手動曝光模式，還有手動對焦的功能，只是無法更換鏡頭。有的類單眼相機已有高達20倍以上的光學變焦能力，甚至還可以外掛近攝鏡、增距鏡和外接廣角鏡等功能。售價比數位單眼相機來得便宜，可說是預算有限時的單眼相機替代品。不過這類型的相機通常有著體積不小的砲管，在拍攝上也需要更高的技巧，以下為使用這類相機時需要特別注意的重點：

全手動模式

將相機設定在M模式，以完整掌控光圈和快門設定。拍蛙時，請設定為F8或F11（數字愈大光圈愈小），以求最大的景深；而快門值建議設定為1/500以上，因為類單眼相機多半是電子式快門，沒有快門同步問題，不妨把快門設快一點，避免閃燈離物體太近曝光過度，並減少其他雜光干擾。

外加近攝鏡、閃光燈

類單眼相機有可附加鏡頭的螺紋或套筒設計，可讓使用者自行購買外掛的鏡頭，建議加上近攝鏡，提昇放大的效果，有助於拍攝體型較小的蛙種或蝌蚪。若相機有熱靴的設計，可考慮外掛閃燈，以獲得更好的打光效果。

近拍設定

和消費機一樣，要記得切換到小花模式，以方便能接近青蛙拍攝，得到較大的放大率。

ISO感光度設定

這一點和消費機一樣，設定到最低ISO，以求得到較純淨的畫質。

數位單眼相機

如果還想更進階拍出專業級作品，可以考慮選購入門級的數位單眼相機。目前的入門級數位單眼相機因為感光元件大、對焦速度快、操控反應佳、畫質好、後製空間大，再加上更完整、素質佳的鏡頭群搭配，已可拍攝出極佳的經典青蛙生態圖。不過，更高階的相機也代表可控制的設定更多，當然需要更高的拍攝技巧，以下是筆者使用數位單眼相機的一些技巧重點：

使用微距鏡

使用數位單眼相機拍蛙一定要搭配合適的鏡頭，一般來說微距鏡是最適合的選擇，而焦長以100mm左右最適中；但短焦廣角的微距鏡可拍出較有透視感的照片，並拍入較多的環境，長焦則可突顯青蛙主體，並拍出景深淺散景美的圖片，可依需求選擇適合的鏡頭。

全手動的設定方式

單眼相機可設定更小的光圈，建議一定要設到小於F8的光圈，最好是F11-F22，因為單眼相機的景深會比消費機或類單眼相機更淺，如果無法設定更小光圈，極可能拍出僅局部清楚的蛙圖；但若光圈設定過小，很可能會使閃燈回電較久，畫質下降。

外接閃燈

很多數位單眼相機都內建閃光燈，但是內閃效果不好，近攝時又常被鏡頭擋住光線，不建議使用，以外接閃燈較佳，其中又以原廠的TTL閃燈最好。進階使用者可選擇雙閃、環閃或離機閃燈，讓照片更富變化。

ISO的設定

雖然低ISO的設定可以得到更純淨的畫質，不過現在數位單眼相機的技術進步，稍高的ISO值如ISO200、400，雜訊都還在可以接受的範圍，而高一點的ISO值設定可以讓閃燈回電較快，閃燈電池也可以撐較久。

賞蛙記錄

賞蛙過程裡如果能花一點時間，將所觀察到的蛙種、出現棲地及其他相關資料記錄下來，長期累積下來必能迅速鍛鍊自己的賞蛙技巧，銘記所有賞蛙的經驗與心得。此外，還可以在青蛙小站的賞蛙情報網分享自己的觀察結果與心得，與其他蛙友交流，目前賞蛙情報網上的情報資料在眾蛙友的努力下已頗具規模。如果想更進一步了解青蛙知識並尋找同好，也可以加入各縣市的兩棲調查小隊，相關資訊可上青蛙小站（http://www.froghome.tw/）查詢。

兩棲類調查記錄表

地點：		GPS（T97）：E □□□□□□□	,N □□□□□□□□
環境：	□高山草原 □針葉林 □混生林 □闊葉林 □墾地 □草原 □裸露地		海拔：
日期：		時間：	調查者：
氣溫：		水溫：	相對濕度：
天氣：	□晴 □多雲 □陰 □小雨 □大雨		頁碼：　/

種類	記錄方式		生活型態	成體行為	流動水域			水溝			靜止水域			暫時性水域		備註
	目視	聽音			河流		山澗瀑布	水溝	乾溝	水溝邊坡	水域	岸邊	岸邊植物	水域	水邊植物	
					<5m	>5m										
	□	□														
	□	□														
	□	□														
	□	□														
	□	□														
	□	□														
	□	□														
	□	□														

種類	記錄方式		生活型態	成體行為	樹林				草原		開墾地										備註
	目視	聽音			喬木	灌叢	底層	樹洞	短草	高草	水田	旱田	果園	竹林	廢耕	住宅	車道	步道	空地	其他	
	□	□																			
	□	□																			
	□	□																			
	□	□																			
	□	□																			
	□	□																			
	□	□																			
	□	□																			

生活型態：1.卵塊 2.蝌蚪 3.幼體 4.雄蛙 5.雌蛙 6.成蛙(無法分辨雌雄)
行　　為：2.聚集 3.鳴叫 4.築巢 5.領域 6.配對 7.打架 8.護幼 9.單獨 10.攝食 11.休息 12.屍體

第三章

賞蛙地圖

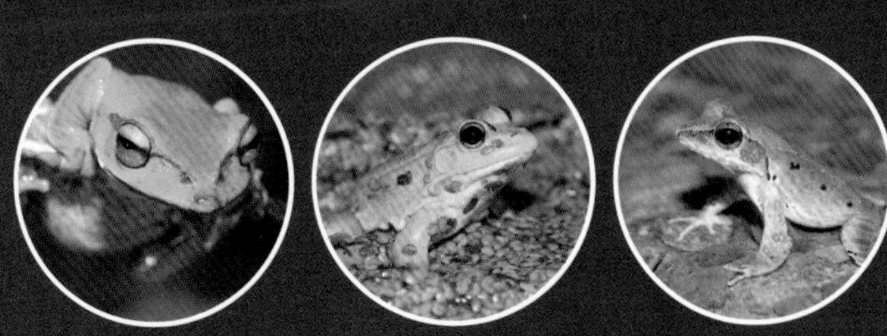

四崁水

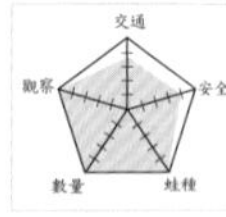

賞蛙評比	★★★★★
賞蛙季節	全年
蛙　　種	翡翠樹蛙、台北樹蛙、艾氏樹蛙、面天樹蛙、白頷樹蛙、日本樹蛙、褐樹蛙、斯文豪氏赤蛙、古氏赤蛙、拉都希氏赤蛙、腹斑蛙、澤蛙、長腳赤蛙、貢德氏赤蛙、虎皮蛙、盤古蟾蜍、小雨蛙、中國樹蟾、黑眶蟾蜍

四崁水位於翡翠水庫附近，是翡翠樹蛙最重要的棲地，為北台灣著名的賞蛙聖地。四崁水海拔約300公尺，氣候潮濕多雨，非常適合蛙類生活。從新烏路轉進桂山路後，途中會經過多個菜園、茶園和竹林，因為常擺放灌溉用的蓄水池、水桶或廢棄浴缸等，多種蛙類會利用這些半人工水源繁殖，所以雖然是人為開發過的山坡地，但仍是蛙況極佳的賞蛙景點。

四崁水因為棲地的多樣性高、雨量多且海拔高度適中，提供蛙類非常

▲四崁水有很多半人工的水源，如水桶、蓄水池等。

▶翡翠樹蛙在四崁水一年四季都可以見到，但以春秋兩季最多。

▶桂山路61巷內有多處私人菜園、茶園和竹林，請賞蛙人進入前記得先取得主人的同意，並小心農家辛苦的成果。

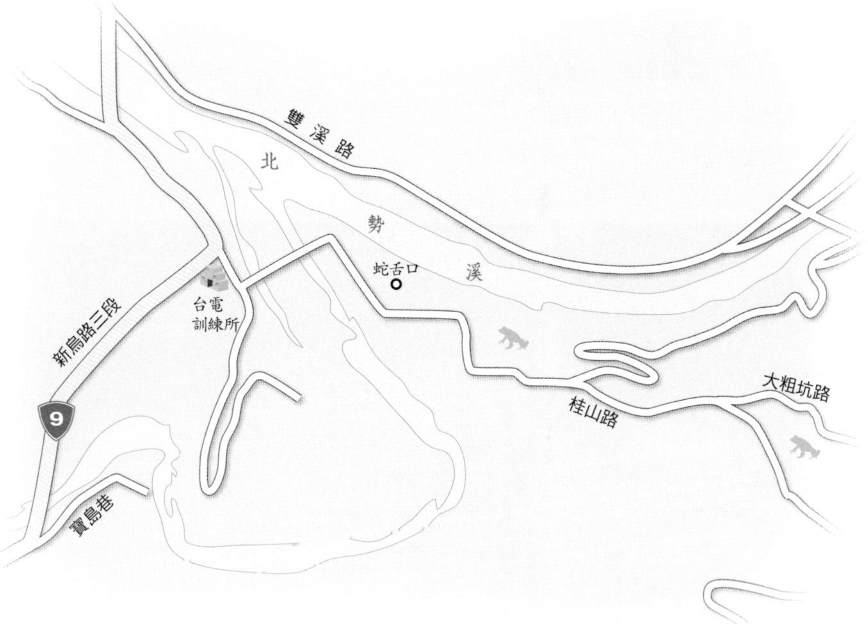

▶桂山路的入口就在新烏路三段台電公司訓練所旁。

交通資訊

沿新烏路（台9甲線）到台電公司訓練所旁桂山路左轉過橋，並於第一個右彎路口右轉後直行接桂山路，沿著桂山路續行即可抵達。

好的棲息空間，因此不管青蛙種類及單一蛙種族群數量都非常豐富。可見的蛙種多達20種，一年四季都可賞蛙，除了春秋的主角翡翠樹蛙以外，尚有夏天最熱情的腹斑蛙、白頷樹蛙、中國樹蟾，及冬天才出沒的台北樹蛙、長腳赤蛙、艾氏樹蛙、盤古蟾蜍等，眾蛙輪流登場，使得四崁水可說幾乎天天都是賞蛙好日，也是北台灣最佳賞蛙地點。

近年來，有人在此野放原分布於雲嘉南一帶的諸羅樹蛙，但四崁水畢竟不是諸羅樹蛙原棲地，族群能否延續及對於原生蛙種和當地生態的影響仍須觀察。在此特別呼籲愛蛙及善心人士請勿隨意放生，被放生的物種不見得能適應新環境，反而可能造成棲息在原來地方的物種受到生存條件的壓縮。

另外，四崁水的菜園、茶園和竹林，都是私人土地，進入前應先得到主人的同意，賞蛙過程中也請不要喧鬧，並小心農人辛苦栽種的農作物，不要為了觀察方便破壞農家的辛苦成果，甚至引起當地居民對賞蛙人士的反感。

▼翡翠樹蛙在四崁水一年四季都可以見到，但以春秋兩季最多。

廣興

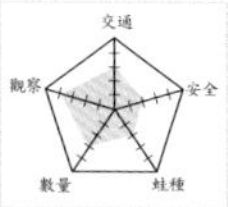

賞蛙評比	★★★
賞蛙季節	全年，秋季最佳
蛙　　種	翡翠樹蛙、台北樹蛙、艾氏樹蛙、面天樹蛙、白頷樹蛙、拉都希氏赤蛙、澤蛙、長腳赤蛙、盤古蟾蜍、小雨蛙、中國樹蟾

▲新烏路右轉過橋處。

位於新店的廣興，也是觀賞翡翠樹蛙的重要據點，距新店捷運站不到半小時車程，算是大台北地區易達的賞蛙點之一。翡翠樹蛙最集中的位置在廣興羽玄宮附近的菜園，菜園置有多個蓄水容器，為翡翠樹蛙最愛的繁殖地。每逢春秋兩季翡翠樹蛙繁殖的高峰，只要在雨後的晚上來此，幾乎都有不錯的發現。除了翡翠樹蛙，廣興可觀察的重點蛙種有：面天樹蛙、艾氏樹蛙、拉都希氏赤蛙、白頷樹蛙、小雨蛙、澤蛙等。

建議可以在烏來泡溫泉的行程中加入廣興的踏青賞蛙活動，另外，覺圓寺前有往菜刀崙山的步道，羽玄宮後面，也有往向天湖山的步道，最遠可達滿月圓，來此踏青訪古道也是不錯的選擇。唯這裡自然環境原始，加上山徑較小不易會車，遇雨後山路濕滑且視線較差，務必小心駕駛。

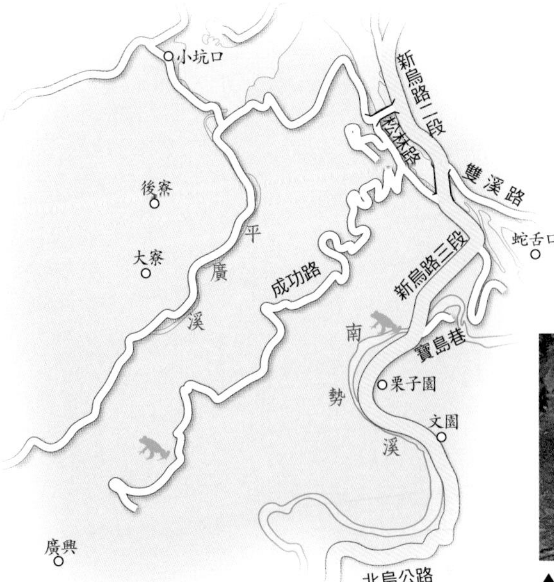

交通資訊

走新烏公路由新店往烏來方向，過第一個加油站後，有黃色閃燈、路標「往廣興」方向右轉過橋，過橋後立即左轉，右邊第二條岔路，也就是過左側的「湖苑」咖啡之後，有「成功路」及「松林路」路標，往成功路方向上山前行，跟著往羽玄宮的路標即可抵達。

▲菜園的蓄水桶為翡翠樹蛙最愛的繁殖地。

娃娃谷

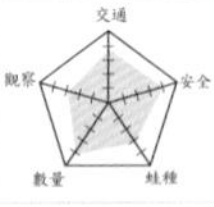

賞蛙評比	★★★★
賞蛙季節	全年，冬季最佳
蛙　　種	台北樹蛙、莫氏樹蛙、古氏赤蛙、拉都希氏赤蛙、斯文豪氏赤蛙、長腳赤蛙、面天樹蛙、白頷樹蛙、小雨蛙、澤蛙、盤古蟾蜍、日本樹蛙、褐樹蛙、梭德氏赤蛙

信賢村的娃娃谷位於烏來的西南方，南勢溪和內洞溪的匯流處，信賢瀑布為主要景點。此山谷在冬季常有許多台北樹蛙聚集鳴叫求偶，其叫聲如「哇～～」，因此被稱為「蛙蛙谷」，後來以訛傳訛變成「娃娃谷」。目前已由農委會林務局開發為內洞森林遊樂區，景色優美，而且容易親近，是台北近郊著名的避暑盛地。此外，這裡也有許多鳥類，加上林木茂盛，是觀察自然生態和森林浴的好去處。因交通方便、山路平緩，林道兩旁森林綿密，漫步其中可讓心情放鬆，加上台北縣民憑身分證可免門票的措施，使得娃娃谷成為台北人假日休閒健行的熱門地點。

娃娃谷除了台北樹蛙外，還可觀察到北台灣分布較少的莫氏樹蛙，但數量不多，需要一點運氣才能見到。停車場旁的水溝是蛙蛙樂園，古氏赤蛙、拉都希氏赤蛙一年四季可見，運

▼信賢瀑布。

氣好還能見到古氏赤蛙在水溝裡打架的難得畫面。

另外，秋冬之際溪流裡的梭德氏赤蛙繁殖奇景非看不可，成千上萬隻梭德氏赤蛙以同一姿勢占據溪裡每一個石頭。加上水裡滿滿都是配對成功等待下蛋時機的梭德氏赤蛙夫妻，以及剛生下、快孵化的卵團、蝌蚪，整個溪流熱鬧滾滾，保證一見難忘。

▲梭德氏赤蛙。

▲莫氏樹蛙。

烏來鄉公所
答故溫泉
孝義產業道路
烏來台車站
保留地
烏來生態農場
環山路
溫泉街
9甲
拉卡
烏來村
烏來
金瀧山莊
雲仙樂園
烏來瀑布
信福路
107
信賢村
烏福路
大納農場
內洞遊樂區

交通資訊

由新烏路經過烏來以後，經107縣道可至信賢村。到信賢村後左彎過河後再右轉即可見到內洞森林遊樂區的售票亭。

▶古氏赤蛙。

石碇平溪線

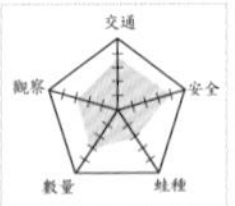

賞蛙評比	★★
賞蛙季節	全年
蛙　　種	拉都希氏赤蛙、古氏赤蛙、日本樹蛙、斯文豪氏赤蛙、台北樹蛙、日本樹蛙、褐樹蛙、盤古蟾蜍、黑眶蟾蜍、斯文豪氏赤蛙、小雨蛙、中國樹蟾

石碇平溪線也是台北近郊一個不錯的賞蛙路線，106號縣道沿線會經過多個著名的旅遊景點，如菁桐、平溪、十分瀑布等，每年元宵節又有大型施放天燈的活動，豐富的歷史、人文資源，讓石碇平溪線一直都是北台灣熱門的旅遊路線。但較少人知的是這區域因有豐沛雨量，蘊含不少蛙類。大雨過後，常可見到蛙類過馬路的驚險場面。路邊水溝或積水是觀察重點，有多種蛙類會利用水溝繁殖，如拉都希氏赤蛙、古氏赤蛙、日本樹蛙、斯文豪氏赤蛙和台北樹蛙等。

另外106號縣道沿基隆河的上游而行，溪流裡可見到日本樹蛙、褐樹蛙和盤古蟾蜍等蛙類聚集；在有植被的小山澗裡，也常聽見被稱「鳥蛙」的斯文豪氏赤蛙如鳥叫般的聲音。

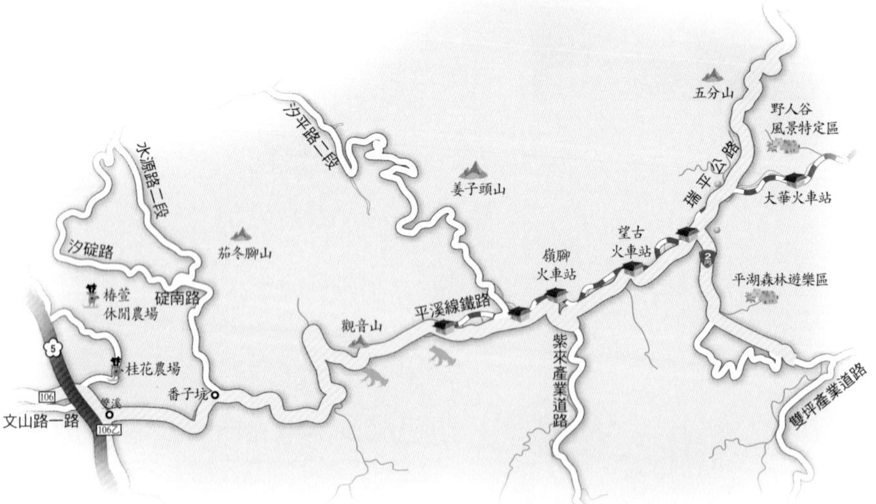

交通資訊

經由國道5號從石碇交流道下來後轉106號縣道往平溪方向，或是從木柵的木柵路接北深路，過了深坑後繼續往平溪方向直行即可沿線觀察。

▶菁桐車站附近一景。

小格頭

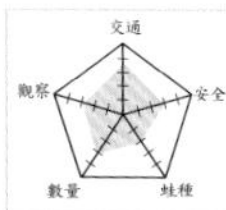

賞蛙評比	★★
賞蛙季節	全年，秋冬季最佳
蛙　　種	翡翠樹蛙、拉都希氏赤蛙、台北樹蛙、盤古蟾蜍、小雨蛙、面天樹蛙

小格頭位於北宜公路台北路段，旁邊有「台北花園公墓」，因地處至高點，加上秋冬山谷常有壯觀的雲海，配上群山疊疊和天邊的日出色溫，風景絕美，成為北台灣攝影人的最愛，素有南二寮、北格頭之稱。

除此之外，此處也是翡翠樹蛙的重要棲息地；從地緣上來看，小格頭為翡翠水庫周圍的山區，和四崁水南北對望，所以這裡會有翡翠樹蛙分布，從地域上來看是十分合理的。除了翡翠樹蛙，在附近也可以見到面天樹蛙、拉都希氏赤蛙等常見蛙類。建議賞蛙人可以提早於凌晨日出前兩小時到達，不但不用擔心車位問題，更可先賞蛙後賞日出雲海，一舉兩得。

▲小格頭日出。

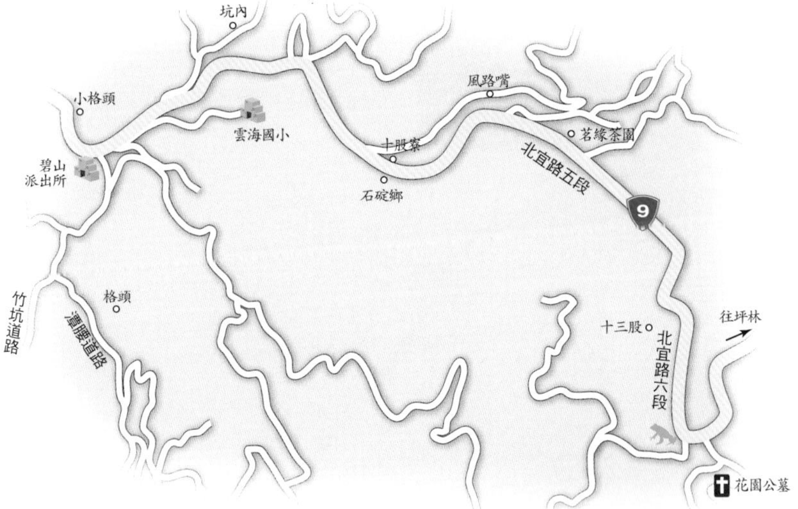

坑內
小格頭
雲海國小
碧山派出所
風路嘴
茗緣茶園
十股寮
石碇鄉
北宜路五段
9
格頭
竹坑道路
潭腰道路
十三股
北宜路六段
往坪林
花園公墓

交通資訊

沿9號省道往宜蘭方向前進，經碧山派出所後再走3公里，循坪林方向27.5公里路標處可見牌樓，右轉彎進去即「台北花園公墓」。

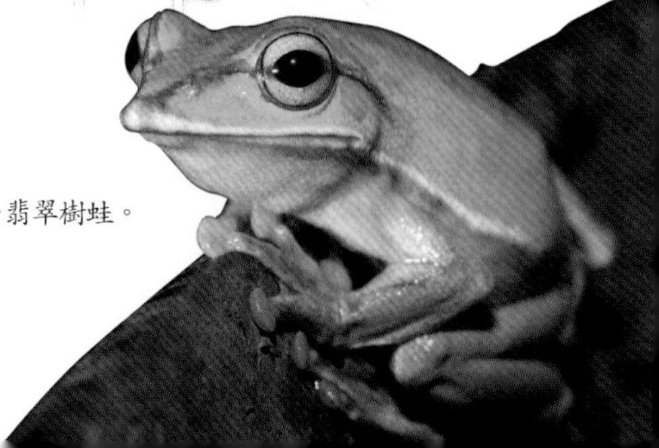

▶翡翠樹蛙。

坪林

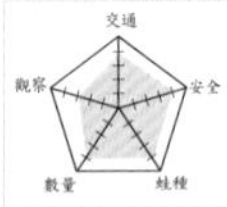

賞蛙評比	★★★★
賞蛙季節	全年
蛙　　種	翡翠樹蛙、拉都希氏赤蛙、台北樹蛙、盤古蟾蜍、小雨蛙、面天樹蛙、貢德氏赤蛙、虎皮蛙、斯文豪氏赤蛙、褐樹蛙、日本樹蛙、中國樹蟾、澤蛙、艾氏樹蛙、古氏赤蛙

以產文山包種茶聞名的坪林鄉位於台北縣東南端，其東南與宜蘭縣之頭城、礁溪毗連，東與台北縣之雙溪仳鄰，北接平溪鄉，西北及西鄰石碇鄉，西南接烏來鄉，為北宜公路的中繼休息站。四周均為高山峻嶺環繞，境內少平地而多陡坡，海拔約兩百公尺，附近仍保有豐富的原始林相且為北勢溪流域，河谷平原分布溪流兩岸，豐富穩定的自然資源當然成為青蛙的樂園。

坪林賞蛙的建議路線，除了以賞蛙為主題而經營的山莊民宿值得參訪外，沿著北勢溪行的水德產業道路沿線也有不錯的蛙況，如斯文豪氏赤蛙、拉都希氏赤蛙、白頷樹蛙、台北樹蛙、面天樹蛙、翡翠樹蛙、古氏赤蛙等蛙種都可在此輕易看見；還有雨天才會出現的中國樹蟾，也是很多賞蛙人最愛的明星蛙種。若下到北勢溪裡，也可以輕易見到許多棲息於溪流的蛙類，如梭德氏赤蛙、日本樹蛙、褐樹蛙和盤古蟾蜍等蛙類。

▲坪林一景。

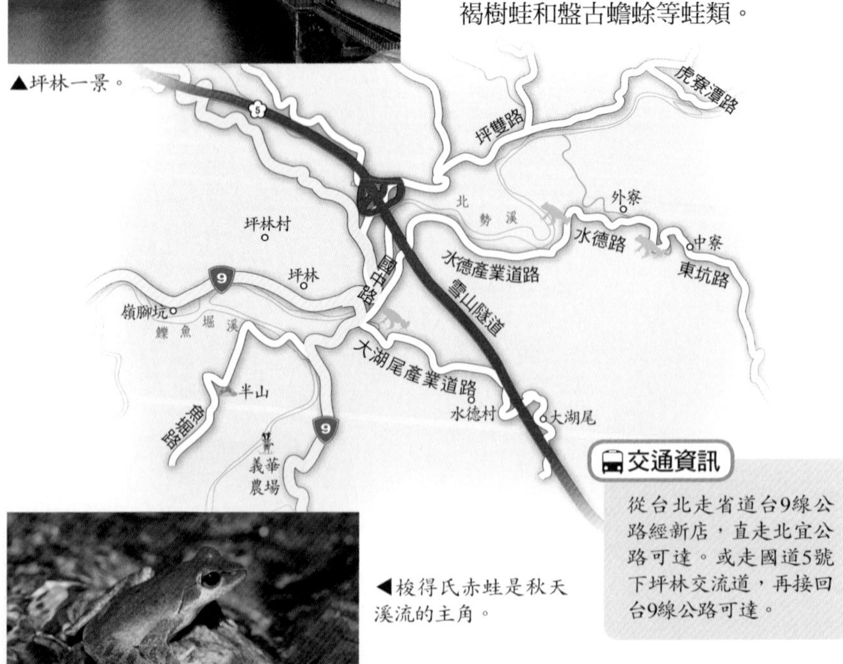

◀梭得氏赤蛙是秋天溪流的主角。

交通資訊

從台北走省道台9線公路經新店，直走北宜公路可達。或走國道5號下坪林交流道，再接回台9線公路可達。

二子坪

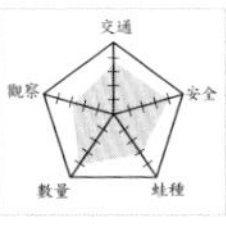

賞蛙評比	★★★★
賞蛙季節	全年，冬季最佳
蛙　　種	台北樹蛙、盤古蟾蜍、面天樹蛙、澤蛙、長腳赤蛙、腹斑蛙、拉都希氏赤蛙、白頷樹蛙

二子坪地處大屯山的西側背風面，常有雲霧籠罩，景色迷人。本區海拔約800公尺，氣候介於亞熱帶與暖溫帶之間，氣候溫和，林相複雜植物種類繁多。而人車分道的二子坪步道被譽為陽明山國家公園最平易近人的五星級步道，寬敞、舒適、坡度平緩卻又兼有豐富的自然資源；動物方面除了蛙類以外，二子坪步道也素有「蝴蝶花廊」美譽，是台灣三大賞蝶景點之一。

二子坪最著名的明星蛙種就是台北樹蛙，筆者最尊敬的青蛙公主楊懿如教授，就是選擇在二子坪附近的面天山區長期研究台北樹蛙的生態，可見得台北樹蛙的族群數量在二子坪附近是相當穩定的。每到了冬天台北樹蛙繁殖的高峰期，只要晚上到這邊都可以聽見如機車駛過一般的低沉蛙鳴，這鳴叫聲正是台北樹蛙公蛙所發出的求偶訊號，沼澤泥濘地是牠們選擇的繁殖場所，台北樹蛙還是台灣唯一會築巢繁殖的樹蛙。有關台北樹蛙特殊的生態習性都可以在二子坪完整觀察到。

▲台北樹蛙喜歡寒冷的冬天。

交通資訊

由陽金公路金近最高點的小觀音站轉101甲縣道，約2公里可達北方入口停車場。亦可由淡水往三芝的101縣道中途的北新庄轉入101甲縣道（百拉卡公路），上行約5公里可達入口停車場。

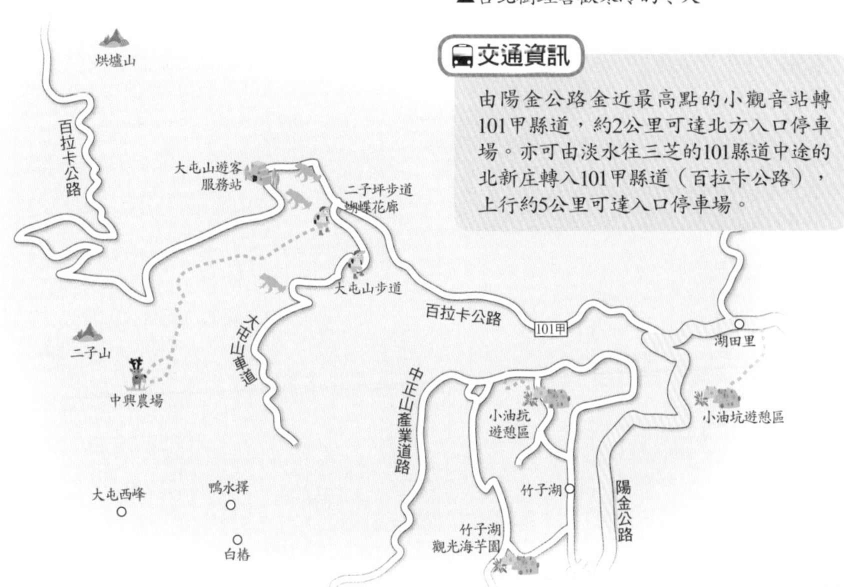

大屯自然公園

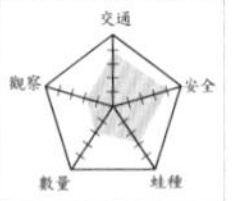

賞蛙評比	★★★
賞蛙季節	秋冬
蛙　　種	台北樹蛙、中國樹蟾、貢德氏赤蛙、斯文豪氏赤蛙、白頷樹蛙、面天樹蛙、牛蛙

▲大屯山的芒草季。

大屯自然公園位於大屯山與菜公坑山之間，即大屯山靠101甲縣道的北方，興建於76年6月，佔地約60公頃左右，海拔高度約800公尺，停車場、眺望平台等休憩設施相當完善，另設有大屯自然公園遊客活動中心，是陽明山國家公園六個活動中心之一，是適合全家福夏日休閒納涼的最佳景點。於此可遠眺大屯山、觀音山和菜公坑山等，登山步道則可選走大屯坪、西峰、南峰、面天山等路線，秋季為芒草季節，更是吸引大批風景攝影愛好者聚集。

園區內有一水塘，周圍步道有完整的解說牌介紹，賞蛙的最佳地點即位於此處。但近年來，此水塘遭人野放牛蛙、巴西龜等外來種生物，對原生物種包含原生蛙類生態造成極大影

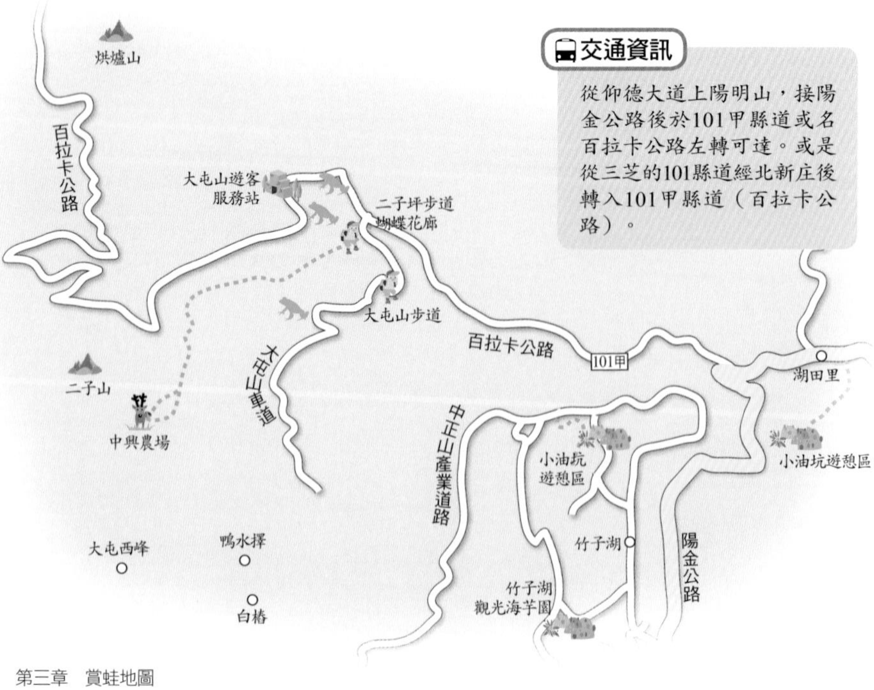

交通資訊

從仰德大道上陽明山，接陽金公路後於101甲縣道或名百拉卡公路左轉可達。或是從三芝的101縣道經北新庄後轉入101甲縣道（百拉卡公路）。

響，這邊曾經出現的中國樹蟾、貢德氏赤蛙、斯文豪氏赤蛙、白頷樹蛙和面天樹蛙等蛙種，都因牛蛙的出現數量已變少甚至消失，現在再來到這邊，往往只能聽見面天樹蛙稀疏的口哨聲，蛙況已大不如前。

▶牛蛙是台灣原生蛙類的殺手。

▼因人為野放牛蛙，面天樹蛙是唯一仍常見的蛙種。

中強公園

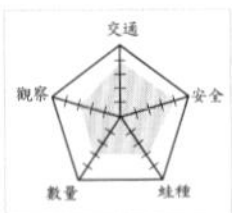

賞蛙評比 ★★★★

賞蛙季節 全年，冬季最佳

蛙　　種 台北樹蛙、澤蛙、拉都希氏赤蛙、貢德氏赤蛙、小雨蛙、黑眶蟾蜍、盤古蟾蜍、白頷樹蛙

中強公園是台北市信義計畫區整個區域綠化的重要設施，可說是台北市的後花園。因為信義計畫區是北市發展得較晚的一個商業區域，因此對於綠化的工作非常重視，使得此區不僅商業活動頻繁，休憩的場所亦是相對完善。中強公園內老樹成蔭、鳥語花香，成為許多早起民眾的晨跑地點。從信義路的入口走進公園，給人柳暗花明又一村之感，多項的健身設施、球場和小巧而古典的涼亭，讓人越走越多驚喜。又因位於最熱鬧信義計畫區內，交通方便的條件更是讓中強公園成為附近學校校外教學的良好場所。在公園南側背後連接著台北市四獸山之一的象山，其原本是一座低海拔的原始闊葉林，山林綠意萬千，所包含的自然生態相當豐富，充滿了原始山林的風味，內涵的植物有包括青剛櫟、大頭茶、鐵冬青、楊梅、山

▼台北樹蛙是中強公園的嬌客。

黃麻等，也使中強公園有了一個最好的天然後盾，提供了更多的野生動物棲息腹地，也難怪中強公園能夠孕育這麼多蛙類，成為台北市平地難得一見的賞蛙景點。

而中強公園最著名、最引人注目的蛙種就是台北樹蛙，因為中強公園是台北市平地少數可發現綠色樹蛙蹤跡的地點之一。公園內還特別設有台北樹蛙保育區，青蛙保育志工蕭媽媽與台北樹蛙的保育故事，更是流傳於保育人士之間的佳話。台北樹蛙主要的集中地是在中強公園東北角，配合山邊陰暗潮濕的生態特性，在全長二十公尺的三處帶狀池塘內，長滿耐蔭性佳的台灣原生植物，剛好提供台北樹蛙攀爬、棲息的環境，有機會到中強公園時，記得順便拜訪牠們一下喔。

▲中強公園的台北樹蛙棲地。

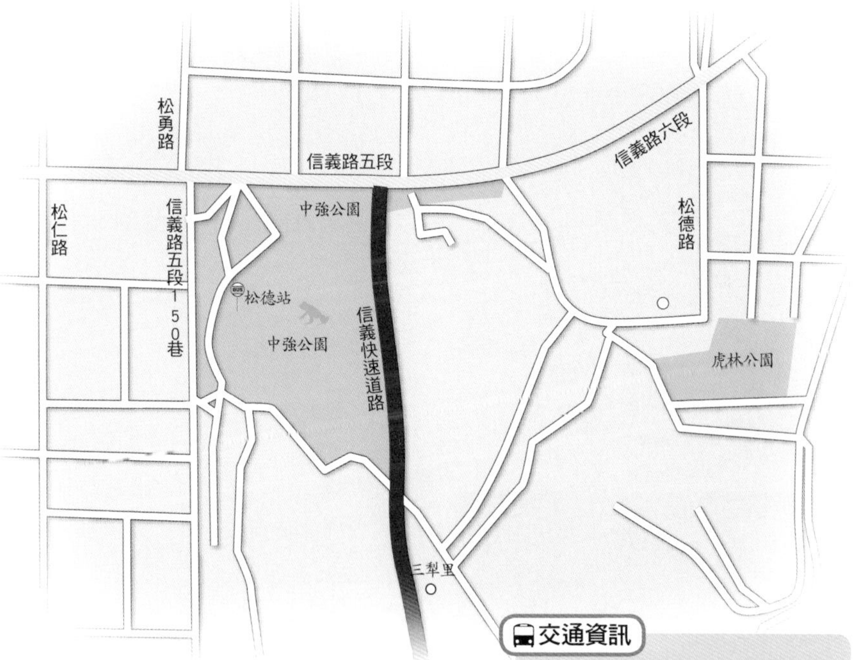

松勇路
信義路五段
信義路六段
松仁路
信義路五段150巷
中強公園
松德站
中強公園
信義快速道路
松德路
虎林公園
三犁里

交通資訊

中強公園位於台北市信義區，從信義路五段150巷進入後即可到達。

三芝橫山

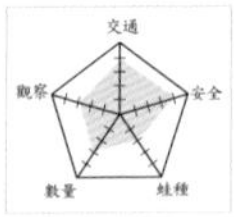

賞蛙評比	★★★
賞蛙季節	夏季
蛙　　種	台北赤蛙、貢德氏赤蛙、澤蛙、中國樹蟾、長腳赤蛙、拉都希氏赤蛙、小雨蛙、台北樹蛙、面天樹蛙

▲台北赤蛙近年因人為捕捉，數量驟減。

三芝的橫山村以梯田景觀聞名，梯田依山勢而設、多層次的美景，於晨昏更顯奇幻美麗。站在梯田邊，農民開鑿出的渠道最上方，有一個小水窪，水即從這裡一階階往下灌溉。梯田作物除了稻米和俗稱美人腿的茭白筍外，位於橫山國小附近的梯田，也栽種大量香水蓮花。梯田主人楊文石先生接納專家意見，從大量噴農藥的栽種方式轉變成堅持自然的栽種方法，兼顧自然生態和農業發展的故事，傳為一時佳話。

橫山村最出名的明星蛙種，就是棲息於楊文石先生所栽種香水蓮花田中的台北赤蛙，因為沒有農藥和除草劑的威脅，台北赤蛙族群數量一度十分壯觀，但近年來卻傳出有人來此大量捕捉台北赤蛙，使得數量驟減；筆者2007年實地造訪發現，台北赤蛙一晚可見數量已減至不到10隻，蛙況令人十分擔心。

▲台北赤蛙近年因人為捕捉，數量驟減。

交通資訊

由淡水登輝大道到三芝，經三芝市區，淡金路一段右轉中正路，至中正路一段及二段十字路口左轉智成街，循北18「隆山路」上山即可到達。

三板橋

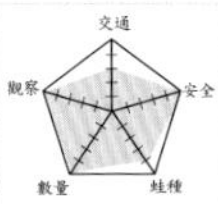

賞蛙評比	★★★★★
賞蛙季節	冬季
蛙　　種	台北樹蛙、斯文豪氏赤蛙、澤蛙、中國樹蟾、拉都希氏赤蛙、艾氏樹蛙、盤古蟾蜍、古氏赤蛙

三芝大屯溪上的三板橋是一座具有百年歷史的三級古蹟，建於物資缺乏且技術落後的清朝道光初年，此座以土法煉鋼搭建而成的天然石橋，歷經百年風雨淬煉，依然挺立，雖然已不再擔負交通重責，但歷史價值卻是無可取代。

除了古橋，流經此處的大屯溪自然之美也是不容錯過，溪裡的魚蝦和自然生態相當豐富。而鮮為人知的是，三板橋附近的小水溝和擋土牆，聚集著大量的台北樹蛙族群，賞蛙人都戲稱此處為台北樹蛙的保證班。所指並非此處的台北樹蛙族群數量冠居全台，而是此處的環境非常適合觀察台北樹蛙的生態細節。原因在於水溝底部積有汙泥和厚厚腐植質，水溝旁並覆有完整植被，加上終年潮濕多雨，除了吸引不少台北樹蛙公蛙來此築巢鳴叫，賞蛙人更不必穿越泥濘的沼澤地，在路邊水溝就可輕鬆賞蛙。有些台北樹蛙甚至還會利用擋土牆洩水管做為繁殖場所，運氣好還可見到踢打卵泡的精采畫面呢！

▲三板橋附近的一個小水溝和擋土牆住著大量的台北樹蛙。

大屯溪
店子村
三板橋
101
北新路
慈雲寺
北新莊
光華派出所
菜公坑
101
北新路
陽明路
101甲
百拉卡公路

交通資訊

三板橋位於三芝店子村菜公坑與圓山村的交界，從101縣道過了興華派出所後不遠右轉，沿著主要道路直行即可到達，唯此路極為狹隘，請降低車速並小心會車。

阿里磅生態農場

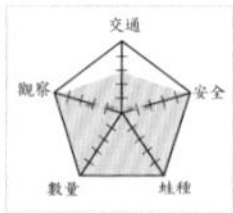

賞蛙評比	★★★★★
賞蛙季節	全年，夏季最佳
蛙　　種	台北赤蛙、中國樹蟾、貢德氏赤蛙、虎皮蛙、長腳赤蛙、黑眶蟾蜍、盤古蟾蜍、褐樹蛙、拉都希氏赤蛙、古氏赤蛙、小雨蛙

阿里磅生態農場位於全台最大的火山群——大屯山山系的邊緣，在長期地質演變下，形成了在台灣少見的輻射狀水系，而阿里磅就是位於其中的一個溪谷地形旁。阿里磅生態農場占地11甲，標高130公尺左右，因為地形的沖積以及早期農業的使用，有著數個大小不一的水塘，整體環境更具有森林、草原、湖泊、以及溪谷等各種不同的自然地形組成元素，在經過了多年的自然復育後，儼然形成一塊動植物熱鬧非凡的樂園。又因區內水資源豐沛，而水源豐富的場所，自然生態的組成就會多樣化。溼地更是世界上物種最豐富的自然環境，阿里磅內多處的溼地景觀，也是蛙類棲息的重要據點。

而阿里磅農場主人王德昌先生的經營理念，就是減少人為干擾、讓自然環境長期休養生息；因此除了既有規劃的步道路線外，不再繼續增加新的路徑。如果以步道及步道兩側各兩公尺的範圍劃定為生態可能受干擾區域，目前也僅占園區的十分之一，其餘的十分之九就維持原始的自然狀

▼台北赤蛙。

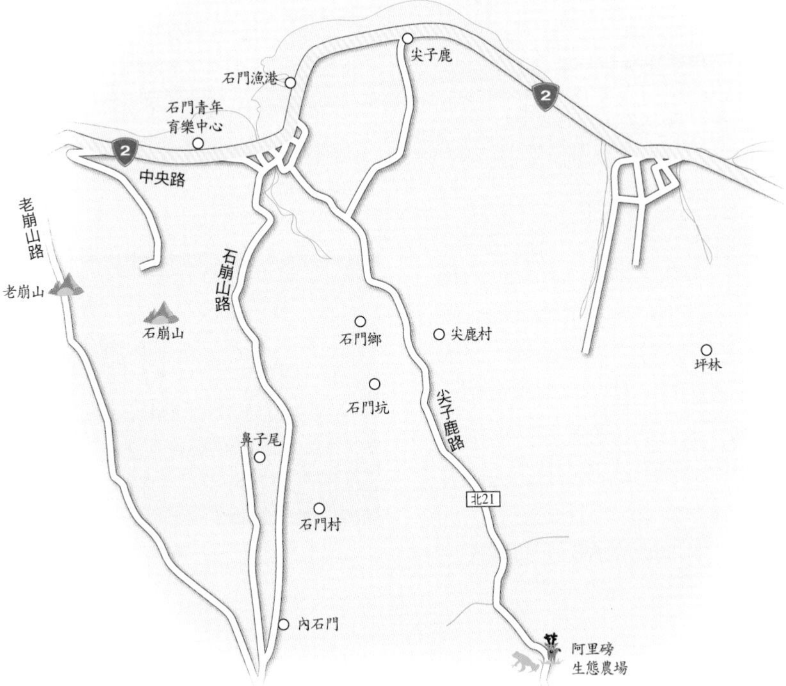

尖子鹿
石門漁港
2
石門青年
育樂中心
2
中央路
老崩山路
老崩山
石崩山
石崩山路
石門鄉
尖鹿村
坪林
石門坑
尖子鹿路
鼻子尾
北21
石門村
內石門
阿里磅
生態農場

▼阿里磅農場的生態池。

交通資訊

台北方向經淡金公路到石門鄉，經過石門國中下一個紅綠燈右轉過消防隊左轉走北21道路，沿途有指標約四公里即可到達。或是由台2線濱海公路石門接北21縣道，位於路標13.5公里處。

態。因為並不需要額外再多做什麼，經營重心反而可以放在解說教育與活動規劃上。

而阿里磅農場的蛙類最討人喜愛的就是台北赤蛙了，牠們纖細、翠綠的身影經常出現在荷花葉、水生植物或是池塘邊植物體上，原本稀有的蛙種在此處卻輕易可見。除台北赤蛙外，中國樹蟾也是這裡下雨天的另一個主角，另外也有叫聲如狗的貢德氏赤蛙、超膽小的虎皮蛙等蛙種，是北台灣的絕佳賞蛙地點。

淡水后山

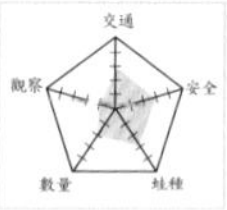

賞蛙評比	★★
賞蛙季節	全年
蛙　　種	長腳赤蛙、中國樹蟾、貢德氏赤蛙、長腳赤蛙、黑眶蟾蜍、盤古蟾蜍、褐樹蛙、拉都希氏赤蛙、古氏赤蛙、小雨蛙、澤蛙

淡水后山是泛指淡水鎮登輝大道以東的那一片小山區，早期這片山區是一整片一派恬靜的田園景致，又因有幾處水源地的存在，而形成幾個小小的濕地，當然也吸引不少蛙類聚集。

但經過十幾年來快速的開發，天然的山林和稻田慢慢消失，取而代之的是一棟又一棟的公寓大樓。這種快速的開發，對於自然生態的衝擊是相當明顯的，幾年前原本熱鬧的蛙況現在已逐漸凋零，各種蛙類的族群數量可能都不到以前的十分之一，開發與生態保育的兩難問題，實在值得我們好好省思。

▲淡水后山的小濕地。

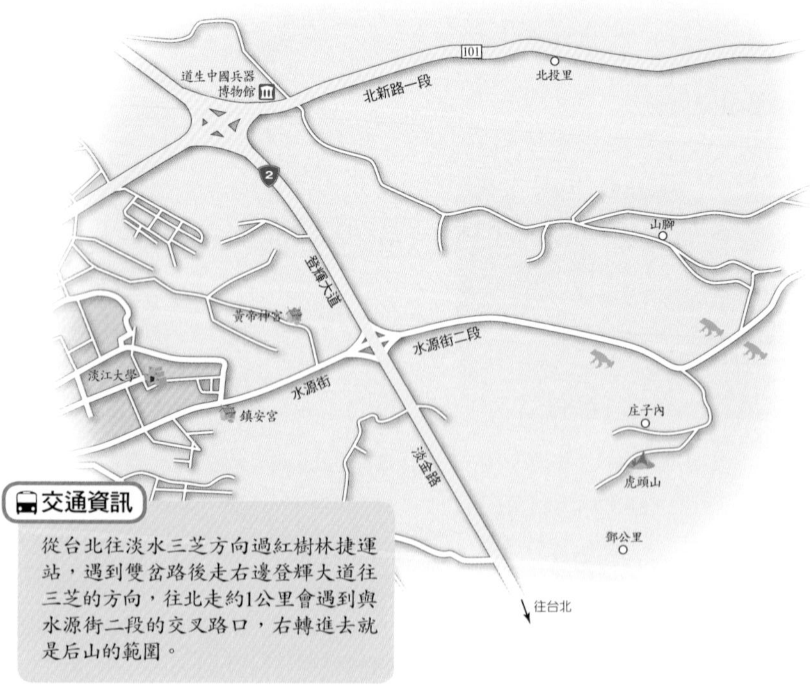

交通資訊

從台北往淡水三芝方向過紅樹林捷運站，遇到雙岔路後走右邊登輝大道往三芝的方向，往北走約1公里會遇到與水源街二段的交叉路口，右轉進去就是后山的範圍。

▲貢德氏赤蛙。

▶淡水后山有長腳赤蛙出沒的小菜園。

后山蛙類會隨棲地而有不同的種類分布，如菜園冬天常有機會看到長腳赤蛙，也有拉都希氏赤蛙、黑眶蟾蜍、盤古蟾蜍等蛙類分布；水田裡則有貢德氏赤蛙、澤蛙、台北樹蛙等蛙類。竹林附近則是中國樹蟾的天堂，而在雨後的果樹上、芒草上、月桃上、香蕉樹上也都很容易發現牠們；另外面天樹蛙喜歡出現在離地面約20公分高度的植物上鳴叫，數量上也頗為穩定。

台北植物園

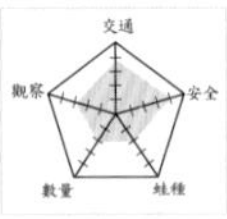

賞蛙評比	★★★
賞蛙季節	全年
蛙　　種	金線蛙、貢德氏赤蛙、牛蛙、黑眶蟾蜍

台北植物園在日治時代為「台北苗圃」，至今已經有100多年的歷史了，位於博愛路南端，佔地約8公頃。園內綠蔭密布，宛如小型森林，搜羅之植物多達1500餘種，堪稱一座豐富的植物教室。台北植物園內並有國家二級古蹟布政使司衙門和植物標本館供民眾參觀。台北植物園與國立歷史博物館、藝術館等形成一文教中心，素有「南海學園」之雅號。

位於市中心的台北植物園，可以說是都市裡的小型綠洲，因為植物相豐富，又有人造溼地的保留，自然也有不少蛙類棲息於此。例如集中在荷花池附近的金線蛙、貢德氏赤蛙和牛蛙等，還有晚上可以在小徑上或兩旁發現的黑眶蟾蜍、小雨蛙等，在植物園裡長住的這些蛙類，可能因為習慣周圍有人群的存在，也變得比較不怕生，只要動作不要太大，牠們都會很大方的讓人看個夠。

▲植物園的人造溼地。

交通資訊

下台北交流道後沿重慶北路、重慶南路南行，至南海路右轉即抵。若從市區出發，則沿重慶南路循行，在南海路口右轉即達植物園。

中華路
延平南路
植物園
三元街
國語實小
建國中學

故宮至善園

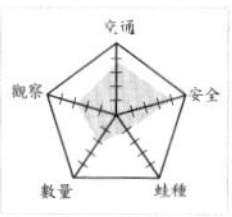

賞蛙評比	★★
賞蛙季節	夏季
蛙　　種	貢德氏赤蛙、白頷樹蛙、澤蛙、拉都希氏赤蛙、牛蛙、黑眶蟾蜍

至善園位於至善路與故宮路交叉口故宮博物院旁，由於林木蒼蒼綠意盎然，不注意的話，很容易以為是一般的民房社區就這樣擦身而過。園區雖然面積不大，但入口處是一個充滿古意的古典園拱門，園內步道小徑也頗有清幽之感。由於交通便利，目前又是免費參觀，為台北人早起運動的好場所。

至善園裡的蛙況，主要集中在荷花池附近。荷花池分兩池，前池是睡蓮，後面是荷花。因為接近山區，有不少的蜻蜓蝴蝶等昆蟲會飛來棲息，蛙類則以貢德氏赤蛙為主角，另外白頷樹蛙、澤蛙、拉都希氏赤蛙數量都不少，也有發現過遭人放生的牛蛙。如果想賞蛙又不想跑遠，至善園是個不錯的選擇。

▲至善園的荷花池。

▲貢德氏赤蛙。

交通資訊

國道一號由濱江交流道下，左轉大直橋過自強隧道於故宮路與至善路口右轉即可到達至善園。或是由內湖交流道下，左轉快速道路至內湖路一段，過自強隧道於故宮路與至善路口右轉即可到達至善園。台北市北區士林、北投等方向過來者，經中山北路或文林路至中正路往外雙溪中影文化城方向也可抵達。

富陽自然生態公園

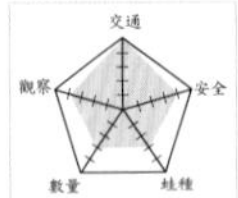

賞蛙評比 ★★★★

賞蛙季節 全年，冬季最佳

蛙　　種 台北樹蛙、拉都希氏赤蛙、白頷樹蛙、面天樹蛙、貢德氏赤蛙、長腳赤蛙、腹斑蛙、澤蛙、盤古蟾蜍、小雨蛙、褐樹蛙、牛蛙

富陽自然生態公園位於台北市大安區富陽街底，為台北盆地東南丘陵南港山系北側的凹谷山區，所在地剛好是市區與郊區的邊緣地帶，因為具地處要塞且掩蔽良好等特色，自日據時期即被日本軍方做為軍事彈藥庫基地，光復後由國軍接收駐守。因為長期屬於軍事重地，隔絕人為干擾，反而使其中的自然生態資源保留完整，都市裡所欠缺的生態體系機能在此卻仍保有一塊淨土。

為保護基地內的生態資源，並進一步創造更佳的棲地環境，台北市政府公園處以「減少人工設施與簡單化」的原則納入生態理念闢建公園，因此在裡面找不到人工化的造景、水泥步道或小橋流水，映入眼簾的盡是特殊的自然濕地生態景觀，在引入「生態廊道」及「群落生境」概念的設計之下，山林環繞的閒適環境讓動植物更能自由自在的棲息，於都會區內發揮其都市之肺、綠色仙境的功能，也使這裡成為大台北地區推行生態保育戶外教學的最佳天然教室。

▼納入生態理念闢建公園，保留了台北樹蛙的棲地。

在這樣的天然條件下，富陽自然生態公園當然成為台北市近郊最容易到達的賞蛙地點之一，但也因為容易到達，竟成為放生牛蛙最方便的地點，因此現在富陽公園裡有著為數不少的牛蛙族群，對原生的青蛙生態產生不小威脅。除了外來種牛蛙外，在富陽公園最搶眼的蛙種其實是台北樹蛙，在溼地生態觀察區有著穩定的族群量，每到冬天台北樹蛙的繁殖季時，有時連白天也可聽到台北樹蛙的低鳴聲喔。

▼台北樹蛙。

▲富陽自然生態公園。

交通資訊

富陽公園位於台北市和平東路底，因為附近停車不易，不建議自行開車前往。建議搭乘台北捷運木柵線到「麟光站」，再步行5分鐘即可到達。

東眼山國家森林遊樂區

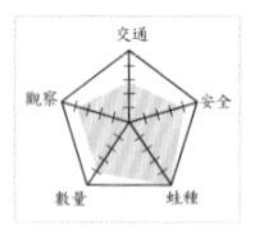

賞蛙評比	★★★★
賞蛙季節	全年
蛙　　種	翡翠樹蛙、橙腹樹蛙、盤古蟾蜍、中國樹蟾、日本樹蛙、褐樹蛙、艾氏樹蛙、面天樹蛙、白頷樹蛙、莫氏樹蛙、台北樹蛙、腹斑蛙、古氏赤蛙、澤蛙、拉都希氏赤蛙、梭德氏赤蛙、斯文豪氏赤蛙

東眼山森林遊樂區成立於1991年，因日出時自阿姆坪遠眺酷似「向東望的大眼睛」而得名。位於桃園縣復興鄉霞雲村，為大漢溪支流霞雲溪上游區域，總面積約916公頃，全區海拔範圍從585公尺至1349公尺，以海拔高度1212公尺的東眼山為主要景點。園區植被以柳杉造林為主，另種有紅檜、杉木等樹種，此外，還有樟科、殼斗科等天然闊葉林夾雜其間，樹林底層常見姑婆芋及蕨類植物，提供動物良好的棲息環境。

東眼山國家森林遊樂區年平均溫度約21℃，年平均雨量約2600公釐，氣候溫暖潮濕，再加上四周群山環繞，森林茂密，非常適合蛙類生存。而適合賞蛙的地點包括遊客中心後方景觀水池、景觀步道沿線及餐廳後方洩洪道與附近水域，尤其在下過雨的晚上，翡翠樹蛙除了在水域旁的灌叢樹枝間鳴叫，有時還會下到步道上，非常容易觀察。區內除翡翠樹蛙外，最近也傳出有人發現橙腹樹蛙的紀錄。東眼山國家森林遊樂區一年四季

▼翡翠樹蛙是東眼山國家森林遊樂區內主要的明星蛙種。

都適合賞蛙，但以5月至8月出現的蛙種最多，翡翠樹蛙在園區內也是整年都有機會聽到牠們的叫聲，但以5月至6月較活躍。

◀東眼山森林遊樂區內有橙腹樹蛙發現的紀錄。

基國產業道路
金平山
復興戰道
東眼山森林遊樂區
往北橫
角板山
丸山
圓山
復興鄉
綠光森林
脾仔山
枕頭山
成福道路
大漢溪
118
羅馬公路
小烏來瀑布風景區

◀東眼山森林遊樂區入口。

交通資訊

自行開車從國道1號桃園交流道下，國道3號從大溪交流道下，都是接4號省道，轉7號省道，沿途皆有清楚的指示牌，路況良好。

小烏來遊樂區

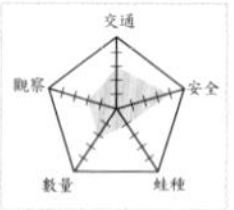

賞蛙評比	★★
賞蛙季節	全年
蛙　　種	斯文豪氏赤蛙、褐樹蛙、日本樹蛙、拉都希氏赤蛙、白頷樹蛙、莫氏樹蛙、澤蛙、古氏赤蛙、面天樹蛙、橙腹樹蛙、盤古蟾蜍、中國樹蟾、日本樹蛙、褐樹蛙、艾氏樹蛙、面天樹蛙

位於北橫沿線的小烏來遊樂區，區內有三多：峽谷多、瀑布多、奇石多。風景以小烏來瀑布、龍鳳谷瀑布、風動石最具盛名。宇內溪乃是小烏來瀑布上游，由於雨量豐沛溪水流量可觀，使得小烏來瀑布幾乎不受冬季乾旱影響。小烏來瀑布由上至下共有三段，上段落差僅三公尺餘，由觀瀑亭隱約可見。中段落差50公尺左右，是北部少見的高落差瀑布，其氣勢澎湃，聲如雷動，水花四濺。中段瀑布上方有小湖，上段瀑布即注入小湖內，相當壯觀。在此地可以享受森林浴，也可觀看瀑布及賞鳥。深秋時，宇內溪兩旁鮮紅色楓葉則鋪陳或漂浮在溪岸，與潺潺溪水、瀑布構成絕美的景緻。

除了風景優美之外，小烏來因為區內水資源豐富，溪流型的蛙類如斯文豪氏赤蛙、褐樹蛙、日本樹蛙等數量都不少。另外在區外北橫公路旁水溝或潮溼積水處，就可見到拉都希氏赤蛙、白頷樹蛙、莫氏樹蛙、澤蛙、古氏赤蛙、面天樹蛙等蛙類，只要多用一點心來觀察相信都可以有不錯的收獲。

▲從北橫到小烏來的聯絡道路邊水溝裡就有一些蛙類。

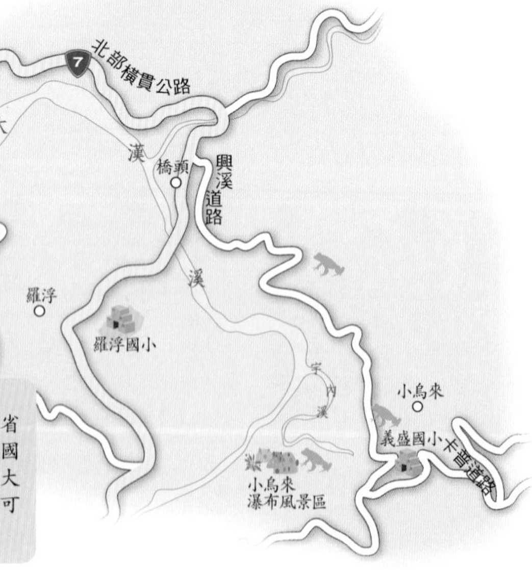

交通資訊

下國道3號大溪交流道，接3、4、7號省道，經復興路循指標左轉即抵。或從國道1號由南崁交流道下，接介壽路至大溪，轉台7線至復興於復興橋前左轉即可到。

達觀山

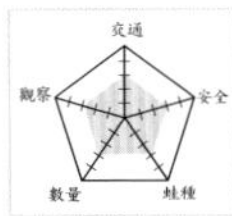

賞蛙評比 ★★★

賞蛙季節 全年

蛙　　種 盤古蟾蜍、日本樹蛙、褐樹蛙、艾氏樹蛙、面天樹蛙、白頷樹蛙、莫氏樹蛙、台北樹蛙、古氏赤蛙、澤蛙、拉都希氏赤蛙、梭德氏赤蛙、斯文豪氏赤蛙

達觀山原名拉拉山，位於桃園縣復興鄉與台北縣烏來鄉的交界。1973年文化大學教授在這裡發現了全台灣面積最大的紅檜森林，從此成為眾所矚目的休閒新據點，於是政府在1986年正式成立達觀山自然保護區，範圍涵蓋北橫巴陵附近山區。達觀在泰雅族語裡，是「美麗」的意思。園區內林種豐富，如青楓、紅榨楓、山毛櫸等變色葉木，每當深秋，綠葉轉黃、轉紅，整個山區五彩繽紛，非常美麗。區內更多像神話般存活著的紅檜巨木，這些神木，有的已是2800歲，有些以超大樹幹胸圍聞名，有些則是奇特的樹身吸引遊客目光。

達觀山適合賞蛙的地方很多，並不一定要進入到森林遊樂區內，在北橫公路巴陵路段附近沿著公路邊就有不錯的蛙況。每當下雨過後，公路上被來往車輛碾斃的青蛙屍體甚是常見，蛙類數量之多可見一斑。

▲秋冬遇下雨天時北橫馬路上甚至就可以看見梭德氏赤蛙。

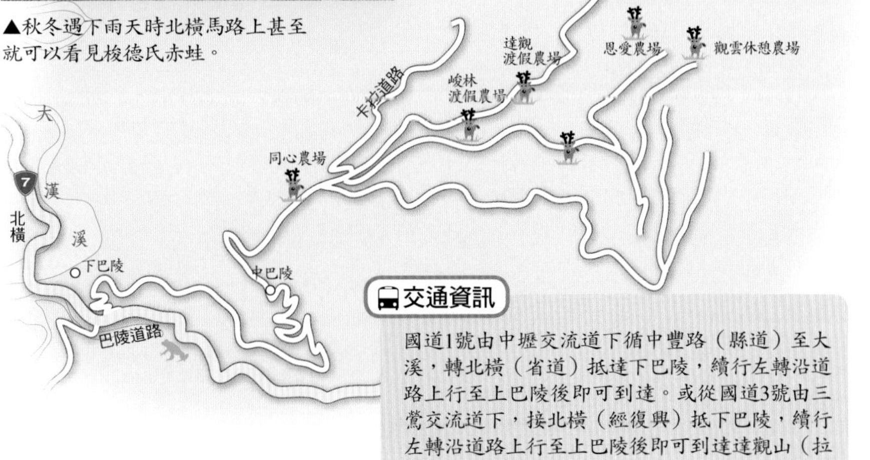

交通資訊

國道1號由中壢交流道下循中豐路（縣道）至大溪，轉北橫（省道）抵達下巴陵，續行左轉沿道路上行至上巴陵後即可到達。或從國道3號由三鶯交流道下，接北橫（經復興）抵下巴陵，續行左轉沿道路上行至上巴陵後即可到達達觀山（拉拉山）自然保護區。

明池

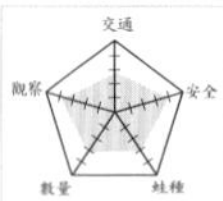

賞蛙評比	★★★
賞蛙季節	夏季
蛙　　種	橙腹樹蛙、莫氏樹蛙、台北樹蛙、斯文豪氏赤蛙、腹斑蛙、梭德氏赤蛙、盤古蟾蜍、面天樹蛙、艾氏樹蛙

▲森林童話迷宮融入了白雪公主與七矮人的童話故事，十分有趣。

明池正確的位置其實是座落在宜蘭縣大同鄉北橫公路最高處，為高干溪與蘭陽溪最高的分水嶺，又名「池端」，但造訪此地的遊客還是以桃園進入者較多，因此本書將其列入桃園縣的賞蛙點。明池是一個海拔約1150公尺的高山人工湖泊，長約300公尺、寬約150公尺，池水來自三光溪，四周原始森林密布，形成封閉空間，低溫多濕以致終年雲霧繚繞，幾乎不見陽光，有著幾分迷濛神祕之感，因此有「北橫明珠」的美譽。園區內以庭園山水的概念，設計出具有唐代風格的「靜石園」、「慈孝亭」等景觀建，森林童話迷宮則是以人工林矩陣排列的特性，規劃一個森林迷宮，還融入了白雪公主與七矮人的童

▼明池美景。

話故事，十分有趣。另有明池苗圃、青年活動中心、苔園、蕨園、森林步道、水琴洞等大小景點。

除了豐富的森林、人文景觀外，林間穿梭的常客鳥類、蝶類、松鼠、鴛鴦、綠頭鴨等動物總是給人驚豔之感，另外這裡更是台灣兩棲爬蟲類愛好者的天堂，蜥蜴、蛇類還是蛙類，不管是在種類還是數量上皆豐，其中不乏珍貴稀有的品種。以蛙類來說，蛙友們公認最不易見到的樹蛙-橙腹樹蛙，在此區就有分布；另外，在售票亭附近的小水池，住著一群莫氏樹蛙，而明池的周圍，也有連白天都在叫的腹斑蛙；冬天則可見到盤古蟾蜍利用明池來繁殖，有時蟾蜍成蛙沒看見卻見到池邊黑壓壓的一片滿滿都是黑色的蝌蚪，那就是盤古蟾蜍的小朋友們群擠在一起，看起來聲勢耗大，頗有虛張聲勢的效果。

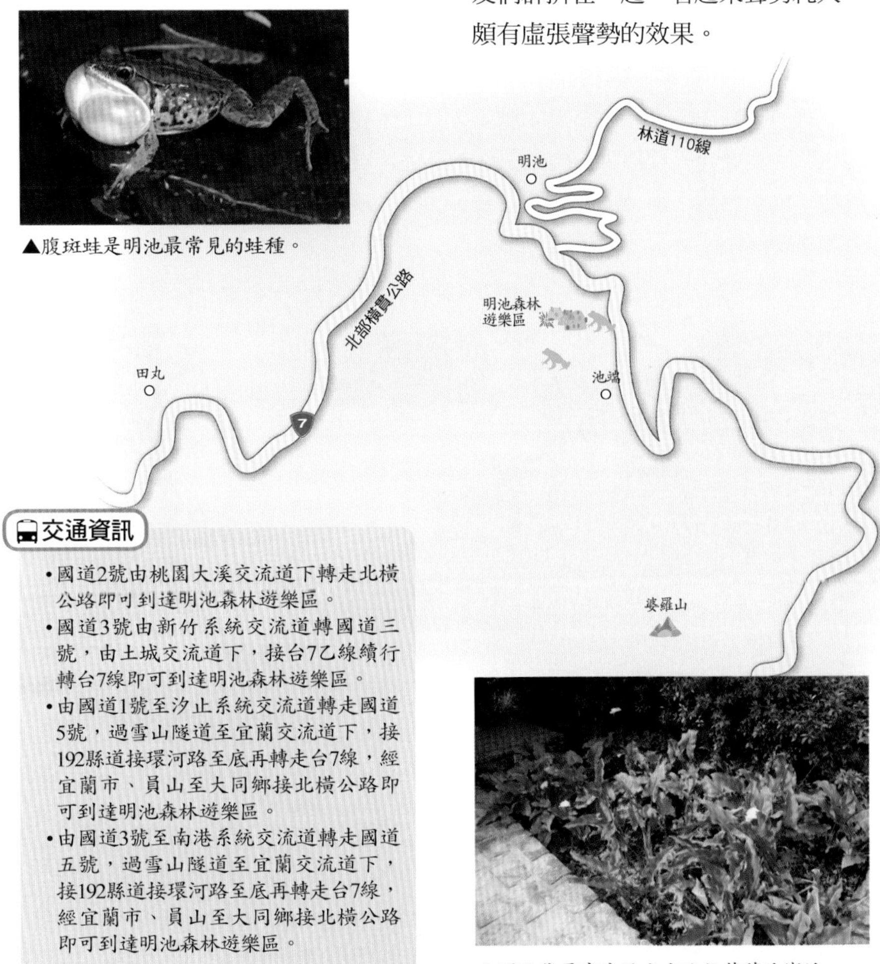

▲腹斑蛙是明池最常見的蛙種。

▲明池售票亭旁的小水池住著莫氏樹蛙。

交通資訊

- 國道2號由桃園大溪交流道下轉走北橫公路即可到達明池森林遊樂區。
- 國道3號由新竹系統交流道轉國道三號，由土城交流道下，接台7乙線續行轉台7線即可到達明池森林遊樂區。
- 由國道1號至汐止系統交流道轉走國道5號，過雪山隧道至宜蘭交流道下，接192縣道接環河路至底再轉走台7線，經宜蘭市、員山至大同鄉接北橫公路即可到達明池森林遊樂區。
- 由國道3號至南港系統交流道轉走國道五號，過雪山隧道至宜蘭交流道下，接192縣道接環河路至底再轉走台7線，經宜蘭市、員山至大同鄉接北橫公路即可到達明池森林遊樂區。

楊梅731埤塘

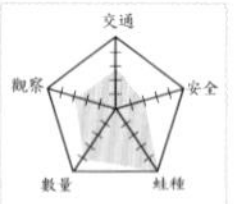

賞蛙評比	★★★★
賞蛙季節	夏季
蛙　種	台北赤蛙、黑眶蟾蜍、澤蛙、虎皮蛙、貢德氏赤蛙、中國樹蟾、小雨蛙、長腳赤蛙、白頷樹蛙、面天樹蛙

731埤塘位於桃園縣楊梅鎮高榮里，就座落在車聲隆隆、工廠林立的幼獅工業區內，在產業道路旁，附近還有一個貨櫃廠，須約徒步走百多公尺才能見到，環境幽靜，人煙稀少，周邊都是荒地，但誰也想不到，這之中竟藏身一個生態超棒的埤塘。而這口埤塘面積約一公頃大，不但隱身樹林中，四週還長著滿滿翠綠的水草，表面平凡無奇，旁邊是古早的三合院，有著濃濃的鄉土味和人情味。

731埤塘原是自來水公司所屬的埤塘滔池，因石門水庫原水濁度升高，淨水廠無法正常供水，水公司向經濟部提出改善計畫，決定重新啟用楊梅鎮戰備滔池來解決，經濟部同意後，水公司開始清理戰備滔池淤泥，其中也包含731號戰備滔池（埤塘），但由於水池周邊為珍貴生態濕地，現存稀少、僅零星分布在北台灣、飛行能力不強的雙截蜻蜓，蛙類的話則有名列保育類II級的台北赤蛙，還有難得一見的台灣原生田蚌、

▼隱身樹林中的731埤塘。

▲台北赤蛙

塘蝨與鱧魚，及珍貴的水生植物金錢草、黃花杏菜等溼地動植物，根本是保育類動植物的大本營，保育人士當然積極爭取保留。

但是保育團體的大動作，卻造成鄰近周邊農地變更住宅區進度受阻。地主不滿花了近5年爭取將農地變更為住宅區，好不容易有所進展，一旦當地公告列為保護區，勢必住宅區開發案也要進行環境影響評估，那真正開發之日恐遙遙無期，人類經濟開發與自然生態保育的衝突又在此地發生。在筆者進行本書的同時，731埤塘的前途如何仍然尚未明朗，但已朝向規劃成野生動物保護區的方向研議，一旦議定那真是台灣自然生態之福，731號埤塘也將成為桃園縣最棒的賞蛙地點之一。

內灣

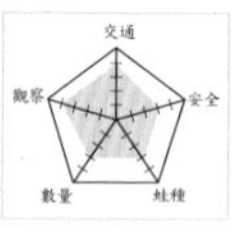

賞蛙評比	★★★★
賞蛙季節	全年
蛙　　種	白頷樹蛙、梭德氏赤蛙、日本樹蛙、古氏赤蛙、褐樹蛙、盤古蟾蜍、斯文豪氏赤蛙、澤蛙、面天樹蛙、拉都希氏赤蛙

▲日本樹蛙是內灣溪流裡主要蛙種之一。

內灣是一個人文薈萃、風景優美的地方，老街、樹蔭、溪流、吊橋使得內灣有著非常完整的自然、人文觀光價值，加上是台鐵支線內灣線終點站，連交通也十分方便，火車站本身也成為特色景點之一。內灣老街總長約有200公尺，街道兩旁皆是具有地方特色的客家美食，如野薑花粽、紫玉菜包、客家擂茶、牛浣水、過鍋米粉……等。內灣最重要的主要河川油羅溪屬於頭前溪上游支流之一，溪水源自尖石鄉之李棟山、油羅山、烏嘴

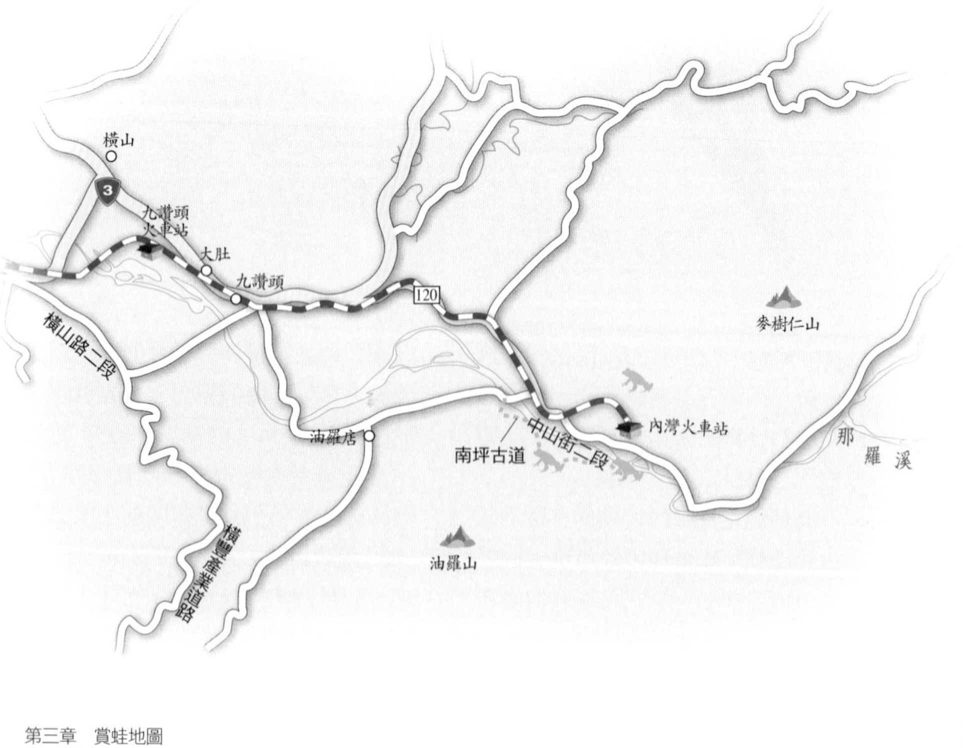

▲內灣吊橋是內灣最重要的地標。

山、帽盒山、向天湖山等山脈群間，以水質清澈乾淨、豐富魚蝦與渾圓雅石著稱，也使內灣成為台灣最佳的垂釣地點之一。

近年來內灣因為政府極力推行產業觀光，舉辦許多大型生態主題活動，也帶動當地推行商圈再造，改變城鄉面貌等，讓昔日內灣風情再造新的面貌，生活機能及人文發展更上一層樓。但也因為開發速度過快，遊客大量擁入的結果，使得原本完整而未受破壞的自然環境，受到嚴酷考驗，蛙類生態更是首當其衝。以往內灣可以見到的蛙類約有十幾種，現在大多數種類都還是可以輕易見到，但數量和之前比起來已有大量減少趨勢。

交通資訊

由國道3號竹林交流道下來後接台120縣道往內灣方向即可抵達，或由國道1號在新竹交流道下轉台122縣道往竹東方向，再左轉至台3線抵達橫山後左轉往內灣方向即可抵達。

尖石

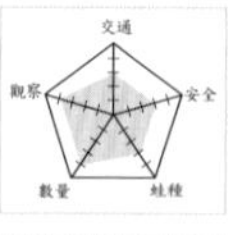

賞蛙評比	★★★★
賞蛙季節	全年
蛙　種	梭德氏赤蛙、日本樹蛙、褐樹蛙、盤古蟾蜍、斯文豪氏赤蛙、澤蛙、白頷樹蛙、面天樹蛙、拉都希氏赤蛙

▲尖石地標。

從內灣沿120縣道繼續上行，經舊檢查哨後即可進入尖石鄉，為新竹縣兩個山地鄉之一。因為本鄉東北約三百公尺處有一座海拔1124公尺之尖峭尖石山，山麓有一尖石岩矗立於那羅、嘉樂兩溪流之中而名為尖石鄉。此尖石高約100公尺，長35公尺、寬20公尺，上端有一棵百齡松柏常年青翠，形態雄偉、氣魄萬千，雖久經風霜烈日暴雨侵蝕，依然聳立如故，象徵原住民勇敢忠義、不屈不撓、愈挫愈勇之精神。該石也成為尖石鄉巍峨的一座天然屏障。相傳這塊「尖石」已逾萬年，岩下溪水潺潺，溪中大石累累唯此岩獨秀屹立。泰雅族人相信這是神明的化身，於是在岩石前建了一座小廟，立有尖石爺的石碑供人膜拜。

尖石比起內灣又更深入偏遠山區，遊客數量較少，也保有更完整的自然生態資源，蛙類資源也更為豐富，建議可以選個大雨過後的晚上，從內灣一路觀察過來，相信收獲會非常不錯的。

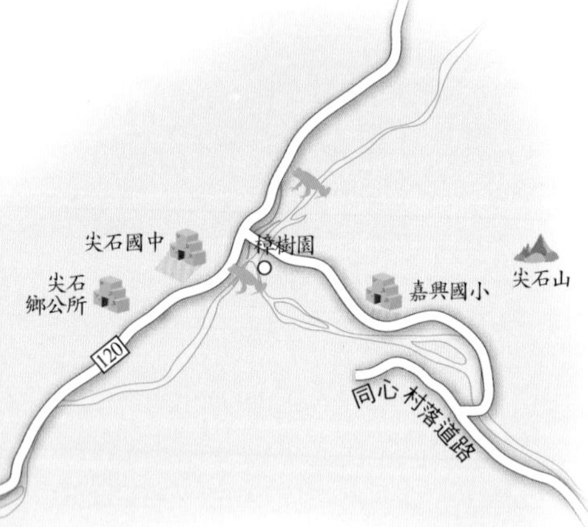

▼褐樹蛙是尖石溪流裡重要蛙種。

交通資訊

從國道3號南下者由關西交流道下，循118縣道至關西接台3線往橫山方向，於合興轉120縣道東行至尖石，右轉尖石橋朝那羅方向行駛約3公里，即達尖石鄉。全程約23公里。北上者從竹林交流道下，循120縣道經橫山至尖石，右轉尖石橋朝那羅方向可達。

青蛙石

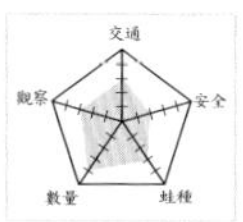

賞蛙評比 ★★★

賞蛙季節 全年

蛙　　種 白頜樹蛙、面天樹蛙、斯文豪氏赤蛙、日本樹蛙、褐樹蛙、盤古蟾蜍、梭德氏赤蛙

青蛙石位於尖石鄉錦屏村吹上至那羅間及錦屏輔益道路5K處，是由兩塊大石所堆疊在一起的奇石，就如真的青蛙一般，有兩個突出的大眼睛，體型甚為雄偉，充份表現出大自然造物者的神奇力量。青蛙石前腳下為深不見底之峽谷，並有一處高約40公尺之瀑布，瀑布傾瀉而下，甚為壯觀。鄉公所為了方便遊客到此觀看青蛙石，在其上游的位置建造了一個遊客平台，除了有一個可以活動的空間外還附有涼亭，同時還有一些可愛造型的青蛙石雕，很清楚的將主題呈現出來。平台的四周雖然有欄杆，但在欣賞之餘也須小心安全。

經過長年的歲月，青蛙石的頭頂也長出了不少植物，因季節的不同頭上的長相也會有不同的造型，似乎也隨著季節的變化，展示不一樣的髮型。根據當地原住民的說法，從前泰雅族社會，青蛙和蚊子是宿敵，有一次一隻大青蛙追食一群蚊子，只剩下最後一隻蚊子逃到溪谷，飛上山頭，青蛙受到岩石的阻隔無法追趕，只好眼睜睜的看著蚊子揚長而去。經過數百年歲月變化，青蛙就成了岩石了。

新竹縣市

▼青蛙石。

交通資訊

從國道3號南下者由關西交流道下，循118縣道至關西接台3線往橫山方向，於合興轉120縣道東行至尖石，右轉尖石橋朝那羅方向行駛。北上者從竹林交流道下，循120縣道經橫山至尖石，右轉尖石橋朝那羅方向可達。

竹東大山背山

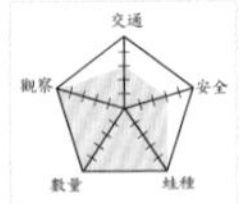

賞蛙評比	★★★★★
賞蛙季節	全年，夏季最佳
蛙　　種	金線蛙、面天樹蛙、拉都希氏赤蛙、盤古蟾蜍、古氏赤蛙、白頷樹蛙、貢德氏赤蛙、斯文豪氏赤蛙、褐樹蛙、日本樹蛙、澤蛙、盤古蟾蜍、梭德氏赤蛙

大山背山位在竹東鎮與橫山鄉的交界上，油羅溪與上坪溪恰巧繞過其兩側並交會於西側匯成頭前溪，由於四周都是大河中下游，河面寬廣視野極為開闊。往西竹東、新竹市、竹北一直到台灣海峽是一目了然；往東看則是橫山鄉、內灣和尖石。除了登高遠眺之外，夏天昆蟲、蝴蝶成群，一到晚上則變成螢火蟲的世界，每年四月底五月初，總吸引上萬民眾前往賞螢，是新竹最負盛名的賞螢地點；到了年底至翌年初春是海梨觀光果園開放季節，也是新竹縣內重要柑橘產地。

大山背山可說是新竹地區首屈一指的賞蛙地點，原因是大山背有著多樣的棲地環境供蛙類躲藏，有溪流、水溝、果園、墾地和闊葉林等，因此北台灣中低海拔該有的蛙種在這邊都可以看見。最特別是路邊水溝裡常可以見到金線蛙出沒，牠們多半相當害

▼大山背山路邊水溝裡就可以見到金線蛙出沒。

▲要到大山背賞蛙請在這個叉路往左，接著一路聽聲找蛙，必有很棒收獲。

▲面天樹蛙總是可以讓賞蛙人避免槓龜，而有「療傷系蛙種」之稱。

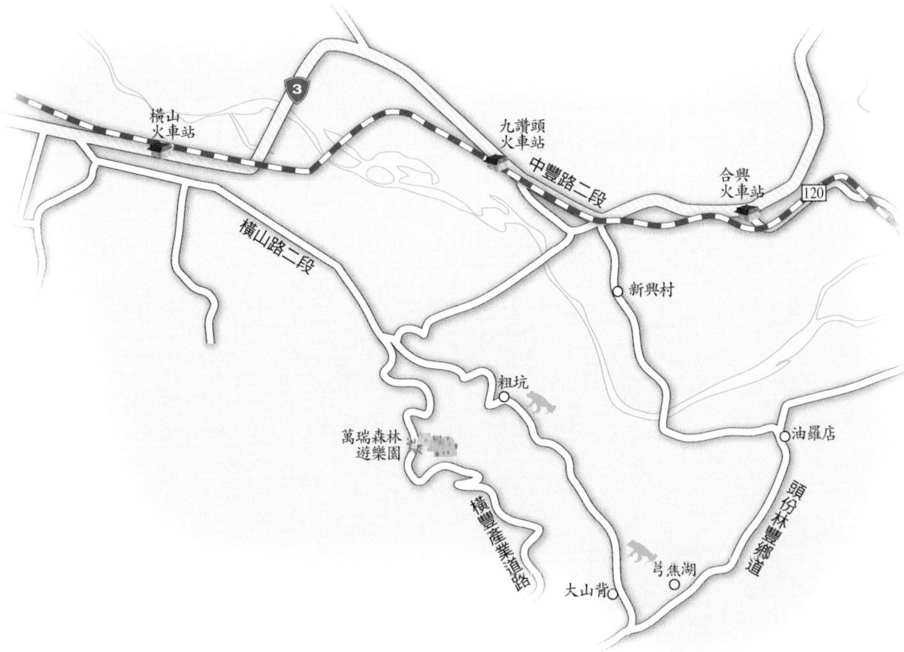

3
橫山
火車站
九讚頭
火車站
中豐路二段
合興
火車站
120
橫山路二段
新興村
粗坑
油羅店
萬瑞森林
遊樂園
橫豐產業道路
頭份林豐縱道
大山背
𥕢焦湖

新竹縣市

羞，人一靠近就噗通跳下水，要想看清牠們的真面目還真的是不太容易呢。如果找不到害羞的金線蛙，面天樹蛙是不會讓您失望的，牠們的叫聲總是會很快洩露牠們的藏身之處，在大山背山面天樹蛙的數量多到驚人，即使非下雨天也一樣可輕鬆發現喔。

交通資訊

先至竹東沿台3線上的萬瑞森林遊樂區指標走，在穿過台3線旁小村落後會看到往萬瑞森林遊樂區的上坡路時，注意左邊另有一條平路，這是繞到後山的路，沿途有小溪、小瀑布和小水溝，蛙況最佳的路段就是在此處，最後可以接到122縣道回竹東鎮。

田寮

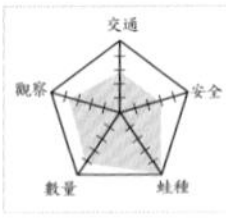

賞蛙評比 ★★★★

賞蛙季節 夏季

蛙　種 金線蛙、日本樹蛙、褐樹蛙、梭德氏赤蛙、古氏赤蛙、澤蛙、拉都希氏赤蛙、中國樹蟾、貢德氏赤蛙、虎皮蛙、盤古蟾蜍、黑眶蟾蜍、斯文豪氏赤蛙

橫山鄉除了大山背山以外，還有不少不錯的賞蛙地點，田寮就是一個鮮為人知的好蛙點。田寮村位於頭前溪上遊支流上坪溪的北岸，村落附近景色優美，民風淳樸，是個擁有好山、好水、好風光的小村莊。韭菜是田寮村最重要的農作物，橫山鄉公所將之定位為韭菜專業區，而社區內的餐廳亦以韭菜為主要食材，研發多種韭菜食品，如韭菜包、韭菜湯圓、韭菜麵等。田寮社區的山區內還保有數棟完整且歷史悠久的老宅院，社區居民也計畫以村史寫作的方式，留下屬於田寮的故事。

田寮村落附近適合看蛙的地方很多，比如灌溉用的小溪流裡常可見日本樹蛙、褐樹蛙、梭德氏赤蛙，水溝邊常見的古氏赤蛙、澤蛙、拉都希氏赤蛙。水溝邊的草上還可見面天樹蛙、白頷樹蛙；菜園裡也有中國樹

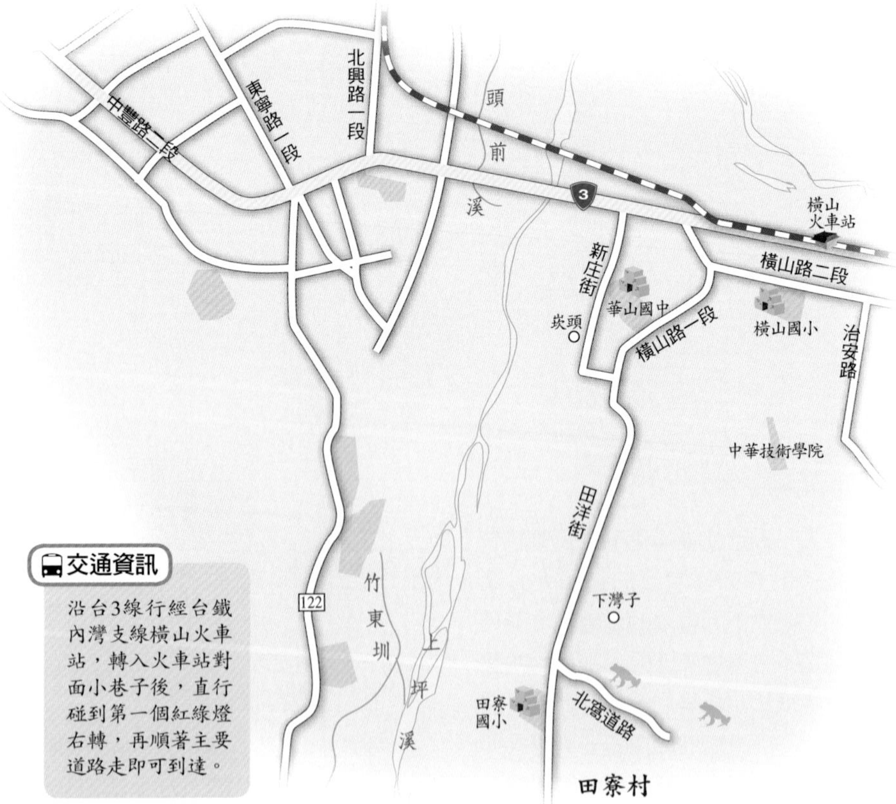

中豐路二段
東寧路一段
北興路一段
頭前溪
3
橫山火車站
橫山路二段
新庄街
華山國中
崁頭
橫山路一段
橫山國小
治安路
中華技術學院
田洋街
122
竹東圳
上坪溪
下灣子
田寮國小
北窩道路
田寮村

交通資訊

沿台3線行經台鐵內灣支線橫山火車站，轉入火車站對面小巷子後，直行碰到第一個紅綠燈右轉，再順著主要道路走即可到達。

▲田寮村灌溉用的小溪流裡也是生態豐富。
▼金線蛙是田寮村最值得觀察的蛙種。

蟾；水池裡常可見的金線蛙、貢德氏赤蛙、虎皮蛙，還有如盤古蟾蜍、黑眶蟾蜍有時在馬路邊或水池中都可以輕易發現牠們。

至於賞蛙路線，除了沿著田寮主要道路田洋街以外，還可以在進入社區前的北窩產業道路就先行左轉上山，沿路會有不少水池、水溝，而有金線蛙的菱角田是最值得駐足觀察的地方。另外流經路旁的小溪就是水質清澈的北窩溪，本身也有不少蛙類棲息其中，也是蛙友不可錯過的地方。

五峰鄉

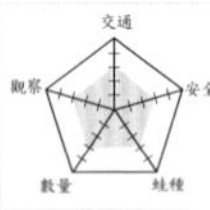

賞蛙評比	★★★
賞蛙季節	全年，夏季最佳
蛙　　種	莫氏樹蛙、白頷樹蛙、台北樹蛙、金線蛙、貢德氏赤蛙、虎皮蛙、古氏赤蛙、面天樹蛙、拉都希氏赤蛙、盤古蟾蜍、黑眶蟾蜍

五峰鄉位於雪山山脈的西緣，海拔約700公尺，境內山巒起伏綿延，因有五座山峰屹立雲霄，遠眺形如五指而得名。是一個以泰雅族、賽夏族及少部分客家民族為主要居民的山地鄉，鄉境有面積廣闊的森林、滔滔不絕的清泉和溪流，風景秀麗，民風純樸。居民多以種植溫帶水果和高冷蔬菜維生，由農業區登高可遠眺西部平原風光。目前鄉公所在白蘭農業區興建停車場、瞭望台和烤肉區，並規劃為休閒農業區，分為生態保育區、蔬果採摘區等，提供多元遊憩功能。

全鄉最主要道路122縣道又名南清公路，由新竹南寮至清泉，全長50.4公里，北於竹東接台二省道，串連國道3號，南至觀霧、檜山，接雪霸國家公園。目前已行駛新竹客運汽車至清泉，惟尚有桃山隧道瓶頸以及部分路段狹窄，縣政府規畫盡速拓寬南清公路。

五峰鄉適合賞蛙的地點並不用真的深入山區，其實沿著南清公路沿線就可以發現不少蛙種，兩旁的水溝只要有積水出現就容易見到莫氏樹蛙、白頷樹蛙，冬天還有台北樹蛙會加入

▼夏天的五峰鄉可以很容易見到白頷樹蛙。

鳴叫的行列。如果水溝出現較深水域且流速不快的區域、或是水面有浮萍的地方，金線蛙、貢德氏赤蛙、虎皮蛙、古氏赤蛙等較膽小的赤蛙也就會躲藏其中，當然基本蛙類如面天樹蛙、拉都希氏赤蛙、盤古蟾蜍、黑眶蟾蜍等蛙種也都輕易可見。

至
50
K
+
400
122
32
K
+
500

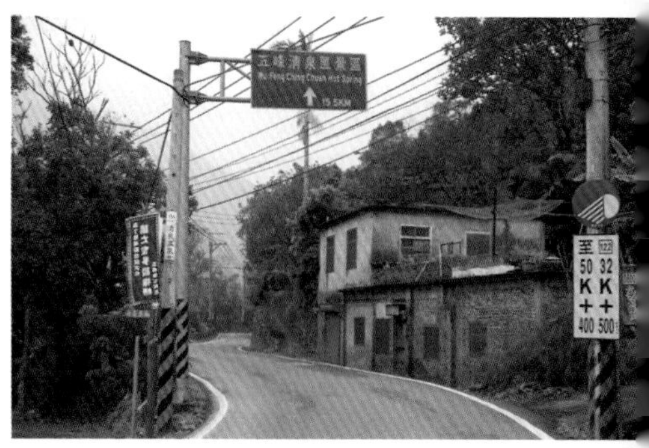

▲南清公路122縣道為五峰鄉主要聯外道路。

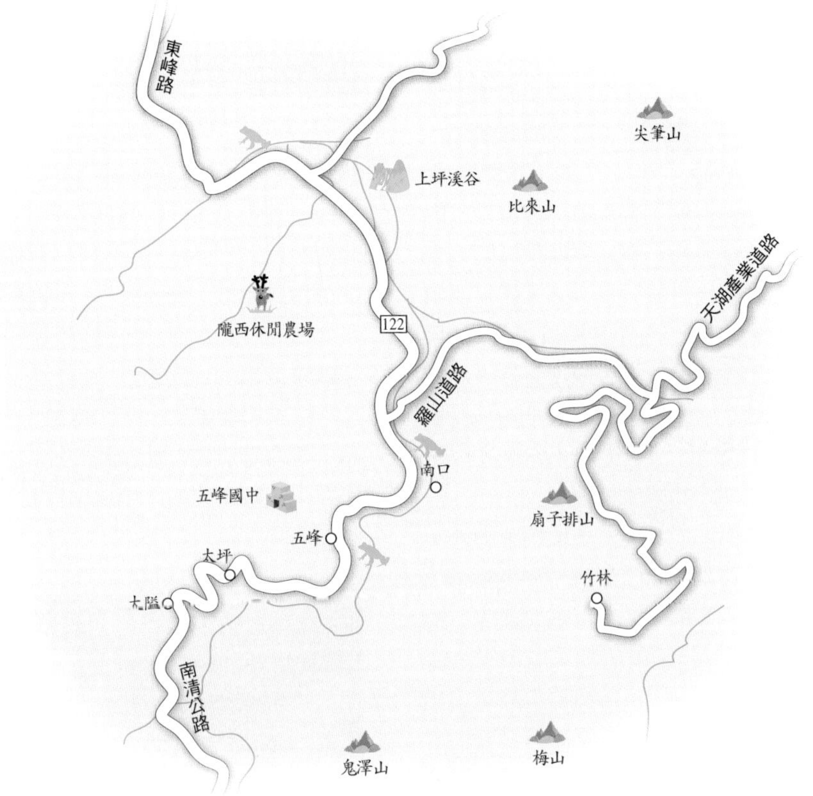

東峰路
尖筆山
上坪溪谷
比來山
天湖產業道路
隴西休閒農場
122
羅山道路
南口
五峰國中
扇子排山
五峰
太坪
竹林
大隘
南清公路
鬼澤山
梅山

交通資訊

在國道1號新竹（公道五）交流道處，下交流道後左轉公道五至慈雲路再左轉，經300公尺右轉接東西向快速道路（省68）往竹東方向，下快速道路右轉，經竹東榮民醫院後約200公尺左轉進入竹122縣道可達。或走國道3號經竹東芎林交流道下，往竹東方向，接縣道120行約2公里，右轉上竹林大橋，跨過竹林大橋在橋上十字路口左轉接北興路到底至榮民醫院前右轉後再左轉進入竹122縣道。

油點草農場

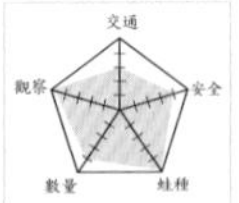

賞蛙評比 ★★★★★

賞蛙季節 全年

蛙　　種 金線蛙、台北樹蛙、長腳赤蛙、白頷樹蛙、小雨蛙、拉都希氏赤蛙、面天樹蛙、褐樹蛙、日本樹蛙、艾氏樹蛙、虎皮蛙、盤古蟾蜍、黑眶蟾蜍

油點草農場位於新竹縣北埔鄉大坪山谷，為什麼農場要取名油點草呢？據農場主人說，除了農場內真的有油點草之外，由於不噴灑農藥，也成為各種生物的樂園，還真的是「有點吵」呢。主人陳紹忠也是生態界的傳奇人物，原是竹科工程師，多年前放棄高薪的科學園區工作，開始整理老家在北埔山坡處約兩公頃的果園。如今農場內一片綠意盎然，不僅大樹林立，隨處可見蝴蝶飛舞、昆蟲出沒，吸引不少喜愛大自然的遊客來此享受豐富的生態景觀。

最特別是幾個水生植物生態池，擁有台灣水蕹、田字草、埃及莎草、水杉菜、針葉水丁香、滿江紅等，約150種以上的水生植物。而主人本身也是荒野保護協會解說員，除可引領遊客進行自然探索外，還可導覽附近古蹟、古道，單日行程包括昆蟲生態觀察、百年採茶古道之旅、簡餐、下午茶或夜間賞蛙等活動，專業而有趣的介紹方式，相信必讓每個造訪的遊客滿載而歸。

而農場內最適合賞蛙的地方當然就是幾個水生植物生態池，三個明星蛙種分別是夏天的金線蛙和冬天的台北樹蛙和長腳赤蛙，其他如小雨蛙、拉都希氏赤蛙、面天樹蛙、褐樹蛙、日本樹蛙、艾氏樹蛙、白頷樹蛙等蛙種數量都不少，蛙類資源極為豐富；加上主人對農場的一草一木都十分熟悉，也非常清楚青蛙躲藏的位置，若能有主人陪同夜觀，相信過程必定非常精彩。

▲油點草農場一景。

▲長腳赤蛙是油點草農場冬天的特產。

▲油點草農場的水生植物生態池。

交通資訊

從國道3號竹林交流道下，轉縣道120線往竹東方向，接省道台3線後開往北埔，入市區左轉北埔郵局往冷泉，沿路標約3公里可至，須注意的是農場除每周六、日開放外，平日都須先預約。

北埔冷泉

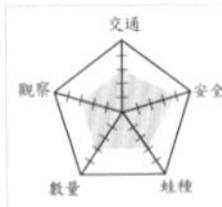

賞蛙評比	★★★
賞蛙季節	冬季
蛙　　種	莫氏樹蛙、台北樹蛙、面天樹蛙、日本樹蛙、褐樹蛙、斯文豪氏赤蛙、梭德氏赤蛙、盤古蟾蜍、黑眶蟾蜍、艾氏樹蛙、白頷樹蛙、澤蛙、小雨蛙、拉都希氏赤蛙、長腳赤蛙

北埔冷泉位於北埔鄉外坪村，距北埔市街7公里，竹37號縣道往五指山途中，從北埔至冷泉沿途屬丘陵地形，山巒起伏饒富變化，每屆秋末冬初，河床兩岸遍開芙蓉花，絢爛奪目。有寬廣的停車場，精心設計的人行吊橋橫亙溪之兩岸，是夏日戲水避暑的好去處。冷泉乃稀世珍寶，全台灣只有二處（另一處在宜蘭蘇澳）。北埔冷泉的泉源不只是在冷泉浴池內，大坪溪溪底也有泉水冒出，走在吊橋中間望著溪底會看到大量的氣泡，那些氣泡就是湧出的冷泉。北埔冷泉屬碳酸泉，泉溫在夏季約為15℃，冬季10℃，據說具有治療腸胃病、皮膚病、香港腳等療效；冷泉亦可飲用，嚐來略帶鹹味。

北埔冷泉適合賞蛙的地點很多，沿著竹37號縣道或往五指山、觀音仙水的小路，路邊就可聽見莫氏樹蛙、台北樹蛙的叫聲，從春初到夏天，面天樹蛙數量也很多。大坪溪本身也有不少蛙類棲息，如日本樹蛙、褐樹蛙、斯文豪氏赤蛙、梭德氏赤蛙、盤古蟾蜍等，另外還有艾氏樹蛙、白頷樹蛙、澤蛙、小雨蛙、拉都希氏赤蛙、長腳赤蛙等蛙種。來北埔冷泉遊玩可別錯過了晚上的精彩蛙況喔。

▼大坪溪的生態非常豐富。

▶北埔冷泉的拱橋地標。
▼往五指山登山口的道路。

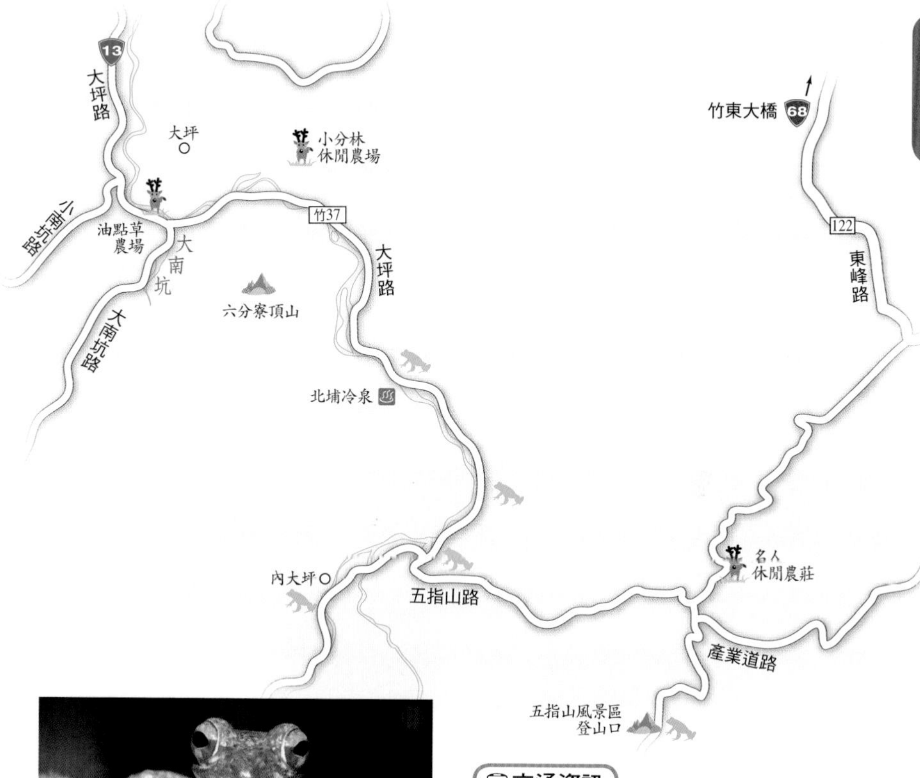

新竹縣市

13
大坪路
大坪
小分林
休閒農場
竹東大橋
68
小南坑路
油點草
農場
竹37
大南坑
大坪路
122
東峰路
六分寮頂山
大南坑路
北埔冷泉
內大坪
五指山路
名人
休閒農莊
產業道路
五指山風景區
登山口

▲大坪溪裡褐樹蛙是主要蛙種。

交通資訊

國道1號可從頭份交流道下，接124號線往三灣方向再接台3線往峨眉進入北埔市區再轉往北埔冷泉。國道3號從可竹林交流道下接120號線往竹東方向再接122號線往五峰方向，右轉接台3線進入北埔市區再轉往北埔冷泉。

青草湖

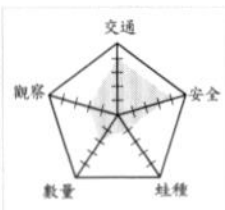

賞蛙評比 ★

賞蛙季節 夏季

蛙　　種 中國樹蟾、貢德氏赤蛙、澤蛙、白頷樹蛙、小雨蛙、黑眶蟾蜍、拉都希氏赤蛙

青草湖於1956年興建完成，早期是新竹市的八景之一，距新竹市區僅4公里，開發極早，位於新竹市南區雅客溪中游，為聚雅客溪而成之人工水庫，光復初期面積達30平方公里，是新竹吸引觀光客的主要賣點之一，岸邊划船、旅館業興盛。然因上游濫建、水土流失造成水庫淤積，逐漸喪失蓄水功能，遊客也漸漸流失。市府遂於1990年開始進行整治工程。分7個年度進行的整治工程，包括湖內淤泥清除整治、湖中小島美化、多樣化的公共設施及環島道路的開發等。但整治工程未完成，青草湖泥沙淤積的速度卻更快，目前市府每年皆須花費龐大資金處理來自雅客溪上游的泥沙，以期能重現青草湖清新乾淨的自然面貌。

青草湖四周崗巒起伏，寺廟林立，風景區附近有日本神社改建的靈隱寺，供奉諸葛孔明；靈隱寺前尤加利樹下則有營地供露營、烤肉之用。而環湖公路經過水壩後左側有一上坡岔路，是通往古奇峰與科學園區的捷徑，可順遊古奇峰及十八尖山。

青草湖每到夏季的晚上，不管晴雨，都可以聽見水裡傳來如狗吠般的叫聲，常讓遊客摸不著頭緒，其實那是俗稱「狗蛙」的貢德氏赤蛙在作怪，附近山區在下雨時，也常可聽見中國樹蟾熱烈的鳴叫聲。其他基本蛙種如澤蛙、拉都希氏赤蛙、黑眶蟾蜍、小雨蛙等，都可以見到。

▼青草湖泥沙淤積的景象。

▲貢德氏赤蛙。

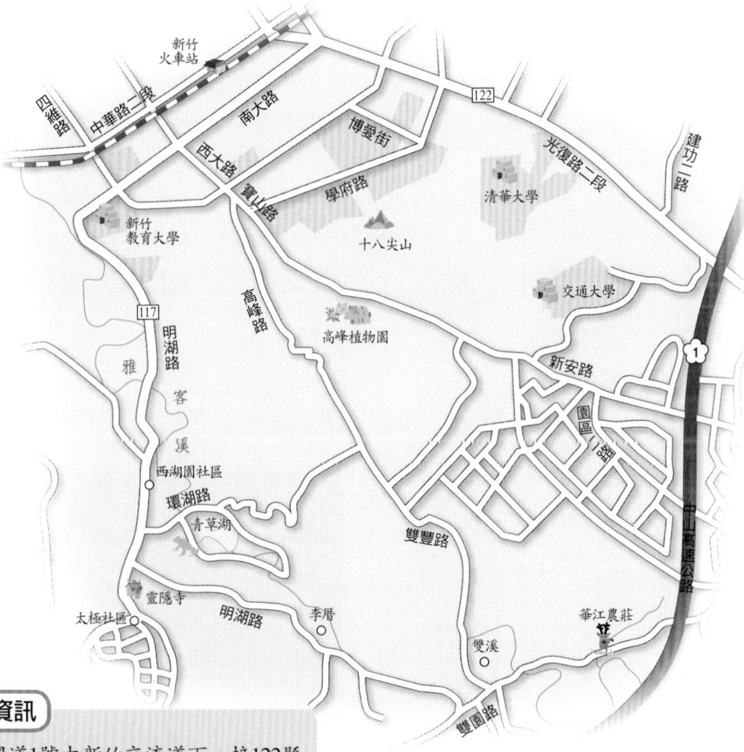

交通資訊

可從國道1號由新竹交流道下，接122縣道（光復路）至新竹市區，左轉南大路續行可接明湖路，過煙波大飯店後，環湖道路左轉即抵即可到達青草湖。

高峰植物園

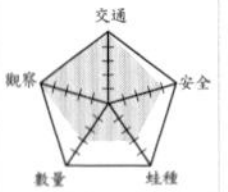

賞蛙評比 ★★★

賞蛙季節 冬季

蛙　　種 澤蛙、拉都希氏赤蛙、貢德氏赤蛙、台北樹蛙、長腳赤蛙、盤古蟾蜍、黑眶蟾蜍

高峰植物園位於新竹市東邊，是高翠路、寶山路、高峰路三條馬路所圍成的區域，與清大、交大、科學園區及十八尖山為鄰，全區發現植物有300多種，植物解說牌數十種，均位於步道兩側，並有候鳥行經或棲息，發現有40種鳥類及20種蟲類，是新竹市最茂盛的原始自然森林，也被譽為新竹市的「綠色圖書館」。植物園佔地約35公頃，除了培育本土植物外，同時引進許多外來樹苗，標本林內的樹木，樹齡超過50年，多數樹幹直徑達50至60公分，大葉桉、相思樹、錫蘭橄欖及台灣肖楠等，彷彿一座天然的森林公園。

但高峰植物園較不為人知的豐富夜間生態資源，其實更有看頭；除了夏天的蛙類基本成員：澤蛙、拉都希氏赤蛙、貢德氏赤蛙等蛙類以外，最值得觀賞的就是冬天出現的蛙種：台北樹蛙和長腳赤蛙，牠們會出現在入口附近幾個水生植物池和濕潤的泥濘地，想想一個離市中心不到5公里的賞蛙地點，還可以輕易看見美麗的綠色樹蛙，且還是分布較局限且名列保育類Ⅲ級的特有種台北樹蛙，新竹市的蛙友一定不能錯過此地喔。

玻璃工藝博物館
122
光復路
東寧街
博愛街
西大路
培英街
學府路
十八尖山
清華大學
1 新竹交流道
培英國中
寶山路
高峰植物園

▼高峰植物園是在新竹市內也可以見到台北樹蛙的地方。

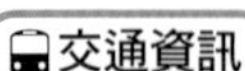

交通資訊

從新竹市區出發至高峰植物園可由寶山路往竹科方向前往。由國道1號方向過來者可於新竹交流道下，接光復路往新竹市區方向行駛，左轉食品路再轉入寶山路續行即可抵達。

交清小徑（清交小徑）

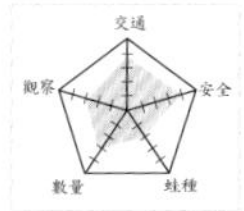

賞蛙評比	★★
賞蛙季節	春夏季
蛙　　種	中國樹蟾、貢德氏赤蛙、澤蛙、白頷樹蛙、小雨蛙、長腳赤蛙、黑眶蟾蜍、拉都希氏赤蛙

位於新竹市兩個著名學府：清華大學和交通大學，兩校之間有部分校區緊鄰，有條小徑方便兩校師生出入通行。兩校比鄰而居，卻也不免在各個領域都要彼此競爭，這競爭是全面而良性的互動，除了學術地位上的競爭和舉辦了40多年具歷史意義的梅竹賽，連這條連通兩校之間的道路命名，兩校也是互不相讓，交大方面師生稱其為交清小徑，並搶先掛牌正名，而清大師生卻仍喚其為清交小徑。

交清小徑附近仍保有小面積但卻非常自然原始的區域，裡面小橋流水，花木扶疏，這樣的地方當然成為蛙類繁殖聚集的場所。

交清小徑可以看見的蛙種有4至6月間的中國樹蟾，夏天的貢德氏赤蛙、澤蛙、白頷樹蛙、小雨蛙，冬天的長腳赤蛙和整年可見的黑眶蟾蜍和拉都希氏赤蛙。尤其是春天雨後的中國樹蟾，全身綠色卻有一深色過眼線，美麗可愛，但因為保護色良好體型又小，平時並不容易看到牠們；但一旦春雨過後，牠們就會紛紛現身鳴叫，常常會叫到渾然忘我，這時就是我們觀察牠們的最好時機。

新竹縣市

▼交清小徑。

交通資訊

由國道1號的新竹交流道下，接光復路往新竹市區方向，可陸續經過交通大學和清華大學，從任一學校進入皆可到達，建議從交大進入距離較近。

獅頭山

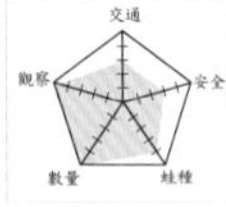

賞蛙評比	★★★★★
賞蛙季節	全年
蛙　　種	台北樹蛙、褐樹蛙、日本樹蛙、梭德氏赤蛙、盤古蟾蜍、白頷樹蛙、小雨蛙、斯文豪氏赤蛙、面天樹蛙

▲六寮古道的入口。

▼獅頭山牌樓。

獅頭山位於苗栗三灣鄉、南庄鄉與新竹峨眉鄉交界處，風景區內分成獅山、五指山、南庄遊憩系統。主峰標高492公尺，蹲踞在獅頭山塊的西南，山巒聳翠，佳景天成，因為外形酷似獅頭而得名。2001年交通部觀光局將獅頭山、梨山、八卦力規劃為「參山國家風景區」，使得獅頭山成為苗栗縣境內重要的遊憩區。本遊憩區觀光資源豐富，在人文景觀方面，主要以獅頭山、五指山寺廟群、客家（金廣福墾隘）文化、賽夏、泰雅原住民文化為主。

獅頭山區適合賞蛙的地點很多，分別是六寮古道、水濂橋步道、藤坪步道、七星溪、石子溪等地，屬獅頭山獅尾部分，入口皆位於「獅山旅遊服務中心」附近，嚴格說起來屬新竹縣峨眉鄉境內，但其實由苗栗進入本區更為方便。這地區由於這些步道多半未遭過度開發，保有非常完整之自然原始風貌。六寮古道入口位於「獅山旅遊服務中心」旁，整條古道是靠「人走出來的路」，可見得環境原始，自然資源豐富。水濂橋步道是迷人的一條步道，步道沿著得石子溪而行，溪畔有竹林、壺穴、清潭、岩穴、峽谷等景觀，景色多變。藤坪步道的登山口就位於遊客中心停車場旁，因昔年盛產黃藤，而地勢又平坦，因而得名。

本區因為棲地環境多變，可見蛙種非常豐富，最特別的是冬天不怕冷的台北樹蛙，甚至連竹41縣道大馬路旁的水溝，都可輕易聽到台北樹蛙的低鳴聲。另外，七星溪、石子溪等溪流平緩處，夏有褐樹蛙、日本樹蛙，秋有梭德氏赤蛙，冬有盤古蟾蜍生殖聚集的現象，幾乎一年四季都熱鬧滾滾，是非常適合賞蛙的地方喔。

交通資訊

從國道1號頭份交流道下高速公路後轉124縣道，經過珊珠湖接台3線，過三灣後再左轉124甲縣道，在過了龍門口後左轉獅山道（竹41）順行即可到達。

▶七星溪溪流裡因為蛙多，容易看見錯抱的現象，圖為褐樹蛙雄蛙抱梭德氏赤蛙母蛙。

苗栗縣市

清安國小

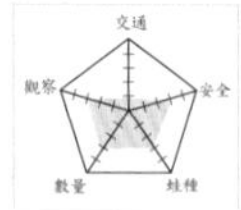

賞蛙評比	★★★
賞蛙季節	春夏
蛙　　種	盤古蟾蜍、白頷樹蛙、褐樹蛙、面天樹蛙、莫氏樹蛙、拉都希氏赤蛙、梭德氏赤蛙、古氏赤蛙

▲拉都希氏赤蛙在清安國小附近水溝內頗為常見。

清安國小位於泰安鄉清安村，是一所小而美小而精緻的偏遠山區小學。學校所在位置前眺耀婆山，後倚冬瓜山，緊臨洗水坑溪，環境清幽，景色宜人，實為一世外桃源，更是清安社區的文化中心與民眾知識的泉源。雖然位置較為偏遠，但學校仍堅持以生活、遊戲、學習為教學重心，讓孩子快樂學習，老師愉快教學。由於學校重視多元智慧發展，肯定每個孩子都有無限的可能，提供孩子成功的機會，也推動資訊教育、生命教育等不遺餘力（資料來源：清安國小網站http://web.chinganes.mlc.edu.tw/）。

清安國小校園內和附近山區因為環境原始天然，也成為蛙類棲息的好場所，孕育了不少蛙類族群。特別是校內生態池附近、山溝和操場旁的水溝等易積水的地方，到了晚上都會有不錯的蛙況。

交通資訊

- 國道1號高速公路從苗栗公館交流道下，行經東西向快速公路（台72線）往汶水方向接（台3線）右轉，再直行500公尺後左轉苗62線行經雪霸國家公園管理處、清安洗水坑豆腐美食街（約4k）再右轉苗62-1線（約3.5k）可達。
- 國道1號高速公路從苗栗公館交流道下接台6線往公館、大湖方向，行經公館、福基、出礦坑、汶水（台3線），再左轉苗62線行經雪霸國家公園管理處、清安洗水坑豆腐美食街（約4k）再右轉苗62-1線（約3.5k）可達。

蓬萊村

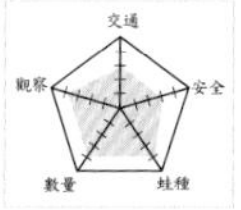

賞蛙評比	★★★★
賞蛙季節	全年
蛙　　種	金線蛙、貢德氏赤蛙、白頷樹蛙、面天樹蛙、拉都希氏赤蛙、斯文豪氏赤蛙、古氏赤蛙、日本樹蛙、褐樹蛙、盤古蟾蜍、莫氏樹蛙、台北樹蛙、梭德氏赤蛙

蓬萊村位於苗栗縣南庄鄉境內，這裡最為人所稱道的是苗栗縣第一條實行護魚行動的溪流 —— 蓬萊溪，這是一個政府結合社區民眾封溪護魚的成功典範。為了方便遊客賞魚，觀光局遂於蓬萊溪成立自然生態園區，規劃停車場、解說設施、河濱棧道及景觀公廁等設施，最重要的就是沿著蓬萊溪岸所建，長約2.4公里的觀魚步道。這條步道隨著溪岸的地形，或鋪枕木，或架棧道，或利用溪邊石塊砌成簡易的石階，步道全程路況佳，單趟約40分鐘即可走完，距離適中老少咸宜。

蓬萊村附近的蛙類資源非常豐富，不管是蛙種和數量都非常多，一年四季都有不同的蛙種登場亮相，夏天水池埤塘或水田附近常有金線蛙出沒，另外貢德氏赤蛙、白頷樹蛙、面天樹蛙、拉都希氏赤蛙、斯文豪氏赤蛙、古氏赤蛙、日本樹蛙、褐樹蛙等也都是夏、秋的主角；冬天則換盤古蟾蜍、莫氏樹蛙、台北樹蛙、長腳赤蛙、梭德氏赤蛙接力出現。造訪此地時，只要拉長耳朵，相信都可以有不錯的賞蛙成果喔。

▲蓬萊溪觀魚河濱棧道。

苗栗縣市

交通資訊

國道1號南下者可從頭份交流道下，走124縣道至珊珠湖後轉台3線行至三灣，再接124甲縣道經南庄後續行即可抵達蓬來村。北上者可從苗栗交流道下走台6線至汶水接台3線，行至獅潭再轉124甲縣道過仙山後續行可達。

東河村

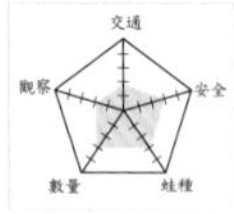

賞蛙評比 ★★★

賞蛙季節 冬季

蛙　　種 台北樹蛙、莫氏樹蛙、斯文豪氏赤蛙、澤蛙、梭德氏赤蛙、面天樹蛙、艾氏樹蛙、金線蛙

東河村因河流而得名，是一個山地村落，位於苗栗縣南庄鄉境內，面積約76平方公里，海拔400至2200公尺，境內自然資源豐富，盛產台灣原生種的一葉蘭、日本富有甜柿、段木栽培的香菇、高冷蔬菜、木材和桂竹等高經濟作物；地下蘊藏大量煤礦，早年還有煤礦業非常興盛，如今已停止開採。

村內豐富的多元文化並存，百分之七十為原住民：包含賽夏族人居住於大窩山、大竹圍、鵝公髻及東河等

▲東河吊橋。
▼東河石壁一景。

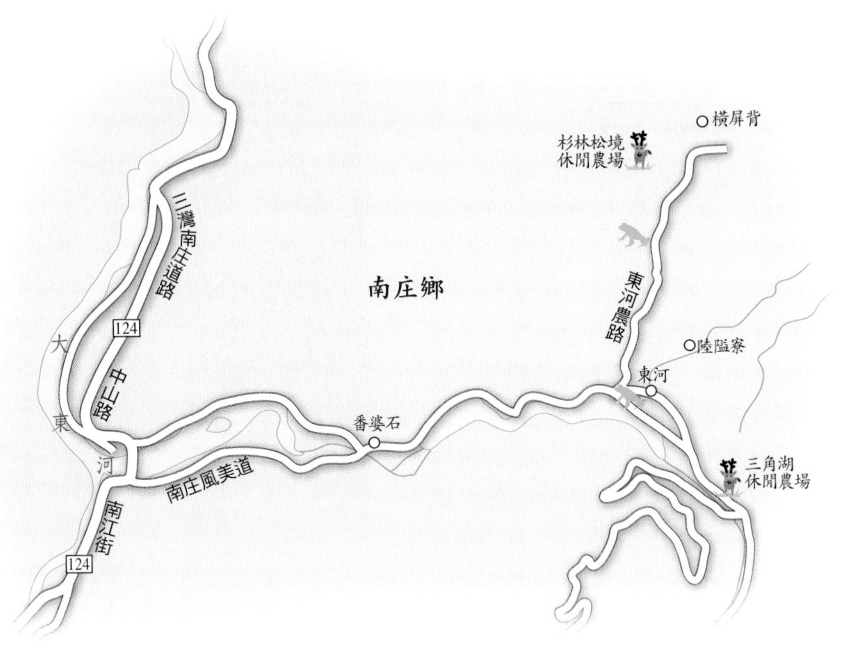

部落；泰雅族人則居住在鹿場、鹿湖、石壁及東河等部落，至於客家人則居住橫屏背、陸隘寮及東河等地。東河村努力朝文化產業發展，社區營造也引領著社區的居民熱情參與文化產業建設，未來東河社區將會以結合地區特色，展現多樣多彩的文化風貌，亦期許成為一個具有深度和質感的優質美地。

自然景觀優美的東河村，吊橋是一大特色，有東河、中加拉灣、石壁及石門等吊橋，吊橋緊密連接部落間的情誼。三角湖是天然的夏季戲水勝地，壯麗雄偉的石壁峽谷，每每成為旅客駐足之處，每年暑假常吸引大量旅客前來。東河村休閒產業興盛，不論是渡假小屋、山莊、民宿、餐飲、美食、農場、工作坊已有數十家規模，提供遊客旅遊中的服務，讓您心曠神怡的徜徉在青山綠水間。

本區最具觀賞價值的蛙種就是：台北樹蛙、莫氏樹蛙以及斯文豪氏赤蛙，因為這些蛙種都是屬於較不怕冷的種類，所以冬季到隔年春天反而是最適合來此賞蛙的季節，尤其台北樹蛙和莫氏樹蛙的綠色身影，必定吸引您的目光。

交通資訊

國道1號頭份交流道下接苗124縣道往珊珠湖方向，右轉接3號省道往南，於三灣國中左轉接苗124甲縣道續行，進入南庄市區後上過南庄大橋左轉，往東河社區即可抵達。

鹿場

賞蛙評比	★★★
賞蛙季節	秋冬季
蛙　　種	斯文豪氏赤蛙、梭德氏赤蛙、盤古蟾蜍、艾氏樹蛙、莫氏樹蛙、拉都希氏赤蛙

顧名思義，鹿場昔日曾有為數眾多的野鹿，附近還有「鹿湖」、「鹿山」等地名，可想見當年這裡滿山遍野鹿群的景象。鹿場是台灣山地部落當中年代較近的一座，海拔約850公尺，本來是原始林密布的無人深山，直到190年前，才有一小群泰雅族人，從現在的新竹縣五峰鄉桃山部落遷徙至此。目前鹿場僅有一條主要的街道，兩旁有幾間餐廳及充滿原住民風味的民宿。

通往鹿場風景區的苗21線沿途佳景極美，山嵐雲霧可說處處皆景，尤其是位於風美的神仙谷，是一處地形極為險峻的溪谷，因斷層而形成高低落差大的瀑布群。這處溪谷正位於鹿湖溪及風美溪的匯流處，左右兩條河流形成兩大瀑布，巨大的砂岩形成的河床又遇斷層陷落，因而形成階層狀的雙道瀑布，流水順著岩床奔瀉而下沖入下方的水潭，聲勢非常驚人。通過神仙谷吊橋，有一條「石門古道」可通往下游的石門峽谷，是昔日石門與風美之間的古道。石門古道的路況大致良好，沿途森林繁茂蓊鬱，是個極佳的森林浴場所。

鹿場地區最適合賞蛙的地點就是神仙谷的溪谷附近，就連白天都可以聽到斯文豪氏赤蛙的鳴叫聲，另外秋冬時期梭德氏赤蛙、盤古蟾蜍都是溪谷裡的強勢蛙種。而鹿場部落入口附近竹林裡，有著不少艾氏樹蛙，循著逼、逼、逼的叫聲就可以發現牠們。部落裡幾個灌溉用的水池內也不少莫氏樹蛙和拉都希氏赤蛙，若不知水池位置，可以利用預錄的莫氏樹蛙鳴聲來引誘，再聽聲辨位即可找到牠們。

▲鹿場部落的入口處。

▲盤古蟾蜍是溪谷的強勢蛙種之一。

▲神仙谷附近的溪流。

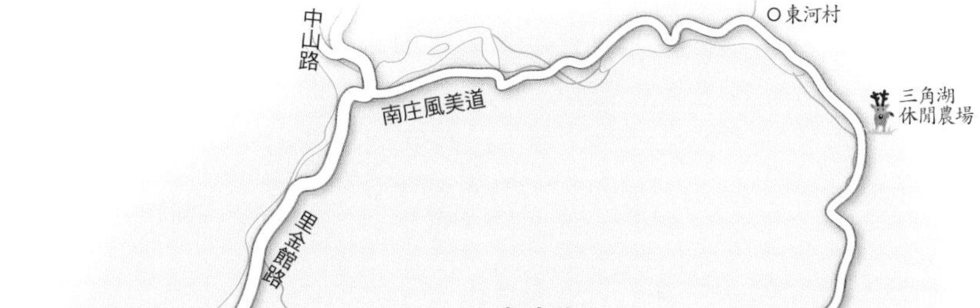

中山路
東河村
南庄風美道
三角湖休閒農場
里金館路
南庄鄉
石壁
苗21
124
大龍山
石門
風美
神仙谷
鹿場
鹿山連絡道
鹿湖
風美瀑布

苗栗縣市

交通資訊

國道1號下頭份交流道，接124縣道經珊珠湖，再接3號省道至三灣，轉124甲縣道經龍門隧道、南庄橋，再選左路東駛至中興橋，抵東河村後再行苗21線即可。

新社

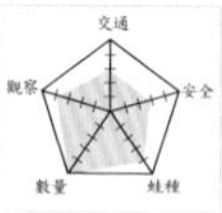

賞蛙評比	★★★★
賞蛙季節	夏
蛙　　種	中國樹蟾、白頷樹蛙、面天樹蛙、莫氏樹蛙、貢德氏赤蛙、拉都希氏赤蛙、澤蛙、小雨蛙、虎皮蛙、褐樹蛙、日本樹蛙

新社鄉位於台中縣中部偏東的山城地區，大甲溪沿新社鄉自東向西流，經龍安吊橋附近轉往北流，地勢也隨著大甲溪的流向，從較高的東南向往西往北，成傾斜的趨勢。俯瞰新社鄉，地形有如長條狀，地形相當複雜，標高界於海拔350公尺至1000公尺之間，群山環繞，東隔大甲溪與東勢鎮、和平鄉相望，年雨量2250公釐，年平均溫攝氏22度，風土、氣候都適合農業生產，盛產葡萄、枇杷、高接梨，夏季蔬菜也名聞全台，苦瓜和角瓜更是新社鄉的一對寶，香菇、花卉、甜蜜桃也是這裡的農特產品，每年冬天到隔年春天，則是鳳梨蜜釋迦最特別。從遠處觀賞此地的果園，整座山的大斜面，密密麻麻地種滿了各式各樣的果樹，十分壯觀。

而這些果園所用的灌溉水池或水桶，只要沒有農藥的污染，就成為蛙

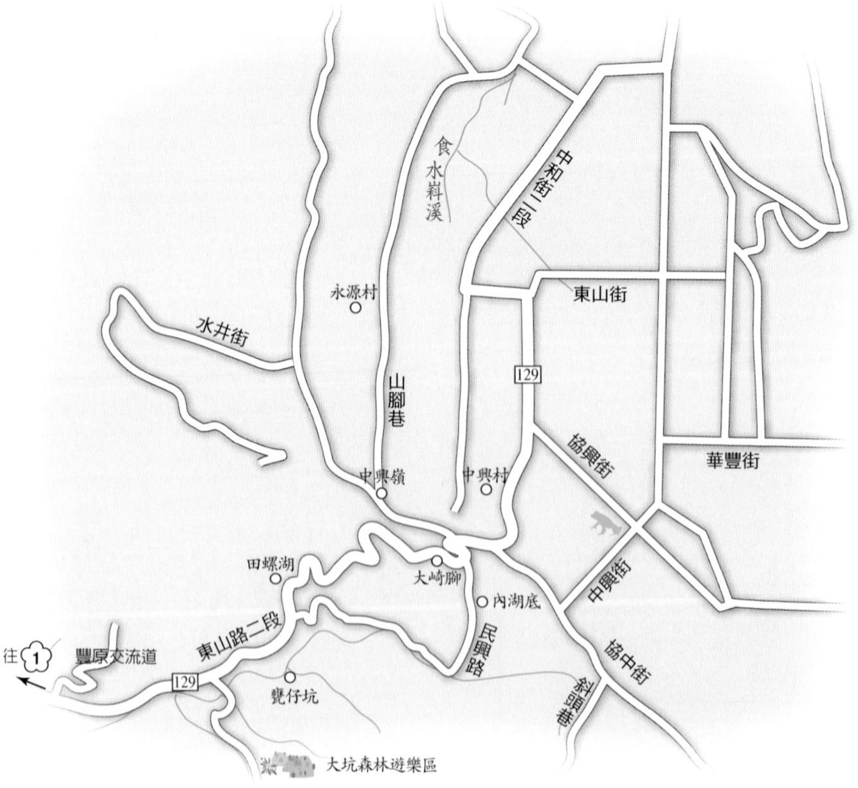

類的繁殖場所。其中以中國樹蟾數量最多也最為亮眼，春夏時期只要下雨的夜晚來到這裡，中國樹蟾聚集鳴叫的盛況，絕對會讓人大開眼界；但中國樹蟾的活動和下雨裡有很緊密的關係，如果天氣不對來到這邊，有可能一隻中國樹蟾都見不到喔！這時只好看看水裡是否能發現蝌蚪，身體透明背上有兩條金線的中國樹蟾蝌蚪，也是非常美麗而特別。

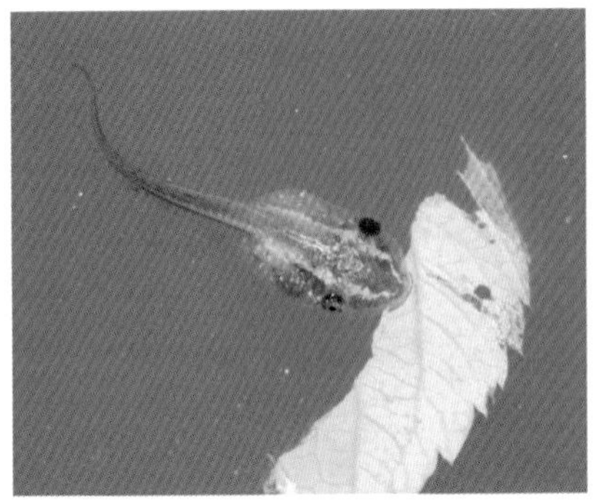

▲中國樹蟾蝌蚪背上有兩條金線。

▼中國樹蟾是來新社賞蛙的主角。

◀新社果園裡的蓄水池是中國樹蟾的天堂。

交通資訊

國道1號下豐原交流道轉台3線往石岡，在東勢大橋前「土牛」轉接129縣道至新社。或是國道1號下台中交流道，從台中市區出發走台3線至太平市，再轉接129縣道經大坑抵達新社。

大坑

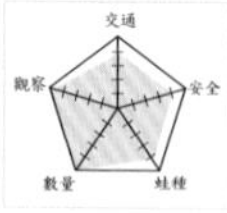

賞蛙評比	★★★★★
賞蛙季節	全年，春夏最佳
蛙　　種	莫氏樹蛙、白頷樹蛙、面天樹蛙、拉都希氏赤蛙、澤蛙、小雨蛙、黑蒙西氏小雨蛙、虎皮蛙、褐樹蛙、日本樹蛙、腹斑蛙、梭德氏赤蛙、貢德氏赤蛙、黑眶蟾蜍

大坑風景區於1976年經台中市政府開發成立，面積廣達3300公頃，海拔自112公尺至860公尺間，位於台中市東北邊屬北屯區，北接中興嶺，東臨頭嵙山，南接部子坑溪，西臨大里溪。區內有大坑溪、濁水坑溪、清水坑溪、横坑溪、北坑溪及部子坑溪等6條天然溪溝。主要對外聯絡道路為129縣道，貫穿整區並連結台中縣市，另外尚有多條產業道路縱横交錯，如連坑巷、濁水巷、清水巷、横坑巷等形成大坑風景區的交通道路網。

大坑一直以來都是台中市民重要的休閒旅遊場所，素有「台中市陽明山」和「台中市的後花園」之稱。台中市政府在風景區內設有管理處，並開闢八條步道，東有一號至五號步道，全長11870公尺；西有六號至八號步道，全長有6592公尺，步道交錯連結，風景優美，鳥語花香，夏天時蟬聲蝴舞，是登山休閒的好去處。區內有兩家觀光局評鑑合法優等標章的民營遊樂區，一是台中市第一家有溫泉泡湯SPA水療設備的東山樂園，二為以花園取勝的亞哥花園，此外尚有聞名全省的東山土雞城和中正露營

▼大坑四號步道的美景

交通資訊

國道1號南下者可從大雅交流道下，接環中路右轉松竹路二段，再左轉東山路即可到達大坑風景區。國道1號北上者由中港交流道下，接中港路左轉文心路東山路即可到達大坑風景區。若走國道3號南下者則由龍井系統交流道下接台12線至中港路左轉文心路，續行東山路即可到達大坑風景區。國道3號北上者則由彰化快官系統交流道下，接台74線（東西向快速道路彰濱台中線）下西屯路，左轉文心路至東山路即可到達大坑風景區。

▲在大坑在夏天時面天樹蛙的數量極多。

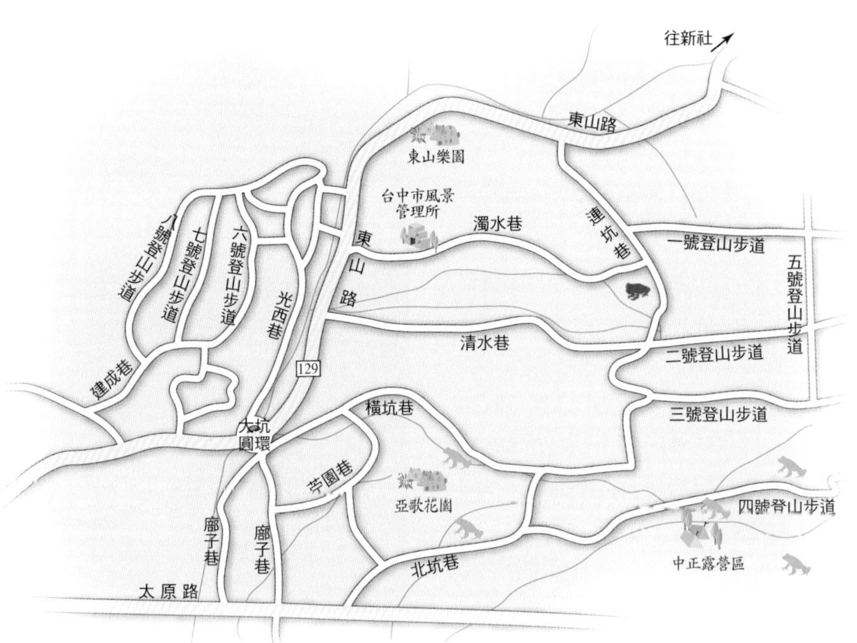

區，觀光資源極為豐富完整。

大坑適合賞蛙的地點非常多，北坑巷、連坑巷、一號二號四號步道、中正露營區等都是筆者推薦賞蛙的地方。另外中正露營區附近的郭叔叔猴園，主人熱愛自然生態，因此猴園內除了有野生獼猴出沒外，晚上在主人設計的生態池裡，也有非常熱鬧的蛙類生態可看。

總計大坑山區出現的蛙種超過15種蛙類，數量和種類皆豐富，是台中地區屬一屬二的賞蛙地點。

霧峰

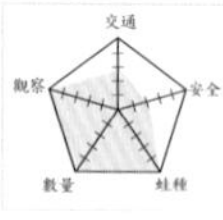

賞蛙評比	★★★★★
賞蛙季節	全年
蛙　　種	蛙種：梭德氏赤蛙、莫氏樹蛙、褐樹蛙、日本樹蛙、白頷樹蛙、面天樹蛙、拉都希氏赤蛙、澤蛙、小雨蛙、黑蒙西氏小雨蛙、腹斑蛙、黑眶蟾蜍、盤古蟾蜍

霧峰鄉位居台灣中部台中盆地之東緣，北接大里鄉與太平鄉為界、東鄰南投縣國姓鄉、西連烏日鄉、南界南投縣草屯鎮。全鄉面積計為98平方公里，為台中縣面積第四大鄉鎮。霧峰鄉氣候溫和、溫度與濕度適中，非常適合菇類的栽培與生長，因此所生產的食用菇種類也較多樣，例如金針菇、鮑魚菇、杏鮑菇、黑木耳、雪耳等，而南柳村更是霧峰鄉菇類的生產重地，菌種大多數皆為南柳村的菇農自行研發改良，僅少數為向菌園購買太空包進行栽培，所以南柳村的菇類產量和品質都很穩定，因此南柳村堪稱為「菇的故鄉」。

溫和的氣候也使得霧峰鄉有著不錯的生態資源，而賞蛙的最佳路線是從霧峰鄉桐林村民生路中坑巷橋前左轉走北坑產業道路，北坑產業道路一路沿著北坑溪而行，是唯一可以穿越九九峰山區到達太平136公路的道路（往136的路段不好走），此一路段從霧峰桐林國小到北坑巷九九峰風景區（標高520公尺），全長13公里，沿途設有賞螢步道、花廊步道、登山步道等設施。

▲北坑溪一景。

▼北坑溪的秋天會被梭德氏赤蛙給佔滿。

北坑溪裡有著豐富的蛙類資源，夏天的晚上，整條溪都會被褐樹蛙和日本樹蛙佔領，若碰上繁殖的高峰期，成千上萬的青蛙就站在較高的石頭上放聲鳴叫，非常壯觀。到了

秋天，北坑溪就變成梭德氏赤蛙的天下，每到這一年一度的「梭德季」，都會吸引來自全台灣的蛙友來此朝聖，可謂賞蛙界的盛事。蛙多當然蛇也多，來這邊賞蛙千萬要小心，這裡六大毒蛇之一的赤尾青竹絲數量非常多，筆者幾乎每次到這邊都可以發現一兩隻；不過因為蛙多蛇也多，這裡也成為觀察蛇吞蛙的最佳地點。

交通資訊

國道3號從霧峰交流道下，在台3線左轉往台中市方向直走，見霧峰鄉警分局右轉接吉峰路，直走見台糖加油站左轉，直行到民生路右轉，直行到福天宮後馬上左轉即進入北坑產業道路。

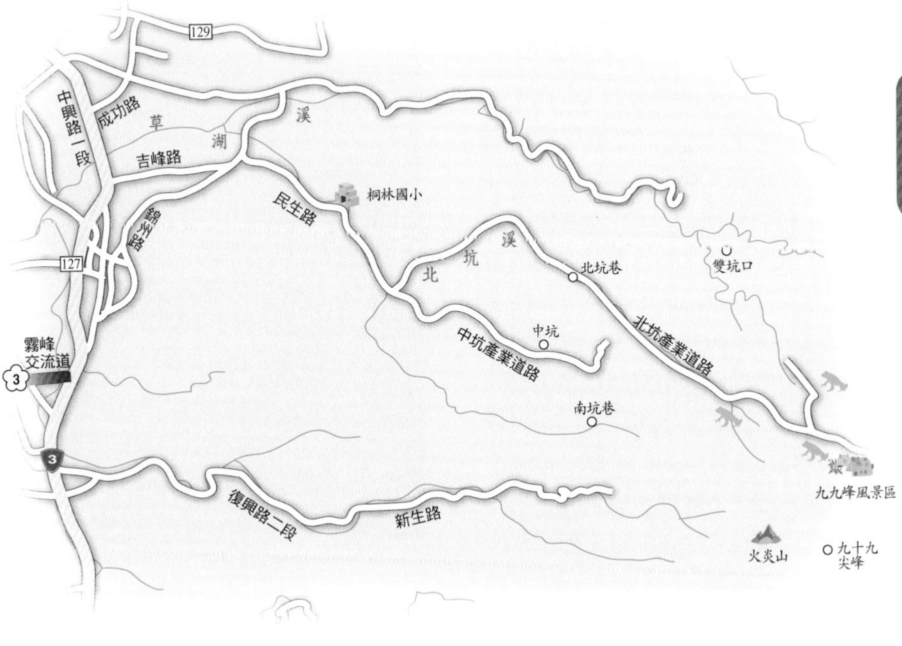

太平車籠埔

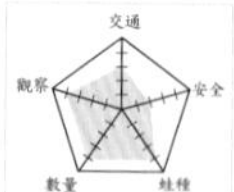

賞蛙評比 ★★★★

賞蛙季節 全年

蛙　種 史丹吉氏小雨蛙、拉都希氏赤蛙、澤蛙、貢德氏赤蛙、古氏赤蛙、小雨蛙、黑蒙西氏小雨蛙、黑眶蟾蜍、中國樹蟾、面天樹蛙、白頷樹蛙、日本樹蛙、褐樹蛙、莫氏樹蛙

太平的車籠埔因為1999年的921大地震而聲名大噪，因為當年的地震正是車籠埔斷層的劇烈活動而生成，因此這個地方到處都有地震後遺留下的痕跡。車籠埔位於台中縣太平市的興隆里，區內最著名的是車籠埔新兵訓練中心靶場前的樟樹，需多人合抱的超粗樹圍，估計至少有五、六百歲高齡。據說，此株老樟樹與七星山的六株老樟樹合稱為「七星」，後來六株老樟樹逐漸凋零，只剩下興隆里的這株倖存。陪伴著車籠埔成長，老樟樹屹立不搖，也代表車籠埔居民堅韌的生命力。懷舊500年老樟樹，除了乘涼與悠閒景觀外，目前也已規畫成自行車道供市民休閒使用。

就在筆者起寫本書時，蛙友通報此處出現史丹吉氏小雨蛙爆發生殖的景象，這也打破原本史丹吉氏小雨蛙只有分布在雲林以南的紀錄。經過筆者實地到訪後才發現，廢棄的靶場裡有一整片草地，只要下場大雨，草地裡到處都是積水，加上不算低的草也讓青蛙們有躲藏的地方，這就能解釋為何史丹吉氏小雨蛙會在這邊大量繁殖。除了史丹吉氏小雨蛙以外，出現的蛙種共計超過10種，是中台灣頗有代表性的賞蛙地點。

▲一旦碰上史丹吉氏小雨蛙生殖爆發，就可以輕易拍到鳴叫的樣子。

▼大雨後的暫時性積水吸引了大量史丹吉氏小雨蛙來此繁殖。

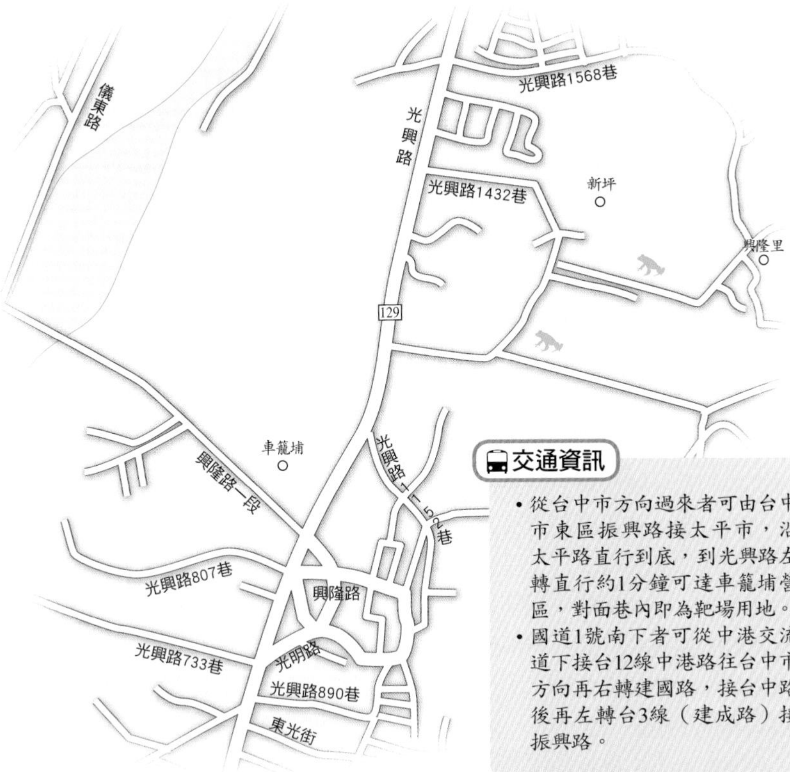

儀東路
光興路
光興路1568巷
新坪
光興路1432巷
興隆里
129
車籠埔
興隆路一段
光興路1─52巷
光興路807巷
興隆路
光興路733巷
光明路
光興路890巷
東光街

交通資訊

- 從台中市方向過來者可由台中市東區振興路接太平市，沿太平路直行到底，到光興路左轉直行約1分鐘可達車籠埔營區，對面巷內即為靶場用地。
- 國道1號南下者可從中港交流道下接台12線中港路往台中市方向再右轉建國路，接台中路後再左轉台3線（建成路）接振興路。

▲出現史丹吉氏小雨蛙的果園。

黃竹坑

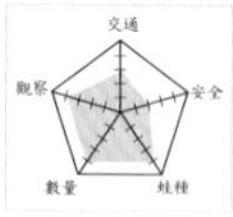

賞蛙評比	★★★★
賞蛙季節	全年
蛙　　種	莫氏樹蛙、白頷樹蛙、日本樹蛙、褐樹蛙、梭德氏赤蛙、盤古蟾蜍、黑眶蟾蜍、拉都希氏赤蛙、澤蛙、面天樹蛙、小雨蛙

除了車籠埔之外，台中縣太平市還有一個賞蛙的好地方，那就是位於草湖溪流域的黃竹坑。草湖溪發源於霧峰鄉與南投縣國姓鄉之交界處的火炎山北側山區，於大湖附近流入太平市，為一條標準的時令河，雨季時河水豐沛湍急，旱季則變成涓涓細流。溪谷景觀時而寬廣開闊，時而狹隘逼人，變化萬千，風光無限。尤以竹村橋以後至大湖橋一帶的中、上游溪谷，因遊客罕至，仍保持天然原始的清新風貌，生態環境也維持得非常完整。「浮水橋瀑布」為草湖溪上游，築有浮水橋及淺壩，造成人工瀑布，非常值得一遊。

近年來因為單車風氣盛行，黃竹坑主要道路竹村路，也成為單車族最愛的路線之一，而越野單車的愛好者，也會趁枯水期來個草湖溪溯溪探險。草湖溪還有一個特色就是溪流中化石頗多，只要留心觀察不難發現，化石以海洋貝殼類為主，這證明了太平河床，在很久以前應該是河口或淺海地區。目前有關太平市各溪流的化石分布及種類研究報告或書籍非常少，有待大家一起調查研究。

此地區作物幾乎全為龍眼、荔枝，摻雜少數竹林，開墾過的果園反而是青蛙密度較高的地方。莫氏樹蛙、白頷樹蛙就喜歡利用果園灌溉用的蓄水池或積水容器來繁殖，只是牠們的繁殖季節會錯開而不會互搶地盤，莫氏樹蛙喜歡在冬天時出現，夏天則變成以白頷樹蛙為主，這種現象在很多棲地都可以看見。

除了果園，草湖溪溪谷本身也有不少蛙類，像日本樹蛙、褐樹蛙、梭德氏赤蛙、盤古蟾蜍、黑眶蟾蜍等，數量都非常多，另也有拉都希氏赤蛙、澤蛙、面天樹蛙、小雨蛙等蛙種，蛙類資源相當豐富。

▲黃竹坑位於草湖溪流域。
▼莫氏樹蛙。

▲過了竹村橋後的果園是莫氏樹蛙、拉都希氏赤蛙的大本營。

台中縣市

交通資訊

國道1號南下者可從中港交流道下接台12線中港路往台中市方向再右轉建國路，接台中路後再左轉台3線（建成路）接振興路進入接太平市，並沿太平路直行到底接光興路右轉直行到底，沿竹村產業道路續行即可抵達。

烏石坑

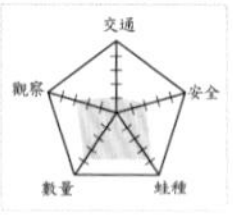

賞蛙評比	★★★
賞蛙季節	全年
蛙　　種	梭德氏赤蛙、盤古蟾蜍、褐樹蛙、斯文豪氏赤蛙、拉都希氏赤蛙、白頷樹蛙、莫氏樹蛙、面天樹蛙、艾氏樹蛙、古氏赤蛙、中國樹蟾、日本樹蛙

烏石坑位在台中縣和平鄉，鄰近大安溪，日據時期日人在本地伐木採樟木製樟腦油，為樟腦製業發源地，有著濃濃的樟腦人文歷史文化。由於伐木業的凋零，農業的開發取而代之，目前農民轉以種植高經濟價值的甜柿，與相鄰的摩天嶺甜柿並駕於台灣市場。

境內主要社區：烏石坑社區以烏石溪而得名，位於台中縣和平鄉自由村，東臨大安溪，西靠雪山山脈，山水兼得海拔由200公尺急竄至1500公尺，也創造了多樣性的自然生態社區。

特有生物研究保育中心為提供台灣特有生物飼養、培育、繁殖、復育及種源保存的野外試驗場所，也選在烏石坑成立了低海拔試驗站，可見此處的生態資源必定是相當不錯的。

至於烏石坑的蛙類資源，根據特生中心的調查資料，一共紀錄到12種蛙類，烏石坑溪及乾溪溪流環境之常見蛙種為梭德氏赤蛙、盤古蟾蜍，其次為褐樹蛙及斯文豪氏赤蛙，而在特生中心水生植物池及原生蕨類園區內溼地環境之蛙類常見種類為拉都希氏赤蛙、白頷樹蛙。另外還有莫氏樹蛙、面天樹蛙、艾氏樹蛙、古氏赤蛙、中國樹蟾、日本樹蛙等蛙種。

▼烏石坑社區入口。

交通資訊

國道4號豐原往東到底以後，接3號省道往東勢，進入市區後左轉入中47線東崎道路，再順行即可到達。

台中都會公園

賞蛙評比	★★★
賞蛙季節	春夏
蛙　　種	貢德氏赤蛙、中國樹蟾、黑眶蟾蜍、澤蛙、牛蛙

台中都會公園位於台中縣市交界的大肚山紅土台地，面積約88公頃，除了提供大台中都會區民眾休閒遊憩的空間，同時也兼具有都市綠地緩衝帶、環境保育、環境教育以及防災避難等多功能的大型都市森林公園。台中都會公園以提供大型開放空間、廣大的綠地、綠美化的視覺景觀、多樣性的遊憩活動以及自然資源等功能為主。園區主要之動線主軸以東向之星象夜景，西向之日落夕陽及北向之天文觀星的自然景觀作為步道軸線之規劃設計，園區內的植被及水池濕地等環境也提供了動物棲息的場所，孕育豐富的生態資源。

台中地區居民可以選擇就近在台中都會公園賞蛙，這裡最主要蛙種是叫聲如狗的貢德氏赤蛙，夏天時牠們獨特的「苟、苟、苟」叫聲常會讓遊客困惑，幾乎所有水池都可聽到牠們宏亮的叫聲，不過牠們喜歡躲在池中的水草中，要發現牠們得花一番功夫。另一主角是美麗的中國樹蟾，4至6月下雨天是牠們出沒的高峰期，體型雖小但叫聲可不輸給其他蛙類。另外還有黑眶蟾蜍、澤蛙等蛙種，牠們會忽然出現在步道讓人驚喜。

▲台中都會公園入口。

交通資訊

由中港路往台中港方向在東大路右轉即有路標指引。或由中清路往台中港方向在經過空軍基地後，在忠貞路右轉即有路標指引到達。

大雪山

賞蛙評比	★★★
賞蛙季節	全年
蛙　　種	莫氏樹蛙、盤古蟾蜍、梭德氏赤蛙、拉都希氏赤蛙、斯文豪氏赤蛙、褐樹蛙、日本樹蛙、白頷樹蛙、艾氏樹蛙、面天樹蛙、小雨蛙、澤蛙

位於台中縣和平鄉的大雪山國家森林遊樂區，應該是台中縣最重要的生態寶地，屬行政院農委會林務局東勢林區管理處管轄，涵蓋暖、溫、寒帶原始森林，是避暑、攬勝、賞鳥、賞雪之最佳去處。大雪山國家森林遊樂區位處在海拔2000公尺以上，面積廣達1104公頃，自然景觀有雪山神木、小雪山天池、原始森林等，此外另闢鞍馬山森林浴步道及稍來山、小雪山、中雪山、大雪山等登山步道，並有花木觀賞區、船形山苗圃、高山植物園區及青少年野外活動區、露營地等。

炎炎酷熱的夏天這裡氣溫僅攝氏18度，嚴冬時則可降至攝氏零下5度以下，成為最獨特的高山森林遊樂區，更受喜愛大自然與登山人士的青睞。不過能適應這麼高海拔的蛙種不多，園區內大概只能見到莫氏樹蛙和盤古蟾蜍兩種不怕冷的蛙類。

真正大雪山區適合賞蛙的地點並不用真的深入大雪山林道，反而是由東勢進入大雪山200號林道的12至18公里處，有個大雪山社區，位於台中縣和平鄉的西北角，社區內海拔約在850至1200公尺之間，屬中海拔，並有一條橫貫社區的橫流溪。整個社區依山傍水、氣候怡人，四處皆為不受人為干擾的原始林、令人心曠神怡的潺潺溪流、經妥善規劃的人造林、孟宗竹林，配上山嵐飄渺，所孕育出的豐富動植物生態自不待言。

▲大雪山社區的地標。

大雪山社區可見的蛙種，就屬綠色的莫氏樹蛙最搶眼。而秋季溪流裡還可以見到大量的梭德氏赤蛙聚集；偶爾也可以聽見叫聲如鳥的斯文豪氏赤蛙，若碰上雨天或較潮濕的日子，有時甚至還會跳到林道上來，筆者就常常被牠們忽然出現的身影給嚇了一大跳。

▲生態豐富的橫流溪。

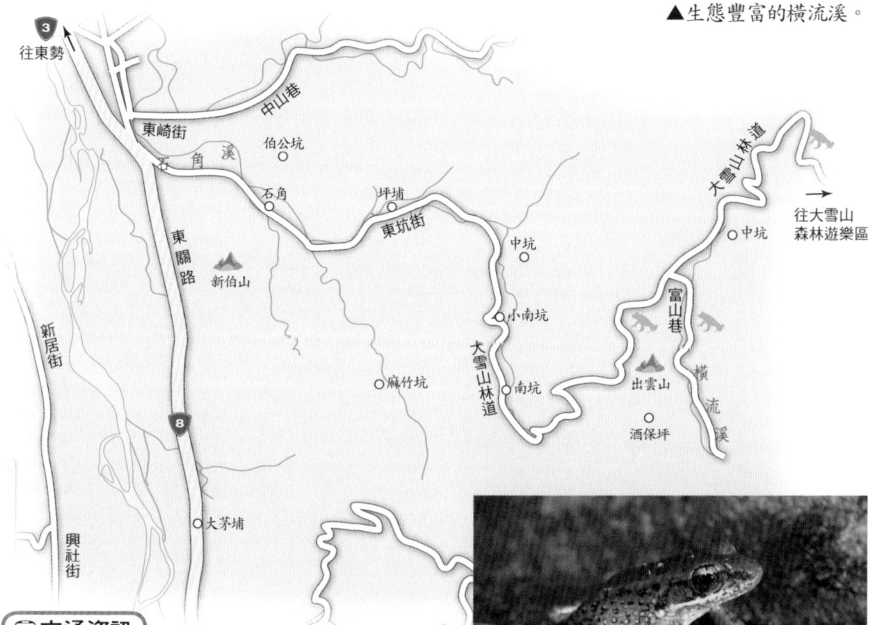

往東勢
中山巷
東崎街
石角溪
伯公坑
石角
坪埔
東坑街
東關路
新伯山
中坑
小南坑
大雪山林道
南坑
麻竹坑
新居街
富山巷
出雲山
酒保坪
橫流溪
大雪山林道
中坑
往大雪山森林遊樂區
大茅埔
興社街

台中縣市

交通資訊

國道4號豐原往東到底以後，接3號省道往東勢，過東勢大橋後接8號省道，再左轉進入東坑街，順行即進入大雪山林道，沿林道上山即可到達。

▲斯文豪氏赤蛙有時會跳到大雪山林道上。

檨仔坑

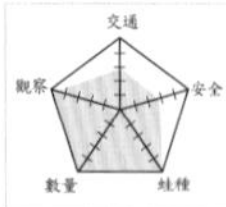

賞蛙評比 ★★★★★

賞蛙季節 夏

蛙　　種 小雨蛙、黑蒙西氏小雨蛙、澤蛙、虎皮蛙、白頷樹蛙、貢德氏赤蛙、莫氏樹蛙、拉都希氏赤蛙、面天樹蛙、褐樹蛙、史丹吉氏小雨蛙、諸羅樹蛙、中國樹蟾

檨仔坑，發音為芒果的台語，因區內種植不少芒果而得名。位於雲林縣斗六市湖山里，是一個被好山好水包圍的世外桃源，僅有40多戶居民的小村莊，古意的農民在其間生活著，幾年前曾因為區內的幽情谷是珍禽夏候鳥八色鳥每年必訪的棲地而聲名大噪，每年到了八色鳥的季節，總是吸引了大批愛鳥人士進駐這個小小的村莊。其實這個小村莊真可謂台灣最珍貴的低海拔生態基因庫，擁有300多種的植物（岩生秋海棠、台灣蘆竹）、80多種鳥類（藍腹鷴、八色鳥）、30多種爬蟲類（食蛇龜、斯文豪氏游蛇）、20多種哺乳類（台灣獼猴、台灣葉鼻蝠）、20幾種魚類（台灣馬口魚、鱸鰻）等說不完的寶藏。但是隨著最近湖山水庫的動工，整個幽情谷都將被水淹沒，且除了幽情谷以外，湖山水庫的淹沒範圍中尚有幾處原始森林，是鳥類等動物的聚集所，其動物相及植物相均非常豐富，水庫對生態的衝擊之大是可以預見的。目前水庫尚未完工，但以往生態豐富的產業道路卻首當其衝的率先受到影響，只見大型機具和卡車來來回回造成的塵土飛揚，感覺這真是台灣生態保育史上最黑暗的一頁。

目前檨仔坑適合賞蛙的地區，僅

▼檨仔坑的果園和竹林。

剩樣仔坑土雞城附近的竹林、果園和水溝，尤其是水溝，根據筆者長期觀察的紀錄，那邊可以見到的蛙種有小雨蛙、黑蒙西氏小雨蛙、澤蛙、虎皮蛙、白頷樹蛙、貢德氏赤蛙、莫氏樹蛙、拉都希氏赤蛙、面天樹蛙、褐樹蛙等，其中最特別的就是史丹吉氏小雨蛙生殖爆發的現象，每年都會有許多蛙友來此碰運氣。除了水溝，樣仔坑的竹林和果園裡還可以見到美麗的諸羅樹蛙、中國樹蟾，更是蛙友們不可錯過的夢幻蛙種。

▲樣仔坑是觀察史丹吉氏小雨蛙生殖爆發的好地方。

◀諸羅樹蛙是樣仔坑最有看頭的蛙種。

交通資訊

從國道3號斗六交流道下沿省道台3線往斗六市方向，於南仁路左轉，走到底接梅林路續行即可到達。

雲林嘉義

草嶺

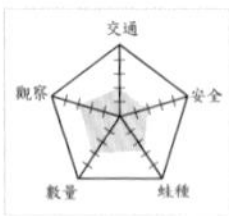

賞蛙評比	★★★
賞蛙季節	全年
蛙　　種	艾氏樹蛙、黑蒙西氏小雨蛙、白頷樹蛙、莫氏樹蛙、拉都希氏赤蛙、斯文豪氏赤蛙、小雨蛙、盤古蟾蜍

草嶺舊名番坪坑位於雲林縣古坑鄉東邊的山區，臨嘉義、南投、雲林三縣之間，居阿里山、溪頭、瑞里等遊樂區的中樞位置，海拔自450公尺至1750公尺、面積約達1000千多公頃。因為溪流的侵蝕，及數次的天災、地震，形成了奇特的地形。風景區內依山勢、峭壁、溪谷等特色，規劃出草嶺十景，分別為蓬萊瀑布、峭壁雄風、斷崖春秋、同心瀑布、連珠池、清溪小天地、水濂洞、斷魂谷、幽情谷、青蛙石奇妙洞等。

1999年的921大地震重新把草嶺「雕琢」了一番，留下了新的印記，山區地層變動阻斷清水溪形成堰塞湖，草嶺潭再度傳奇展現，而舊有的草嶺十景也因之變了樣，大自然的力量與啟示，正需要我們進一步了解土地環境與人密不可分的互動關係。

區內產有苦茶油，對胃疾之人相當有幫助；愛玉子也聞名全省，清涼降暑適合夏日食用。其他諸如百香果、山粉圓、梅子冬天時有生產，而冬筍是春節高貴的美饌。提到竹筍，草嶺的竹林是雲林古坑的一大特色，其中桂竹、麻竹、孟宗竹處處可見，散發陣陣竹香，這裡的居民幾乎都會製作竹藝與石雕，如竹筒、竹架、竹製柱珠、石臼、石桌、石椅、石牆等等都顯示草嶺傳統手藝的高明技術。

而竹林也是草嶺賞蛙的重點棲地，因為艾氏樹蛙最會利用因砍伐或自然傾倒造成的竹筒作為繁殖場所。除了艾氏樹蛙，區內一些自然形成的山澗或人工的水溝旁，也常可聽到斯文豪氏赤蛙如鳥兒般的叫聲；莫氏樹蛙也常會躲藏於流速較緩的水溝旁植物上，只要播放預錄的叫聲，牠們常會輕易的上當也跟著鳴叫起來。

▶921大地震重創草嶺地區。
▼149甲縣道沿路有不少斯文豪氏赤蛙喜歡的環境。

▲草嶺的萬年峽谷。

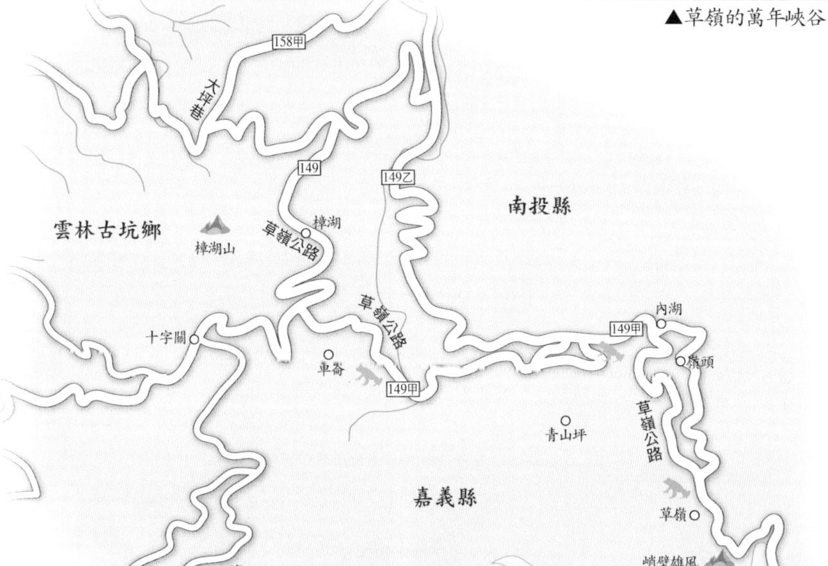

雲林古坑鄉
南投縣
嘉義縣

交通資訊

從國道1號接東西向78快速道路往東，下古坑系統交流道往斗六方向，過雲林科技大學右轉接大學路走1公里，右轉接149甲縣道往桶頭、順行可達草嶺。若從3號國道北上可由古坑系統交流道下後往斗六方向，再接149甲縣道即可；若從3號國道南下者可下竹山交流道，接3號省道往竹山方向再由149縣道往草嶺。

雲林嘉義

中正大學

賞蛙評比	★★★★★
賞蛙季節	夏
蛙　種	諸羅樹蛙、中國樹蟾、小雨蛙、黑蒙西氏小雨蛙、史丹吉氏小雨蛙、貢德氏赤蛙、白頷樹蛙、澤蛙

嘉義的最高學府中正大學，位於嘉義縣民雄鄉，諸羅樹蛙的大本營就坐落在中正大學後方的竹林。諸羅樹蛙雖然於1995年才被發表命名，但在1993年就有人發現牠們的存在，據說是師大呂光洋教授在嘉義教書的學生，野外觀察時偶然發現的，本來以為是中國樹蟾，後來請呂教授鑑定後才發現是新蛙種，便以發現地嘉義的古地名來加以命名。

中正大學後方的這個棲地，其實並不好找，因為大多數的路為附近農民為了農用而建，根本沒有路名和路標，而且曲折交錯路又窄，極易迷路也不易會車或迴轉。在這邊要找到諸羅樹蛙難度也不低，只有沿著學校周圍的小路，並挑個下雨天諸羅樹蛙會叫得更為熱烈的時機，聽音辨位才比較容易發現牠們。

竹林裡還有中國樹蟾、小雨蛙、黑蒙西氏小雨蛙、史丹吉氏小雨蛙、貢德氏赤蛙和白頷樹蛙等蛙類棲息。其中最特別的是中國樹蟾，牠們除了會在竹林棲息以外，也會出現在竹林附近的鳳梨園裡，每次筆者要進入鳳梨園觀察，都被鳳梨刺得全身不自在，但中國樹蟾卻在這裡鳴唱得非常熱烈，完全不受影響，還真是佩服牠們呢！

▲鳳梨園裡竟有著大量中國樹蟾。
▶諸羅樹蛙數量也非常多。

◀中正大學後方的這片竹林有著超棒蛙況。

交通資訊

從國道1號南下者請由大林交流道（45號出口）下交流道，往大林方向，依照指示往省道台1線民雄方向行駛，於縣道166時左轉，再行駛五分鐘即可抵達。從國道1號北上者請由嘉義交流道（46號出口）下交流道，依照指示往省道台1線民雄方向行駛約二十分鐘，右轉入縣道166，約5分鐘後可抵達。國道3號南下者由梅山交流道往西約6公里，再於加樂加油站往前約150公尺岔路口左轉，然後由大林7號道路行駛約1公里於往中正大學新闢道路口左轉，而由新闢道路前行約4.2公里於鄉道嘉106路線口左轉不遠處即可見中正大學。國道3號北上者由竹崎交流道經由縣道166線往西約3.5公里，再右轉於鄉道105線，然後北行於新庄接30公尺寬新闢道路（長約3.7公里），於鄉道嘉106線路口右轉不遠處即可到達。

竹崎東義路

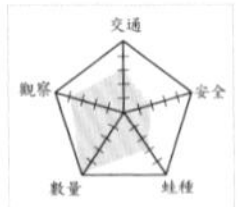

賞蛙評比	★★★
賞蛙季節	夏
蛙　　種	諸羅樹蛙、中國樹蟾、小雨蛙、黑蒙西氏小雨蛙、史丹吉氏小雨蛙、貢德氏赤蛙、白頷樹蛙、拉都希氏赤蛙、澤蛙

嘉義縣竹崎鄉是嘉義縣裡知名度較低的地方，比較有印象的可能是阿里山森林鐵路上那個介於平原和山地之間的小火車站。事實上竹崎鄉的範圍很大，西起國道三號，東邊連奮起湖、石棹等地，都包含在竹崎鄉內。而筆者要推薦的這個私房賞蛙景點，就在竹崎鄉的平原地帶，靠近嘉義市的東北，牛稠溪支流獅子頭溪流域附近的竹林果園，是諸羅樹蛙繁殖的大本營。

每年梅雨季過後，這些竹林果園的底層都會有大量積水，又因為竹林生長茂密，陽光不易射入，讓這些水源可以維持較久，當然就給了蛙類利用的空間。筆者曾在一個梅雨的夜晚來此，一個晚上就看見上百隻諸羅樹蛙，牠們賣力鳴叫求偶的景象，至今仍印象深刻。除了諸羅樹蛙喜歡這裡外，中國樹蟾、小雨蛙、黑蒙西氏小雨蛙、史丹吉氏小雨蛙、貢德氏赤蛙、拉都希氏赤蛙、澤蛙等蛙種也都會棲息於此，且數量也都不少，如果有機會來到這邊也可以一併觀察。

▼嘉義縣竹崎東義路上的竹林。

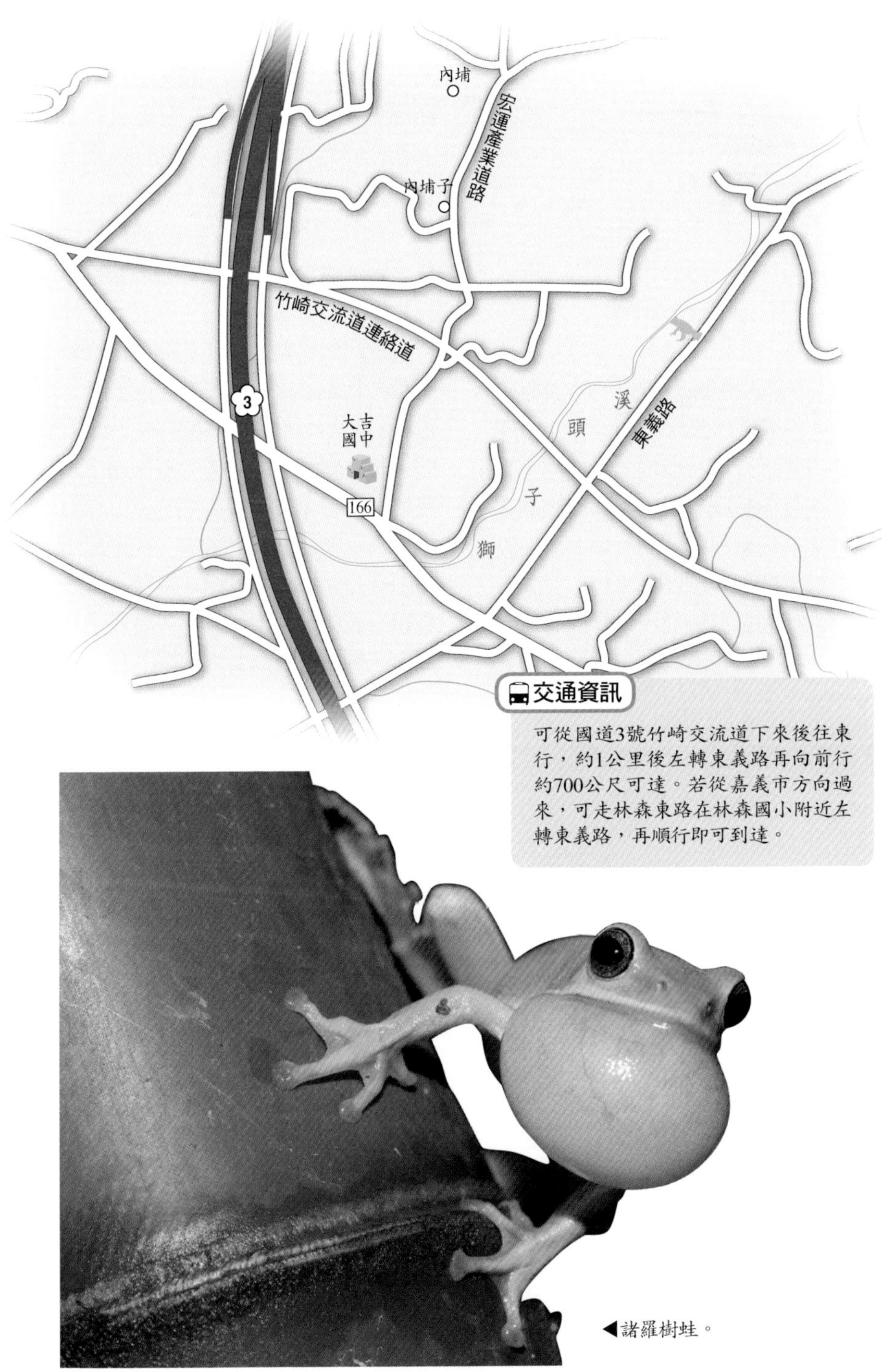

交通資訊

可從國道3號竹崎交流道下來後往東行，約1公里後左轉東義路再向前行約700公尺可達。若從嘉義市方向過來，可走林森東路在林森國小附近左轉東義路，再順行即可到達。

◀諸羅樹蛙。

跳跳生態農場

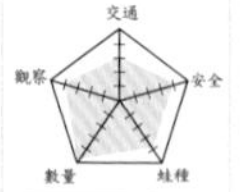

賞蛙評比 ★★★★

賞蛙季節 夏

蛙　　種 巴氏小雨蛙、史丹吉氏小雨蛙、面天樹蛙、莫氏樹蛙、白頷樹蛙、日本樹蛙、盤古蟾蜍、黑眶蟾蜍、斯文豪氏赤蛙、虎皮蛙、小雨蛙、黑蒙西氏小雨蛙

跳跳生態農場位於嘉義縣大埔鄉西興村，靠近曾文水庫的西南側一片山林坡地上，佔地約21公頃，是由行政院農業委員會與嘉義縣政府共同輔導的休閒農場。園內設有渡假木屋、烤肉區等設施，並闢有各式的果園。農場內成排紅瓦的渡假木屋，羅列於青蔥的草坪上，開放式的果園環繞於旁，別具歐式農場風光。除四時水果外，另植有有機野菜和麻竹筍，每年7月至11月麻竹筍盛產期，園方亦會推出挖竹筍活動和麻竹筍大餐，吸引許多觀光遊客前去參與。後山還有一片全台最大的巨竹林，除了供食用外，農莊還順勢推出巨竹工藝雕刻。

跳跳農場自1991年即開始復育螢火蟲，目前有超過7種螢火蟲品種，每年3月至11月在農場復育區，遊客即可觀賞到螢火蟲漫天閃爍的盛況，農場方面也會安排解說老師做自然生態教學。喜歡健行的遊客，則可循後方山徑走訪鄰近的竹林、溪谷，附近鳥類生態與蝴蝶生態皆豐，遊客們可以在此發現台灣珍貴鳥類的品種，如

▼跳跳農場最值得一看的明星蛙種就是巴氏小雨蛙。

八色鳥、藍腹鷴、朱鸝、鳳頭蒼鷹、山麻雀、赤腹山雀、綠啄花的蹤跡。

蛙類資源方面，跳跳農場最特別也最值得一看的明星蛙種就是巴氏小雨蛙，這可是台灣分布最狹隘的一種狹口蛙，只是牠們體型非常小，並不容易發現，只能聽牠們類似鴨子般的叫聲來尋找。除了巴氏小雨蛙以外，其他三種小型的狹口蛙科蛙類（小雨蛙、黑蒙西氏小雨蛙和史丹吉氏小雨蛙）也都有機會見到，可說是賞蛙人必訪的賞蛙點。

▼跳跳農場一景。

▼分布最廣的小雨蛙也很多。

曾文水庫
嘉義農場生態渡假玩國
菜瓜坪
水庫路
3
348k
牛舌仔坪
水庫路
復興崙
3
跳跳生態農場

交通資訊

建議由國道3號玉井交流道下，接84號快速道路，途經玉井鄉往楠西鄉，轉台3線，農場就約在348公里處。

瑞里

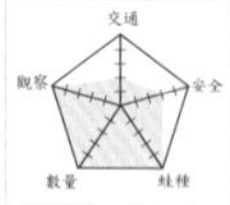

賞蛙評比 ★★★★★

賞蛙季節 全年

蛙　　種 莫氏樹蛙、白頜樹蛙、艾氏樹蛙、面天樹蛙、日本樹蛙、褐樹蛙、斯文豪氏赤蛙、拉都希氏赤蛙、盤古蟾蜍、黑眶蟾蜍、梭德氏赤蛙

瑞里風景區位於嘉義縣梅山鄉，是阿里山觀光的中心地帶。區內海拔約1200公尺左右，由於溪流長期沖刷山壁，和每年夏季遭受颱風的侵害，使得山區道路經常柔腸寸斷，加上921大地震使得景觀變化很大，因而形成多處瀑布和奇特的地形。

著名的瑞里八景為此區聞名景點，主要分布在兩條健行路上，一為從瑞里到交力坪之間，包括雲潭瀑布、燕子崖、千年蝙蝠洞等，多散布在原瑞里大飯店附近；另一條則在瑞里到奮起湖線上，以若蘭山莊為中心，包括長山觀日峰、回音宮、其中石厝、猴群瀑布、瑞太古道、綠色隧道等，為瑞里的新景點。瑞里風景區每年寒冬至四月為花季，梅、李、桃、梨、山櫻等花接續綻放，此時山谷萬紫千紅，宛如世外桃源。

瑞里地區還有一大特色，就是生態觀光民宿林立，如若蘭山莊、三華民宿、一品茶葉民宿等，這些民宿主人多半喜好自然，本身也對生態觀察很有研究，所以非常建議和民宿主人一起體驗瑞里生態之美。民宿主人們也會營造適合青蛙生活的環境，所以

▲瑞里雲潭瀑布觀景台旁就有莫氏樹蛙。
▼白頜樹蛙是另一種在瑞里常見的樹蛙。

看蛙不用進入深山，民宿旁邊就有了。除了民宿以外，圓潭自然生態公園也是非常適合賞蛙的地點。

瑞里附近可以觀察的蛙類非常多，不乏有美麗綠色蛙種如莫氏樹蛙、艾氏樹蛙；也有溪流型的蛙類，如日本樹蛙、褐樹蛙、斯文豪氏赤蛙、梭德氏赤蛙；一些常見蛙種如拉都希氏赤蛙、盤古蟾蜍、黑眶蟾蜍等蛙種也都能見到。

交通資訊

從國道1號下嘉義交流道走159號縣道到鹿滿，過3號省道經梅山由162甲縣道接產業道路可抵，或從大林交流道下，沿162甲線，再接嘉122縣道即可達。國道3號方向過來者可由竹崎交流道下，沿竹崎市區水道（嘉122縣道）即可達。

大尖山
碧後路
龍眼路
碧鳳山
162甲
粗紙坑溪
獅子頭山
海鼠山
橫山
梨園寮
瑞里
獨立山
梅山鄉
阿里山森林鐵路
阿里山農場
樟腦寮
交力坪
瑞水公路
塘湖山
篤鼻山
四大王山

▲莫氏樹蛙在瑞里地區可說隨處可見。

▲瑞里超優的自然環境非常適合蛙類生活。

阿里山

賞蛙評比	★★★
賞蛙季節	全年
蛙　　種	盤古蟾蜍、莫氏樹蛙、小雨蛙、梭德氏赤蛙

阿里山位於嘉義縣阿里山鄉，屬於玉山山脈的支脈，擁有非常豐富的森林資源，其中以檜木原始林最為珍貴。因海拔高度不同，阿里山植物分布呈現熱帶、暖帶、溫帶與寒帶。園區內除了有豐富珍貴的自然資源之外，亦保留了鄒族200多年原住民的人文資源。

阿里山遊樂區是賞蛙的好地方，這裡的環境例如山澗溪流、樹林底層等，都很適合蛙類生長。從商店區到森林步道、姊妹潭的範圍內，每當夜幕低垂時分在馬路上和森林步道常可見到盤古蟾蜍的笨重身影，還得小心不要踩到牠們，在姊妹潭邊還有為數眾多的蟾蜍蝌蚪，黑壓壓的一片，數量簡直多到嚇人。另一種叫聲如火雞的「呱－啊－呱呱呱呱」是莫氏樹蛙，在園區內的水溝、池塘、沼澤常可見到牠們的蹤跡，有時也會爬到樹上盡情高歌，但卻常只聞其聲無法找到本尊。

在阿里山遊樂區步道還能聽到一種低沉且響亮的蛙叫聲，聽起來似乎像是某種大型蛙類，但其實是體長只有2到3公分的小雨蛙，從第一管制站往上走就可以聽到，牠們很喜歡躲在石縫下或是草叢底部，所以得慢慢的仔細聽聲音去尋找。而山澗溪流旁的梭德氏赤蛙，秋天是繁殖期，只要季節對了，數量也是非常可觀的。

▼雲海是阿里山秋冬時期的特產。

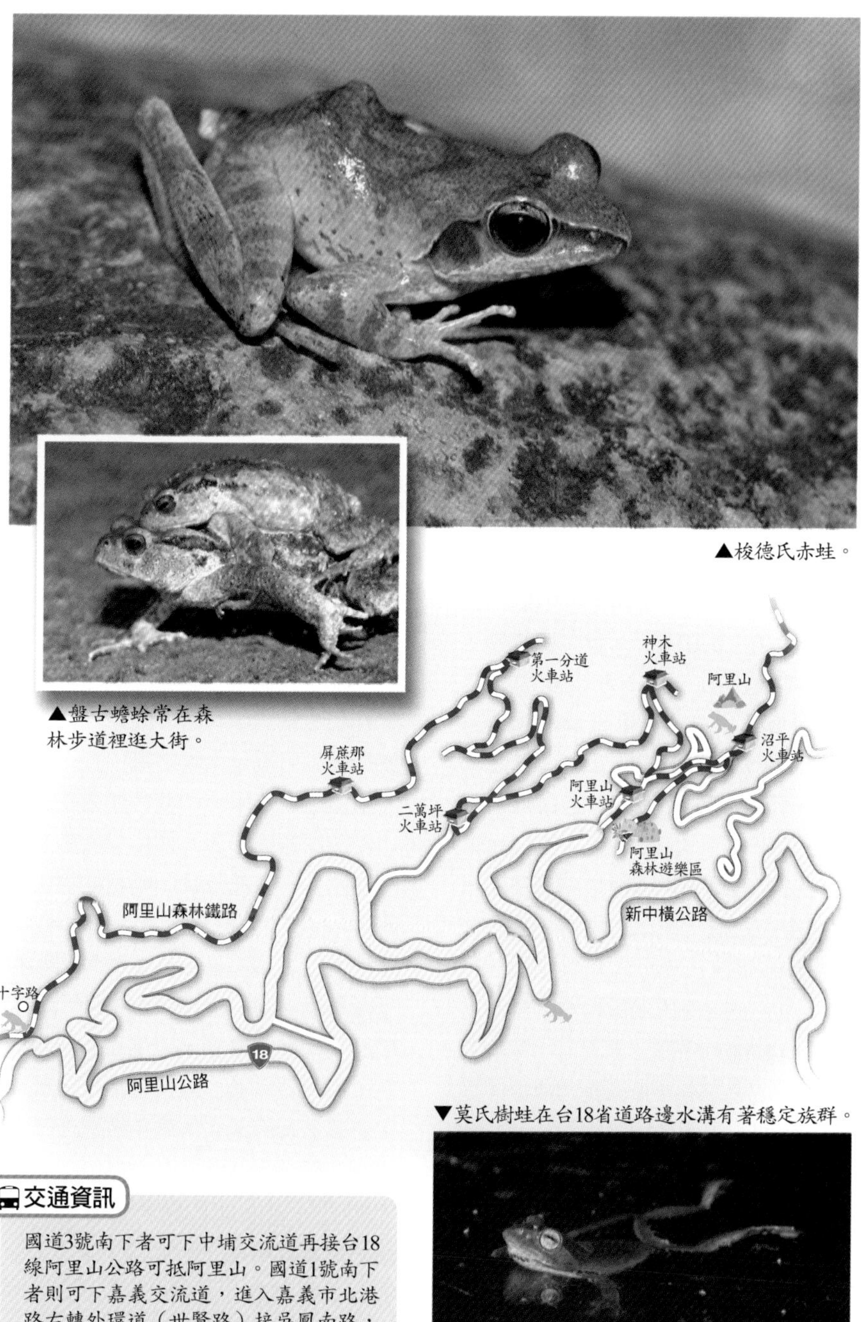

▲梭德氏赤蛙。

▲盤古蟾蜍常在森林步道裡逛大街。

▼莫氏樹蛙在台18省道路邊水溝有著穩定族群。

交通資訊

國道3號南下者可下中埔交流道再接台18線阿里山公路可抵阿里山。國道1號南下者則可下嘉義交流道，進入嘉義市北港路右轉外環道（世賢路）接吳鳳南路，再接台18線阿里山公路可抵阿里山。

官田水雉復育區

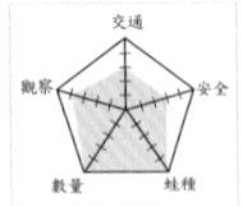

賞蛙評比	★★★★★
賞蛙季節	夏
蛙　　種	台北赤蛙、小雨蛙、虎皮蛙、澤蛙、中國樹蟾、金線蛙、黑眶蟾蜍

台南縣官田鄉位處台南縣中心，官田舊稱為「官佃」，在清朝時代，因有封為官祿之大地主而名為官田，在日據時代稱為官田莊，當時的役場於官田村部落，光復後改為官田鄉。位置在曾文區之東，北接六甲鄉，南靠善化鎮、大內鄉，西臨麻豆鎮，下營鄉；以曾文溪為界，東連中央山脈。官田栽培菱角面積約400公頃左右，總生產量約5000公噸，主要分布在隆田、東庄、西庄、官田與湖山等村，每年9至10月為菱角盛產期，在官田鄉處處可見農民忙著採紅菱的景觀，因種植面積及產量位居全國之冠，所以官田有「菱角之鄉」的美名。

由於發展菱角這種特殊的農產之故，整個官田鄉都是水田，水深約及膝到腰之間，水面布滿菱角或浮萍等水生植物，這種環境特別適合某些蛙類生活。位於葫蘆埤的水雉復育區附近的菱角田裡，就住著許多美麗的金線蛙和台北赤蛙。最佳觀察時機是在每年的6月到9月間，剛好是農民由稻作轉種菱角的時候，此時來此，就算不是雨天也可以輕易看見大量的台北赤蛙和金線蛙，有時一晚好幾百隻，族群數量可說是全國之冠。

▲官田到處都是菱角田。

但是近年來官田菱角產業受到進口菱角傾銷的影響，價格受到衝擊，因此產生一波波菱角田轉種他物和廢耕的現象，使得台北赤蛙和金線蛙的棲地開始遭到壓縮，族群數量開始有下降趨勢。這種需要特殊棲地或和人類農業共生的蛙類，雖然目前數量穩定，但卻隱藏著一旦棲地消失，族群也會跟著瞬間消失的嚴重問題，不可輕忽。除了台北赤蛙和金線蛙的這兩種明星蛙種以外，菱角田裡也有澤蛙、虎皮蛙棲息，附近的果園、菜園也有中國樹蟾、小雨蛙和黑眶蟾蜍等蛙種。

▼目前官田有著全台最大的台北赤蛙族群。

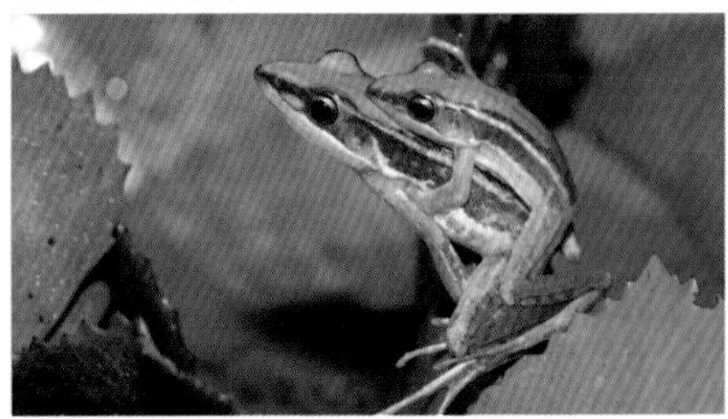

▲果園、菜園也有中國樹蟾。

交通資訊

可從國道1號麻豆交流道下，往東接171縣道進入麻豆市區，直行到官田左轉裕隆路（南64）前行約100公尺即達。或從國道3號接84號快速道路往西，從渡頭交流道下，接省道台1線往北，再左轉裕隆路（南64）可達。

台南縣市

174 & 175縣道

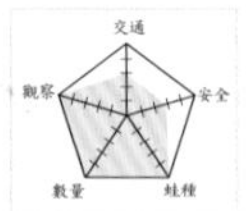

賞蛙評比	★★★★★
賞蛙季節	全年
蛙　　種	小雨蛙、黑蒙西氏小雨蛙、史丹吉氏小雨蛙、巴氏小雨蛙、莫氏樹蛙、白頷樹蛙、日本樹蛙、褐樹蛙、面天樹蛙、虎皮蛙、金線蛙、中國樹蟾、澤蛙、梭德氏赤蛙、斯文豪氏赤蛙、拉都希氏赤蛙、黑眶蟾蜍、盤古蟾蜍

位於台南縣的174號縣道非常長，西起台南縣北門鄉，東至台南縣楠西鄉，全長共計56.1公里。而175縣道為南北向道路，與174縣道交會於東山鄉的橫路。這兩條縣道兩側果園密布，以柳丁、龍眼、芒果為主；最近也不少人投入種植咖啡，打出東山咖啡的名號，知名度頗高。此區早期著名的蛙點是位於崁頭山的青山仙公廟，廟旁水池每到春夏雨季後，池底都會積水並有淤泥，成為蛙類的天堂，但後來廟方將之填平後，盛況已不復見，僅剩蟾蜍公外圍水池還留有少許黑眶蟾蜍和拉都希氏赤蛙而已。

▼仙公廟曾是愛蛙人到台南必來的賞蛙點。

▲174、175縣道旁有很多適合青蛙的棲地。

雖然仙公廟的賞蛙盛況不再，但是174、175縣道仍是台南最佳的賞蛙地點之一，根據筆者在這邊長期觀察的結果，174縣道過了35K之後和175縣道15K-22K底，只要路邊有水溝或積水較穩定的地方，都會有大量蛙類聚集。最特別的是這裡可輕易見到所有台灣原生的狹口蛙科蛙類，包含小雨蛙、黑蒙西氏小雨蛙、史丹吉氏小雨蛙和巴氏小雨蛙。尤其在其他地區都較少見的史丹吉氏小雨蛙和巴氏小雨蛙是最有看頭的兩種蛙類，前者約在3至4月的大雨天後，開始出現生殖爆發的現象，後者約在5月底數量逐漸增加，盛況一直持續到9月中。除了狹口蛙科的蛙類以外，這邊可以見到的青蛙不管在種類還是數量上都非常可觀，足稱是南台灣首選的賞蛙地點。

▶史丹吉氏小雨蛙生殖爆發現象在174縣道很常見。

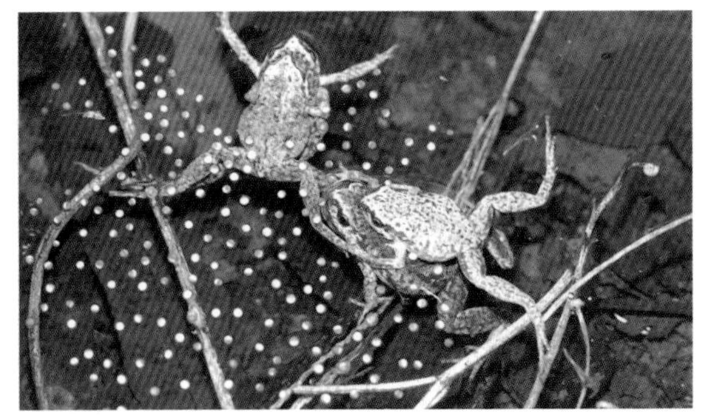

交通資訊

下國道3號烏山頭交流道後往東行約700公尺左轉珊瑚路，再前行約700公尺右轉進入工研院聯絡道路，再直行到174縣道後右轉即達。

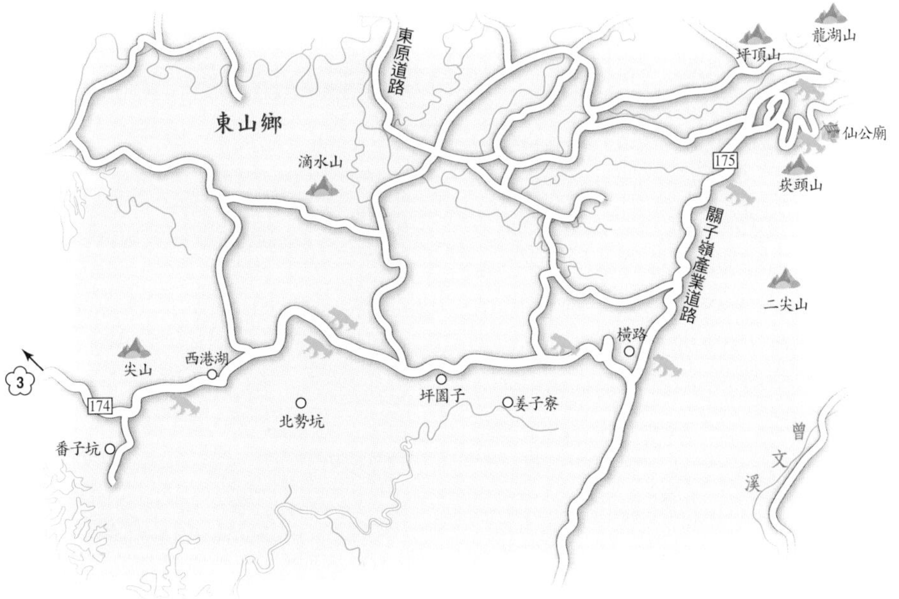

▲莫氏樹蛙站在水池旁的咖啡樹上求偶。
▶仙公廟旁的蟾蜍公外圍水池有非常多的拉都希氏赤蛙和黑眶蟾蜍。

台南縣市

麻豆總爺糖廠

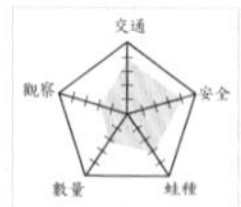

賞蛙評比 ★★

賞蛙季節 夏

蛙　　種 諸羅樹蛙、小雨蛙、澤蛙、史丹吉氏小雨蛙、黑眶蟾蜍、中國樹蟾、白頷樹蛙

麻豆總爺糖廠創立於1909年，日據時代原屬於明治製糖株式會社，該會社轄內有7所糖廠，總社就設在麻豆總爺糖廠內，因此場區規劃完善，建有頗具規模的辦公室群，與優雅景觀的植栽區。糖廠的設立對麻豆經濟的繁榮有很大的貢獻，90年後的今天，因產業結構調整，生產糖已經不敷成本，當年的建築反而成為彌足珍貴的文化資產，當年植種的樹木皆已長成珍貴的老樹。1999年11月19日正式公告為縣定三級古蹟，肯定它具有歷史及文化資產珍貴性。2000年12月總爺糖廠定名為「南瀛總爺藝文中心」，獲得文建會相關補助，辦理文化藝術相關設施與活動。

沒落的糖廠少了人類的活動反而變成許多蛙類的天堂，總爺糖廠退休後不但變成文化保存的重要據點，也是瀕臨絕種的特有種蛙類「諸羅樹蛙」重要的棲息地。但是文化的總爺糖廠為人所熟悉保護，生態的總爺糖廠卻有被破壞的危機。諸羅樹蛙原本棲息地或許是為了辦活動的需要而被夷為平地，變成停車場，這個動作讓諸羅樹蛙的數量大受影響，而糖廠後方次生林的開發計畫更是正式宣告諸羅樹蛙的死刑。

▲諸羅樹蛙在總爺糖廠已經快要絕跡了。

▼麻豆總爺糖廠的大門還有諸羅樹蛙燈飾。

目前總爺糖廠的諸羅樹蛙族群已經不若從前，想要見上一隻都是難上加難了。不過除了諸羅樹蛙，總爺可以見到的蛙類還有小雨蛙、澤蛙、史丹吉氏小雨蛙、黑眶蟾蜍、中國樹蟾、白頷樹蛙等，數量尚稱穩定，南部的朋友有空還是可以前去賞蛙，一同重視生態保育的議題，別讓棲地遭破壞的悲劇一再上演。

新生北路
19甲
致遠管理學院
水掘頭
文正國小
北環道路
大同路
平等街
文昌路
總爺
麻豆總爺糖廠
東角里
平等路
中正路
民生路
176
忠孝路
171
三民路
興中路
171
1
麻豆交流道
興南路
麻豆國中
信義路
9甲
曾文家商
建南街
173

交通資訊

可從國道1號麻豆交流道下，往東接171縣道進入麻豆市區後直行約5分鐘後可達。

▼總爺糖廠後面的次生林入口。

台南縣市

三崁店

賞蛙評比	★★★★
賞蛙季節	夏
蛙　　種	諸羅樹蛙、史丹吉氏小雨蛙、小雨蛙、澤蛙、虎皮蛙

三崁店位於現在的台南縣永康市三民里境內，地處鹽水溪畔。早在日治時期1905年即為三崁店製糖廠，一直到台灣光復後國民政府接收，再歷經糖業興衰後，於1990年正式關廠，功成身退，現在土地產權屬於台糖公司。全區佔地約10公頃，自關廠至今的近20年期間，三崁店製糖廠類似總爺糖廠，因人類在這塊土地的活動大量減少，土地交回給大自然宰治，於是體質良好的次生林開始蓬勃生長，原本棲息於此的動物也開始出現，諸羅樹蛙就是選擇在此定居的物種之一。三崁店的諸羅樹蛙，是目前台灣分布最南端的族群，更是唯一在曾文溪以南的族群，在生態上的地位不容輕忽。

2007年，地主台糖公司有了新的開發計畫，將在這片每逢大雨必淹水的低窪地興建六百戶的密集住宅區，先不談易淹水地區是否合適開發成住宅區，但這樣的開發行為無疑會對諸羅樹蛙和其他動植物的生存產生毀滅性衝擊，同時破壞具有歷史文化價值的台灣糖業發展史蹟。為了保護三崁店，許多文史、環保以及關心各個不同面向的民間組織和在地社團組成了「守護三崁店聯盟」，共同為了珍貴的文化史蹟和生態環境而努力，也希望三崁店不要變成第二個總爺糖廠。

經過筆者實際走訪三崁店，發現這裡除了諸羅樹蛙以外，尚有其他珍貴蛙種棲息，比如史丹吉氏小雨蛙，每到春夏大雨過後，牠們也會趁機大量出現繁殖，人類討厭的淹水反而成為牠們的樂園；另外還有小雨蛙、澤蛙、虎皮蛙等蛙類，數量都很穩定。

▲雨後史丹吉氏小雨蛙就變得非常大方。
▼路邊大雨積水處也成為小雨蛙的最愛。

▲三崁店入口的地標，這附近就有非常好的蛙況。

▲諸羅樹蛙是三崁店的明星蛙種。

交通資訊

可從國道1號永康交流道下，接省道台1線往台南市方向，前行約500公尺後右轉永安路，前行約1公里再右轉仁愛街走到底即可到達。

台南縣市

關仔嶺

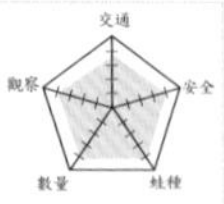

賞蛙評比	★★★★
賞蛙季節	夏
蛙　　種	莫氏樹蛙、白頷樹蛙、日本樹蛙、褐樹蛙、面天樹蛙、梭德氏赤蛙、拉都希氏赤蛙、澤蛙、黑眶蟾蜍、盤古蟾蜍、小雨蛙、黑蒙西氏小雨蛙

關仔嶺位於台南縣白河鎮，區內丘陵群山交疊，樹木蒼翠的景致令人嚮往。關仔嶺山區本來是平埔族的聚落所在地，到1898年台灣日治時代，屯駐此地的日本士兵發現了關仔嶺溫泉，發展從此展開。關仔嶺溫泉的泉溫大約在75~80℃之間，泉質非常特殊，因夾帶地下岩層泥質與礦物質，泉水呈現灰黑色，有「黑色溫泉」或「泥巴溫泉」之稱。由於當地盛產天然氣與硫磺，泥漿水經過這些天然熱源加溫後滑膩而帶有濃厚的硫磺味，

▲關仔嶺溫泉區。
▼白水溪流域有不少蛙類棲息。

據說可治療皮膚病、胃腸病，並對風濕關節炎具有鎮痛作用，而且洗後可令皮膚有柔滑感覺，堪稱天然美容聖品。並與北投溫泉、陽明山溫泉、四重溪溫泉並稱台灣四大溫泉。

關仔嶺溫泉區附近的景點也相當受到遊客歡迎，如水火同源，崖壁同時有瓦斯及泉水流出，形成水火相容的奇觀，吸引許多民眾前往參觀。紅葉公園位於關仔嶺風景區停車場旁一條陡峭石階上，綠意盎然、花團錦簇，也是值得一遊的地方。

關仔嶺適合賞蛙的據點很多，如紅葉公園、白水溪流域，甚至路邊的水溝裡都可以見到不少蛙類。本區可以見到的蛙種有：莫氏樹蛙、白頷樹蛙、日本樹蛙、褐樹蛙、面天樹蛙、梭德氏赤蛙、拉都希氏赤蛙、澤蛙、黑眶蟾蜍和盤古蟾蜍等。

交通資訊

於國道1號新營交流道下，循172縣道往白河鎮，過白河水庫不遠，即可抵達仙草埔，再轉往右側的環山道路，大約4公里路程，就可到達關仔嶺溫泉區。或是由國道1號水上交流道接82號東西向快速道路至國道3號，往南續行至白河交流道下，轉172號縣道，即可到達。

▲愛泡湯的日本樹蛙在關仔嶺數量很多。

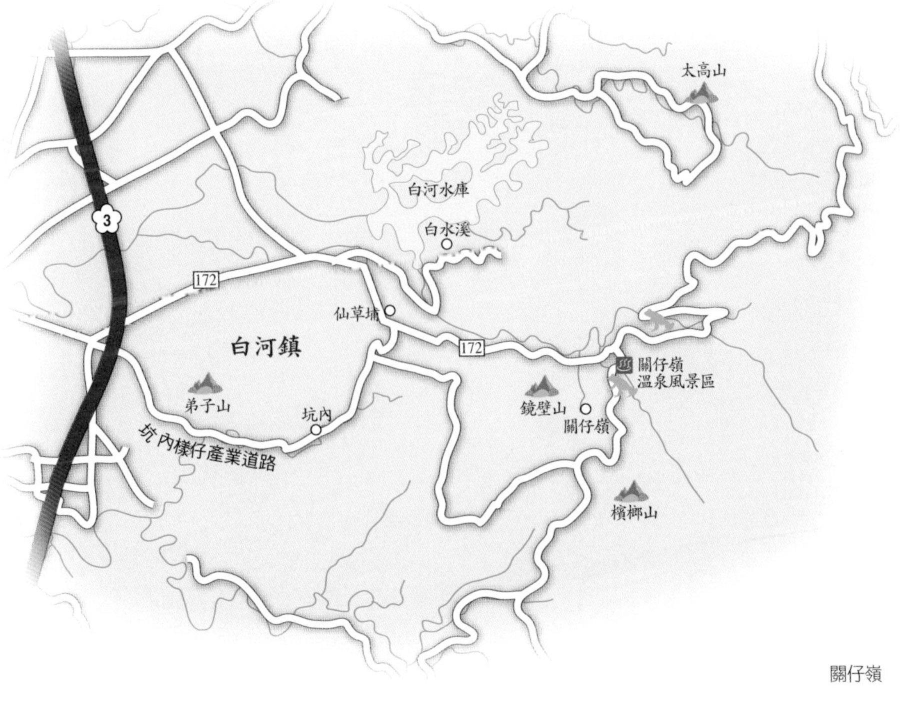

太高山
白河水庫
白水溪
3
172
仙草埔
172
白河鎮
關仔嶺
溫泉風景區
鏡壁山
關仔嶺
弟子山
坑內
坑內樣仔產業道路
檳榔山

南化烏山

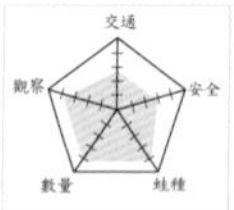

賞蛙評比	★★★★
賞蛙季節	全年
蛙　　種	小雨蛙、黑蒙西氏小雨蛙、史丹吉氏小雨蛙、巴氏小雨蛙、梭德氏赤蛙、日本樹蛙、褐樹蛙、莫氏樹蛙、白頷樹蛙、拉都希氏赤蛙、黑眶蟾蜍、艾氏樹蛙、面天樹蛙

南化鄉位於台南縣東方，是台南縣所有的鄉鎮市區中面積最大的。南化鄉境內大部分為山地地形，平原和盆地地形佔少數，並有南化水庫和鏡面水庫兩座水庫提供用水，在農業用地種植了大量的龍眼和芒果，成為南化鄉的農特產品。南化鄉最出名的景點莫過於風景秀麗的烏山，烏山是高雄縣和台南縣的縣界，大烏山山脈綿延於南化鄉東緣，台20線將大烏山山脈切成南北兩段，北為大烏山、南為內烏山（俗稱烏山）；內烏山約為500公尺是南化鄉最精華地帶；大烏山海拔約為700公尺以上，海拔較高且屬於偏遠地帶因此人為開發少，而最適合賞蛙的地點即在此。

春夏季沿著關山產業道路而行，台灣本土的四種狹口蛙類都可以看見，雖然牠們都很會躲藏且體型又小，但只要選擇下過雨的夜晚，減慢車速然後聽音辨位，就可以找到牠們。而秋冬季本區的蛙類主角就變成是梭德氏赤蛙的天堂，這季節不管什麼天氣來到溪邊，都可以見到為數驚人的梭德氏赤蛙聚集現象，是賞蛙

▼莫氏樹蛙在南化山區也是到處可見。

人不可錯過的景象。另外本區尚有日本樹蛙、褐樹蛙、莫氏樹蛙、白頷樹蛙、拉都希氏赤蛙、黑眶蟾蜍、艾氏樹蛙、面天樹蛙等蛙種，蛙類資源非常豐富。

交通資訊

由國道3號過官田後轉入快速道路84號往玉井，中山路右轉省道3號中華路往南，行駛至北寮，取左道續行進入南橫公路，約51.k附近可以見到烏山步道北口（下歸林登山口），再往前行可左切進入關山產業道路。

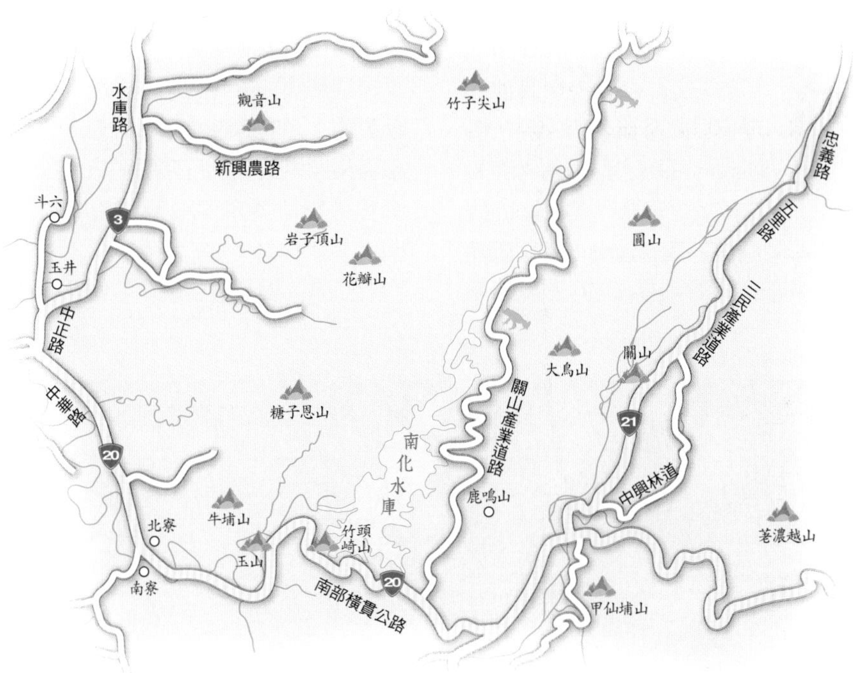

▶南化山區秋冬季節的主角是梭德氏赤蛙。

台南縣市

高雄都會公園

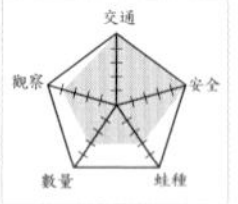

賞蛙評比 ★★★

賞蛙季節 夏

蛙　　種 花狹口蛙、小雨蛙、澤蛙、黑眶蟾蜍、虎皮蛙

高雄都會公園位於高雄市北端的1號省道旁、後勁溪北岸，位處高雄縣市交界，園區設計係結合都市森林與生態植栽之理念，95公頃的園區中綠地廣植，親水設施完善，儼然是工業都市中的一座綠洲，為忙碌緊張的高雄人提供緩衝喘息的休息空間。

高雄都會公園也是南台灣都會中第一座親水森林公園，園區中完整規劃遊憩休閒與環境保育的設備功能，除了游泳池、網球場、籃球場、溜冰場等運動設施及圖書館、兒童遊戲室等育樂中心外，更設有免費義務解說員，講解園區內的設施與動植物等自然資源；並廣邀專家學者針對人文及環保議題對民眾進行演講、教育，而真正落實成為環保與遊憩兼具的公園。

原本高雄都會公園並非有名的賞

▼高雄都會公園一景。

蛙景點，但近年來出現了一種外來種蛙種「花狹口蛙」，因為對環境的適應力非常好，目前已經生根高雄都會公園。很多蛙友為了觀察花狹口蛙而專程來此，卻也意外發現尚有其他蛙種棲息在公園內；但花狹口蛙還是這裡最強勢的蛙種，在溜冰場附近的樹上、草皮和水溝裡，隨處可見不少單獨個體，但若是挑下雨天的夜晚來此，則可聽到牠們重低音的群鳴，聲勢頗為浩大。

交通資訊

國道1號下楠梓交流道，循楠陽路前行，到加昌路後右轉海專路前行，至德民路右轉直行即抵。

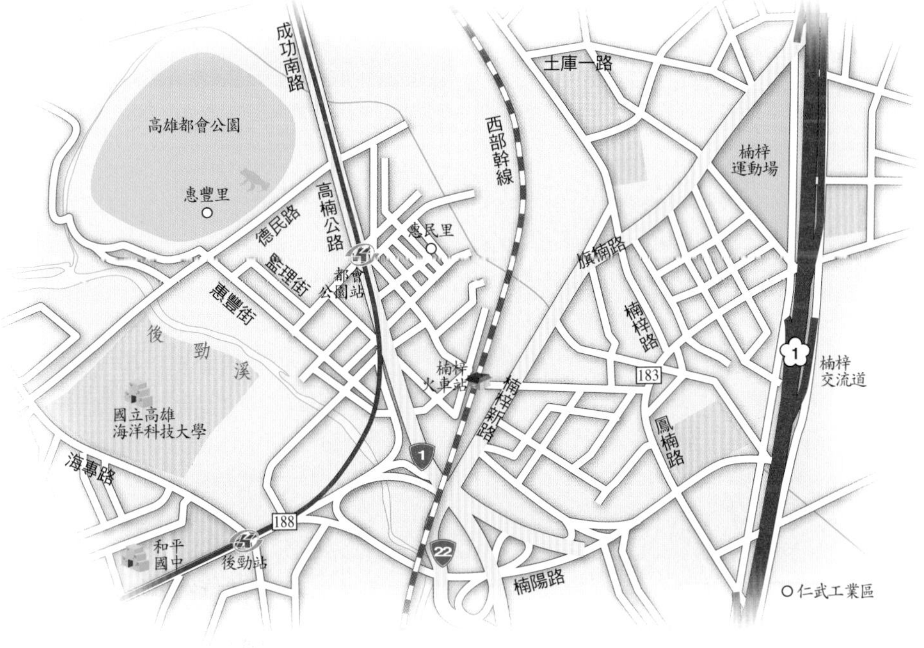

除了花狹口蛙之外，高雄都會公園還可以見到數量不少的小雨蛙、澤蛙、黑眶蟾蜍，偶爾也可以見到目前野外族群已很稀少的虎皮蛙，算是高雄市近郊不錯的賞蛙地點。

▲花狹口蛙已定居高雄都會公園。

鳳山水庫

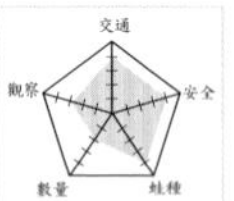

賞蛙評比	★★
賞蛙季節	夏
蛙　　種	花狹口蛙、小雨蛙、澤蛙、虎皮蛙、黑眶蟾蜍

鳳山水庫位於鳳山丘陵東南麓，也就是小港、林園、大寮交界的林內村，由於地處鳳山，且其前身即舊時所稱的「鳳山池」，因而取名為鳳山水庫，但行政區域卻不屬於鳳山市而是林園鄉。於1982年6月完工啟用，水庫面積74.9公頃，儲水量達870萬公噸，屬於中小型水庫，卻是大高雄地區最重要的工業用水供應地。長期管制，環境受到極佳保護，尤其是鳥類種類繁多，且有多種珍貴的野生鳥類，極具生態上的價值，也是大高雄地區重要賞鳥景點之一。

鳳山水庫也類似高雄都會公園，最近幾年出現外來的不速之客「花狹口蛙」，目前水庫周圍的水溝、樹上，幾乎都可以見到牠們的蹤跡，數量有日漸增多之勢。除了花狹口蛙之外，鳳山水庫還可以見到台灣原生的小雨蛙、澤蛙、虎皮蛙、黑眶蟾蜍等蛙類，原生種和外來種的生存競爭現象還尚待長期監控觀察。

▲水溝裡黑眶蟾蜍也不少。

交通資訊

國道1號終點下接台17線中山四路繼續往南，經過沿海二路與沿海三路，看到東林路時左轉上山後可達。

輔英科技大學

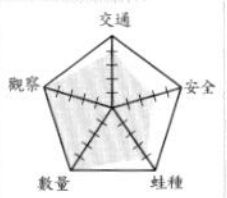

賞蛙評比	★★★★
賞蛙季節	夏
蛙　種	花狹口蛙、小雨蛙、澤蛙、虎皮蛙、黑眶蟾蜍、中國樹蟾

輔英科技大學原本並不是有名的賞蛙據點，直到最近發現大量花狹口蛙族群，才讓賞蛙人士開始重視，並長期觀察。剛開始，我們只發現零星一隻、兩隻花狹口蛙，直到某次大雨夜晚，學校附近菜園後方傳來低沉的鳴叫聲，聲勢相當驚人，也吸引我們前去查看，結果發現了一個常年積水的小型沼澤地，竟然聚集著數以百計的花狹口蛙，原來這片草澤才是牠們的大本營。

輔英科技大學位於高雄縣大寮鄉，從地圖上來看和林園、鳳山水庫等地相距並不遠，所以會有花狹口蛙分布從地理上解釋是很合理的。加上這片草澤的超完美棲地，也難怪花狹口蛙的族群會爆增於此。

同時在我們長期的觀察下，陸續也在附近發現不少其他台灣原生的蛙類，如小雨蛙、澤蛙、虎皮蛙、黑眶蟾蜍，甚至連可愛的中國樹蟾也會在雨後大量的出現，輔英科技大學儼然成為高雄縣新興的賞蛙重要據點，這也是花狹口蛙的出現帶給我們意想不到的新發現。

▲輔英科技大學附近的草澤才是花狹口蛙的大本營。

交通資訊

可從國道1號三多交流道出口下接三多一路往東，再接自由路、光遠路，再左轉鳳林路，在高雄縣消防局大寮分隊處右轉可達輔英科大。或從台88快速道路下大寮交流道接鳳林路往北，到高雄縣消防局大寮分隊處左轉可達。

中寮山

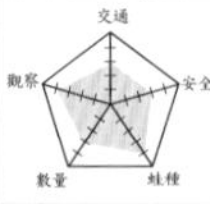

賞蛙評比	★★★★
賞蛙季節	夏
蛙　種	貢德氏赤蛙、虎皮蛙、黑眶蟾蜍、黑蒙西氏小雨蛙、小雨蛙、白頷樹蛙、日本樹蛙、褐樹蛙、拉都希氏赤蛙、澤蛙、面天樹蛙、斯文豪氏赤蛙

中寮山位居高雄縣旗山鎮，一座最高不到 500公尺的小山脈，卻是旗山第一高峰，四周除了東北角和東部中央山脈外，沒有其他阻礙，因此視野極佳，可眺望田寮月世界的惡地地形，俯瞰高屏溪沿岸平原及村落，並與大、小崗山遙遙相對，景觀資源豐富。中寮山也是許多單車客最愛騎乘的地方，除了風景優美外，這兒也是大高雄少見的山坡路段，是訓練體能耐力最佳場地。

中寮山居民多以務農為生，龍眼、荔枝及薑是主要生產作物，其中的薑老而無絲為一大特色。而傳統閩南式的三合院、土角厝、紅瓦屋多處可見，為一傳統農業休閒型態社區。又因海拔較高、視野遼闊，以秀麗雲海聞名，且因人口少、光害少，亦是極佳觀星之處。

自然生態資源方面，中寮山區擁有許多台灣原生植物，如麻六甲、相思樹等，另有重要的自然生態如濕地、半天池、森林及草原，極富休閒

▲白頷樹蛙在中寮山區數量也不少。

遊憩價值。其中最多蛙類集中的區域是在半天池，夏天貢德氏赤蛙、虎皮蛙最喜歡在這邊鳴叫，但要找到牠們可不容易。其他還有極多的蛙種分布，算是高雄地區重要的賞蛙地點之一。

▲黑眶蟾蜍在中寮山區是隨處可見。

▲中寮位居高雄縣旗山地勢較高處，可眺望田寮月世界惡地形。

交通資訊

從旗山鎮市區沿台21線中華路往南，在溪洲活小前右轉進入高41線中寮一路，再左切入高41線中寮二路即可到達。

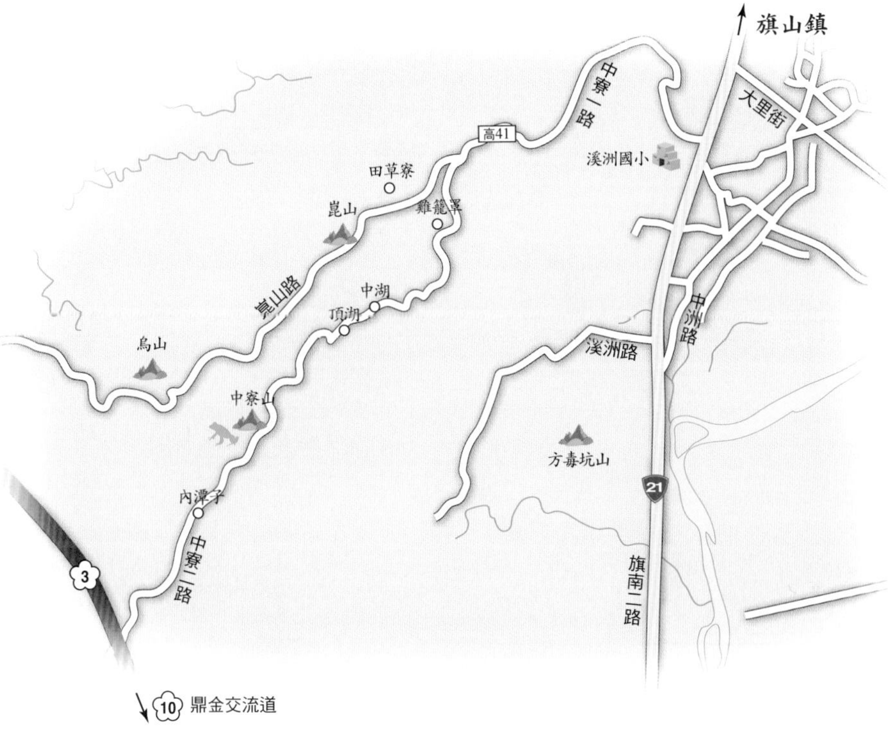

旗山鎮
大里街
中寮一路
高41
溪洲國小
田草寮
崑山
雞籠罩
崑山路
中湖
頂湖
烏山
中洲路
溪洲路
中寮山
方寮坑山
21
內潭子
中寮二路
3
旗南二路
10 鼎金交流道

藤枝國家森林遊樂區

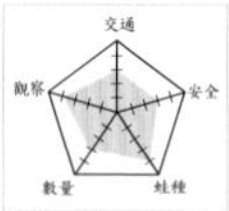

賞蛙評比 ★★★★

賞蛙季節 夏

蛙　　種 莫氏樹蛙、斯文豪氏赤蛙、白頷樹蛙、拉都希氏赤蛙、黑眶蟾蜍、艾氏樹蛙、盤古蟾蜍、史丹吉氏小雨蛙

藤枝國家森林遊樂區位於高雄縣桃源鄉寶山村，海拔高度介於500至1800公尺之間，面積約有770餘公頃，年均溫為17℃，5到9月為雨季，全年起霧天數達180天，溫差小氣候涼爽，是極佳避暑勝地。擁有非常豐富的高山林相，區內除種植了楓、杉、櫻、梅、二葉松等植物外，並兼保存原始天然闊葉林風貌，是全台灣天然闊葉林保存最好的地方之一，素有「南台灣小溪頭」之稱，豐富的自然資源及多變的美景教人流連忘返。藤枝森林遊樂區內規劃多條步道可供遊客依體力選擇，有藤枝山莊步道、瞭望台ABC線步道、森濤健身步道等等；可遠眺玉山、大小關山、北大武山、卑南主山的瞭望台步道是藤枝森林遊樂區內最熱門的步道，壯觀景色及雲彩，視野極佳。

藤枝國家森林遊樂區的明星蛙種是可愛的莫氏樹蛙，幾乎全年都可以聽見牠們如火雞般的叫聲；另外體型大型叫聲如鳥的斯文豪氏赤蛙，也常可於路邊山澗發現；另有白頷樹蛙、拉都希氏赤蛙、黑眶蟾蜍、艾氏樹蛙、盤古蟾蜍等蛙種。最特別的是史丹吉氏小雨蛙，本區所發現的史丹吉氏小雨蛙是筆者見過出現海拔最高的個體，若有機會到這邊賞蛙，也可以多留心注意一下。

交通資訊

自國道1號鼎金交流接國道10號至旗山端下，經美濃、六龜，過六龜大橋後，向左岔路行駛，過邦腹橋後，沿荖濃溪林道行駛，經寶山、二集團等部落後不久即可抵達；或自屏東經高樹、大津、六龜，過六龜大橋後，向左叉路行駛即可。

扇平森林生態科學園

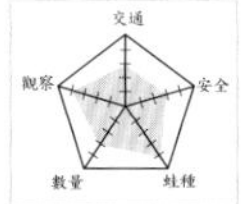

賞蛙評比 ★★★★

賞蛙季節 夏

蛙　　種 盤古蟾蜍、黑蒙西氏小雨蛙、小雨蛙、拉都希氏赤蛙、斯文豪氏赤蛙、白頷樹蛙、莫氏樹蛙、日本樹蛙、艾氏樹蛙

扇平森林生態科學園位於高雄縣茂林鄉，海拔約750公尺，園內遍布珍奇林木，更是動物們的天堂，教學園區內設有石板屋、竹類原種園、樹木標本園、溪流生態展示區等，相當具有生態教育之意義。現屬林業試驗所六龜分所的扇平森林生態科學園為南台灣最重要的森林研究據點，豐富多樣的蝴蝶生態，以及佔全省三分之二種類的鳥類，素有「賞鳥者的天堂」之稱。扇平森林生態科學園為了防範自然生態受到破壞，所以遊客入山最好能採團體預約，園方也會安排義工解說員服務導覽更能了解人造與天然林區的動植物生態，讓整個行程更加豐富。

扇平森林生態科學園的蛙類在豐富而完整的自然環境孕育下，不管是種類和數量都相當可觀。園內的蛙種有：森林底層或林道路面可見的盤古蟾蜍、黑蒙西氏小雨蛙、小雨蛙和拉都希氏赤蛙等；山澗旁的斯文豪氏赤蛙；生態池附近有白頷樹蛙、莫氏樹蛙；溪流邊的日本樹蛙，和生活在竹林的艾氏樹蛙等。

▲扇平森林生態科學園的水溝裡常有莫氏樹蛙棲息。

交通資訊

由國道1號鼎金交流道接10號國道，在燕巢交流道下接22號省道，經里港、高樹，過大津大橋左轉沿台27線，即可到達；或可由台南接國道3號在燕巢交流道轉國道10號旗山端下，經美濃、六龜接台27線，即可到達。

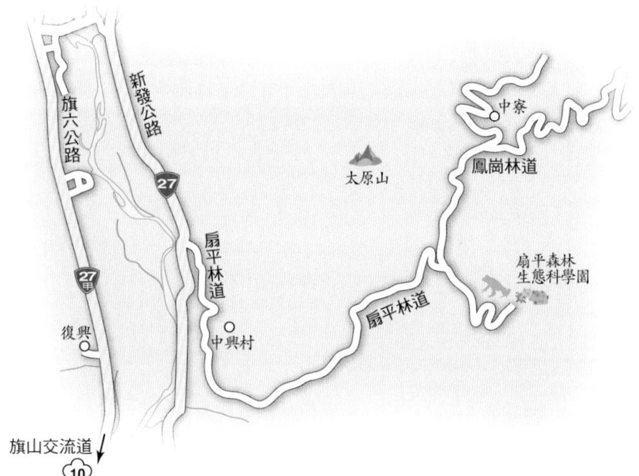

寶來溫泉

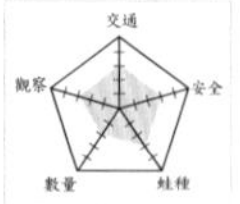

賞蛙評比 ★★

賞蛙季節 夏

蛙　　種 莫氏樹蛙、褐樹蛙、斯文豪氏赤蛙、盤古蟾蜍、拉都希氏赤蛙、白頷樹蛙、日本樹蛙

寶來村位於高雄縣六龜鄉的最北端，海拔約為550公尺，地處南橫公路西段要衝，以溫泉聞名，溫泉源頭來自寶來溪泉質為碳酸泉為可浴可飲的良質泉。寶來市街十分繁榮，又位處荖濃溪泛舟起點，是動靜兩相宜的度假勝地。

而在距離寶來溫泉區大約2公里至3公里路程的不老溫泉，因緊臨寶來溪支流 —— 不老溪而得名為「不老溫泉」，因為源頭位在新開村所以又稱為「新開溫泉」，不老溫泉泉質與寶來溫泉相近，都是鹼性碳酸泉，據傳對於身體美容有益，和寶來溫泉同為六龜最著名的溫泉勝地。

就在寶來和不老溫泉相連的這條聯絡道路新寶路上，路邊的水溝積水處，也成為蛙類的天堂，可以見到的蛙種有：莫氏樹蛙、褐樹蛙、斯文豪氏赤蛙、盤古蟾蜍、拉都希氏赤蛙、白頷樹蛙等，當然能耐高溫、愛泡湯的蛙類：日本樹蛙數量也相當多，若有機會到這邊遊玩、泡湯之餘，也可以順便安插夜間賞蛙行程。

交通資訊

從國道1號下永康交流道，循1號省道接177甲縣道，左轉20號省道東行，經甲仙、荖濃可至寶來，全程約73公里。或自旗山循省道台21線北上至甲仙，再轉省道台20線可達。或由屏東市區循27號省道，經高樹、六龜，於荖濃接20號省道可抵寶來溫泉區，全程約58.5公里。

▼寶來溫泉也是荖濃溪泛舟起點，荖濃溪的夜景很美，頗具看頭。

梅山

賞蛙評比 ★★★

賞蛙季節 夏

蛙　　種 莫氏樹蛙、日本樹蛙、拉都希氏赤蛙、盤古蟾蜍

梅山地區為南橫公路進入玉山國家公園西南園區入口，設有「梅山遊客中心」，提供各項遊憩資訊、解說服務以及多媒體視聽服務，旁邊並設有布農文化展示中心，介紹南橫公路沿線布農族原住民文物及生活寫照；另設置台灣第一個原生種植物園，園內有四十餘種台灣原生種植物，漫步其間除可享受森林浴之外，更可認識多種台灣常見之植物。梅山部落距救國團活動中心1.5公里，為布農族傳統部落，族人大多從事傳統農作，來到這個山中寧靜小城，您可以探訪布農族抗日英雄拉荷阿雷的英勇事蹟；而村莊前後各有一座美麗的吊橋，分別橫跨唯金溪及荖濃溪，是遊客最流連忘返的地方，由於山中沒有光害，滿天的星斗更是迷人。

而梅山口附近的水溝、積水處或人工蓄水池，到了晚上可以聽見莫氏樹蛙陣陣如火雞般的叫聲；小水溝、溪流處、小山澗或有水流的小山溝也可以發現不少日本樹蛙、拉都希氏赤蛙等蛙類；而愛逛大街的超大盤古蟾蜍，也常常讓遊客嚇一大跳，有機會到這邊旅遊時可以多注意一下這些可愛的蛙類。

交通資訊

從國道1號下永康交流道，循1號省道接177甲縣道，左轉20號省道東行，經甲仙、荖濃、寶來可達梅山口。或自旗山循省道台21線北上至甲仙，再轉省道台20線續行可達。或由屏東市區循27號省道，經高樹、六龜，於荖濃接20號省道續行即可。

▲梅山的警察局有著有趣的造型。

▼梅山口附近的小水溝有很多日本樹蛙。

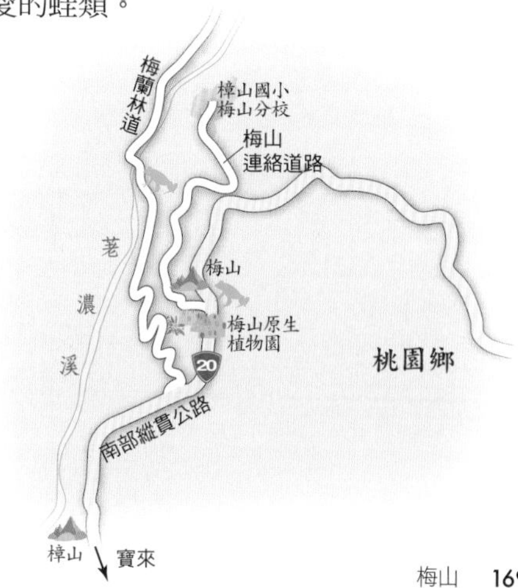

高雄縣市

天池

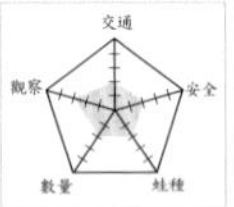

賞蛙評比	★★
賞蛙季節	夏
蛙　　種	莫氏樹蛙、梭德氏赤蛙、盤古蟾蜍

位於南橫的天池，海拔2290公尺，為南橫公路梅山至埡口著名的高山湖地形景觀，素有天池之水天上來之稱，只靠雨水補注，即可終年不涸。天池的成因據推測為檜谷斷層及臨近的斷層形成時，當地以硬頁岩為主的岩層被推擠得較為破碎，之後因破碎岩層不穩定且持續崩塌，崩積物經長時間風雨侵蝕作用，使黏質土壤發育完成，同時因為雨水沖蝕而形成一淺谷。淺谷形成集水區並匯集東西南三側的地表水與地下水，漸漸形成目前的高山湖泊。天池輝映出滿山翠碧，美景如畫，有「高山之心」的美名。天池右上方的景觀台是眺望玉山南峰、雲峰及庫哈諾辛山等名山百岳的極佳地點。

▼南橫天池段的雲海美景。

除了美景外，南橫天池段也擁有豐富的自然資源，哺乳動物資源以天池附近及埡口林道的種類最多，除常見之台灣獼猴、赤腹松鼠與白面鼯鼠外，最近並觀察到珍貴的台灣長鬃山羊、山羌、台灣黑熊等大型哺乳類動物。而蛙類則以莫氏樹蛙為主角，偶爾還可見到梭德氏赤蛙和盤古蟾蜍等蛙種。

但天池的生態危機也不小，主要是外來入侵種的錦鯉、吳郭魚、巴西烏龜等在天池悠遊，適應力奇強的外來種會將原有生態鏈摧毀，造成原生物種浩劫；另一大問題是優氧化、湖泊營養過剩問題，主因是天池周圍空間開敞，僅上方有一小片植被，因此雨水沖刷土壤帶來大量植物所需營養元素，未經攔截就進入池中，加上外來種的排泄物、池邊焚燒物的灰燼，都影響天池水質及生態。所以當我們在讚嘆高山湖泊的精采生態之餘，勿任意放生和丟棄人工廢棄物，才是自然生態的永續經營之道。

▲過天池段，還有機會看見阿里山山椒魚。

◀南橫天池附近的泉水湧出處。

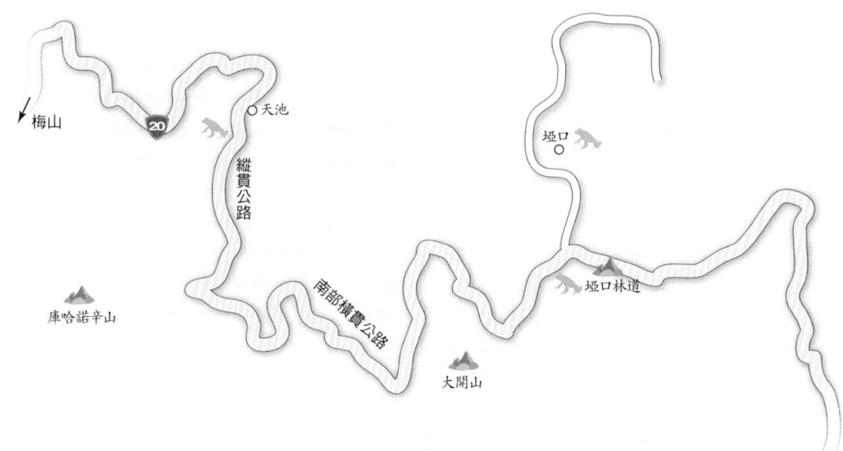

交通資訊

從國道1號下永康交流道，循1號省道接177甲縣道，左轉進入20號省道東行，經甲仙、荖濃、寶來、梅山後可達。或自旗山循省道台21線北上至甲仙，再轉南橫公路續行可達。或由屏東市區循27號省道，經高樹、六龜，於荖濃接南橫續行即可。

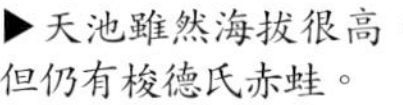

▶天池雖然海拔很高，但仍有梭德氏赤蛙。

墾丁國家公園

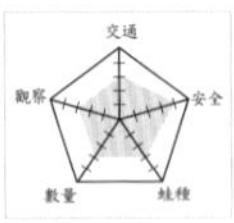

賞蛙評比	★★★
賞蛙季節	夏
蛙　　種	白頷樹蛙、黑眶蟾蜍、澤蛙、拉都希氏赤蛙、小雨蛙、白頷樹蛙、史丹吉氏小雨蛙

墾丁國家公園坐落於台灣最南端的恆春半島，成立於1982年9月，三面臨海，東面是太平洋，西臨台灣海峽，南瀕巴士海峽，幅員遼闊，總面積共計32631公頃，是台灣地區第一座國家公園；擁有多樣的地理景觀及豐富的生態資源，為生態環境與地形研究的重要區域。園內主要景點繁多，著名的有：海洋生物博物館、關山落日、龍鑾潭自然中心、墾丁森林遊樂區、社頂自然公園、墾丁青年活動中心、鵝鑾鼻燈塔、風吹沙、龍磐公園等，不勝枚舉。

廣大的腹地讓墾丁呈現豐富多變的生態風貌，其中陸地型生態最重要的據點就是社頂自然公園，它位於墾丁國家公園東南側，面積達180多公頃。社頂自然公園內以珊瑚礁地形為主，其間遍布草生地及動植物，並有望海亭、一線天等據點。社頂公園有豐富的動植物景觀，可以見到的蛙類中較特別的是白頷樹蛙。這裡的白頷樹蛙族群，背上花紋不是傳統的三條至四條暗色線，而是呈碎點狀散布的暗紋，有些個體背上還有一個「X」型或倒三角紋，而叫聲是連續的「答答答答答答答答答～」，最長可達九連發，十分特別。

▲社頂公園的白頷樹蛙。

交通資訊

走國道3號下南州交流道接走1號省道，到楓港岔路右轉接省道26號即可到達墾丁國家公園。而社頂自然公園則是要看到墾丁森林公園的牌樓時左轉進入，連續彎路4.5公里，直到墾丁森林公園的牌子時右轉，轉個彎即到達。

南迴公路中段

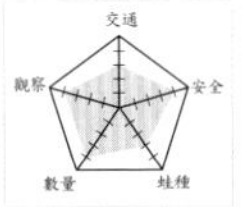

賞蛙評比	★★★★
賞蛙季節	夏
蛙　　種	日本樹蛙、褐樹蛙、盤古蟾蜍、拉都希氏赤蛙、莫氏樹蛙

南迴公路西段由楓港入口，越過屏東、台東縣界，東至達仁為止，橫貫南台灣恆春半島，全線蜿蜒盤繞於青山疊嶂之中，是台南、高雄、屏東欲往花東最重要的公路。楓港溪由楓港就一路相隨，至雙流後因少了一條支流溢助水流，而有悠然隱逝之感，愈行人煙愈少，清新之氣則更濃郁。

到了晚上，楓港溪上游傳來尖細如口哨般的蛙鳴聲，耳尖的蛙友一定可以發覺，在公路兩旁就可以找到筆者所說的蛙點。這裡的青蛙數量非常多，一個晚上看到上千隻的青蛙是有可能的事；而組成的蛙種則以日本樹蛙和褐樹蛙為主，但到了冬天，溪流又會被成群的盤古蟾蜍所佔據，另有一年四季皆有的拉都希氏赤蛙等蛙種和綠色美麗的莫氏樹蛙，如有機會夜行南迴公路，不妨停下腳步，也許會有不一樣的發現喔！

▲南迴公路邊的楓港溪。

▼日本樹蛙是楓港溪裡的主要蛙種。

交通資訊

國道1號小港交流道下，接台17線經東港、林邊抵水底寮，轉台1線續行，過枋寮、枋山至楓港，左轉台9號省道，約續行18K，過雙流後可達。

光華
達仁農場
原野地
楓港溪
199
南迴公路
9
草埔
草埔國小
雙流森林遊樂區
雙流
往楓港

雙流森林遊樂區

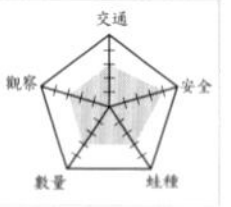

賞蛙評比 ★★★

賞蛙季節 夏

蛙　　種 斯文豪氏赤蛙、盤古蟾蜍、日本樹蛙、褐樹蛙、拉都希氏赤蛙

雙流森林遊樂區位於南迴公路旁，屬獅子鄉草埔村，因居楓港溪上游兩大源流交會處而得名，行政院農委會林務局在此擁有三個林班，佔地達1600公頃，海拔高度約在175至650公尺之間；轄區內林木蒼鬱，景觀自然原始，林務局乃開發為森林遊樂區，屬行政院農委會林務局屏東林區管理處管轄。溪流景觀為本區最大特色，終年流水潺潺；雙流瀑布高廿餘公尺，溪水直瀉而下，聲勢浩大，是最著名的景觀。溪谷兩旁青山環繞，林木茂密，處處可見栽植的熱帶雨林植物，如光臘樹、楓香、桃花心木等，二十多年來撫育長成林相優美蒼翠碧綠的森林，在積極提倡森林浴活動的今天，別具特色。

雙流森林遊樂區的氣候形態屬於典型熱帶季風雨林，除林木資源之外，這裡的山谷、溪流、動物資源亦極為可觀。蜿蜒的內文溪沿途蝶類食草植物繁多，蝴蝶翩翩飛舞的景致經常可見。蛙類資源方面，在售票亭附近就可聽見斯文豪氏赤蛙的叫聲，溪流裡盤古蟾蜍、日本樹蛙、褐樹蛙、拉都希氏赤蛙數量都非常多，是南迴公路上不可錯過的賞蛙據點。

▲斯文豪氏赤蛙。

楓港溪
南迴公路
草埔
9
內文溪
雙流森林遊樂區
雙流
往楓港
雙流森林遊樂區
姑豬古山

交通資訊

國道一號小港交流道下，接台17線經東港、林邊抵水底寮，轉台1線續行過枋寮、枋山至楓港，左轉台9號省道經丹路到達雙流村後於雙流橋前右轉岔路即可到達雙流國家森林遊樂區。

屏科大後山

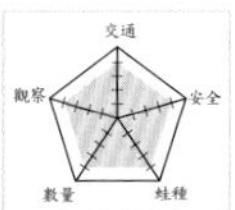

賞蛙評比	★★★★
賞蛙季節	夏
蛙　種	虎皮蛙、黑眶蟾蜍、黑蒙西氏小雨蛙、小雨蛙、澤蛙、白頷樹蛙、褐樹蛙、日本樹蛙、貢德氏赤蛙、金線蛙、台北赤蛙、花狹口蛙

國立屏東科技大學位於屏東縣內埔鄉老埤村大武山麓，距屏東市約15公里，校園佔地廣達285公頃，是全台佔地最廣的一所學校，廣大的校園裡有牧場和青青草原，學校養有百頭乳牛，福利社供應純度高的鮮乳。屏東科技大學非常重視國內外相關之農業暨生態研究，目前更積極投入生物科技的領域，有豐富的科技成果。而為了與全國民眾有更直接的接觸，還建立農業暨生態教育導覽，帶領民眾參觀校內景點，包含畜牧場、農機具陳列館、水土保持戶外教室、熱帶及亞熱帶果園、香草園及藥用植物種原圃，還有極具知名度的野生動物收容中心，裡面有被棄養的紅毛猩猩、長臂猿、老虎、熊等兩百多隻野生動物，但必須申請才能到收容中心探訪。

而屏東科技大學的後山，除觀日亭是欣賞日出與賞鳥的好地點外，更是一個生態寶地，不管是植物、爬蟲類、昆蟲和蛙類都是非常有看頭的。可以看見的青蛙種類很多，早期在屏科大更有金線蛙和台北赤蛙兩大明星蛙種，但是近年來因為校園內大興土木，目前這兩種青蛙在屏科大的族群數量已非常稀少，取而代之的卻是日漸增多的外來種花狹口蛙。

▲早期在屏科大可以看見台北赤蛙。

交通資訊

從國道3號下麟洛交流道接省道台1線往南行，左切南寧路進入內埔市區，光明路左轉屏187縣道直行過老埤後可達。

東港

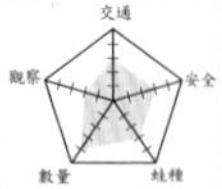

賞蛙評比	★★★
賞蛙季節	夏
蛙　種	海蛙、澤蛙、黑眶蟾蜍

東港鎮位於屏東縣的西端，隔著台灣海峽與琉球鄉小硫球遙遙相對；東港地名的由來說法有二：一是與西港、中港的相對位置而得名；二是認為其位於高屏溪以東，故名之。出身漁港的東港，充滿漁村獨特的文化與景致，日落、海景、蚵田、潟湖、魚塭、漁船、海鮮和到處可見的寺廟，都是標準漁村生活的寫照。東隆宮主祀溫府王爺，是東港宗教信仰重地，每三年舉行一次的「王船祭」，聞名全台，每每吸引大批人潮觀禮，燒王船儀式更是整個祭典的最高潮，為屏東縣重要的民俗活動之一。

▲東港的海蛙很會躲，不容易發現。

現在東港除了海鮮、漁業、宗教人文外，更因為發現了台灣第32種蛙類「海蛙」，而兼有生態觀光價值，海蛙因其超高耐鹽性的特殊適應力，使得牠們可以棲息在沿海地帶，是非常特殊的蛙種。但就最近的蛙類資源調查資料顯示，海蛙也僅分布在屏東的少數幾個沿海地區而已，不管是族群數量還是分布上都仍算稀少狹隘。東港國中附近，就在船頭路的兩旁，每到下雨積水時期，都可以聽到海蛙如羊叫般的聲音傳出，但因為水域長了不少高草，掩蔽效果極佳，雖適合膽小的海蛙躲藏，但也增加了觀察的難度。

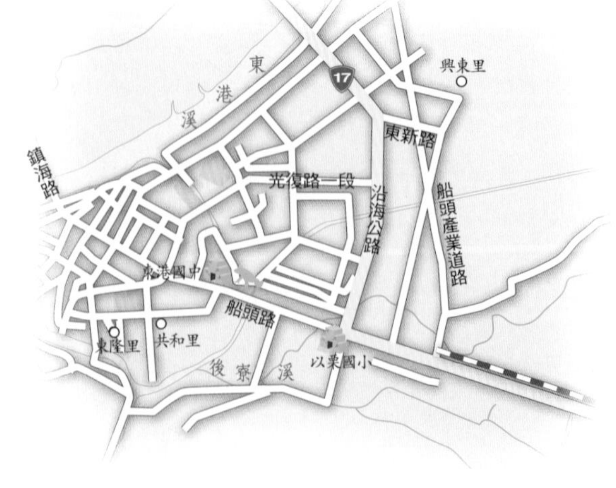

交通資訊

國道3號下林邊交流道接省道台17線往北行，過大鵬灣國家風景區管理處後不遠，在東港國中前的一片草澤地帶。

佳冬果園

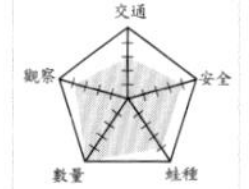

賞蛙評比	★★★★
賞蛙季節	夏
蛙　　種	海蛙、澤蛙、黑眶蟾蜍

佳冬鄉位於台灣屏東縣西部中段偏南沿海，地處屏東平原南部，地勢平坦，有林邊溪流經本鄉與林邊鄉交界，氣候上則屬熱帶季風氣候。居民產業以農業及漁業為主，但佳冬鄉卻也因為嚴重的超抽地下水，成為台灣西部沿海地層下陷最為嚴重的地區之一。

佳冬鄉近幾年因為發現了台灣的第32種蛙類「海蛙」而聞名，海蛙就出現在檳榔、蓮霧、香蕉等果園裡，甚至連沿海的養殖魚塭都可以發現。牠們會和澤蛙混棲，兩種蛙類長相類似，尤其是小蛙，極難辨識（本書第四章有詳述鑑別重點）。目前這裡是筆者認為最容易觀察海蛙的棲地，如果想要親眼目睹海蛙的真面目，一定不可以錯過此處。

▲佳冬蓮霧園有很多海蛙。

▲佳冬蓮霧園。

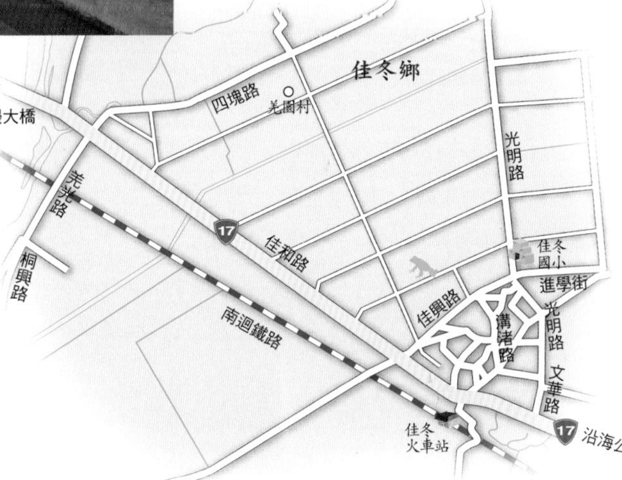

交通資訊

國道3號下林邊交流道接省道台17線往南行，過林邊大橋後續行3公里，左轉佳興路後再馬上左轉小路即是。

屏東縣市

大漢山

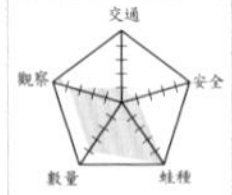

賞蛙評比 ★★★★

賞蛙季節 夏

蛙　　種 橙腹樹蛙、莫氏樹蛙、艾氏樹蛙、澤蛙、拉都希氏赤蛙、斯文豪氏赤蛙、盤古蟾蜍、梭德氏赤蛙、日本樹蛙、褐樹蛙

大漢山位於屏東縣春日鄉，海拔高度約300至1500公尺，平均溫度12至24度，從山上可遠眺屏東縣枋寮的海岸線，天氣好視野極佳時還可以看到海面上的作業漁船和商船緩緩駛過。大漢山最重要的道路「大漢林道」其原本是「浸水營古道」的一段；浸水營古道西起屏東縣枋寮鄉水底寮，穿越過中央山脈稜線後，東止於台東縣大武，古道全長47公里，海拔最高處為1300公尺，但因人跡罕至及自然侵蝕，幾乎被掩沒在南部熱帶闊葉林中，直到台灣光復後，海軍陸戰隊利用此道行軍以訓練隊員，加上在山頂興建軍事基地「大漢山基地」，為軍車行駛方便，才將大漢山基地以西至水底寮段拓寬，全長28公里，海拔1688公尺，即是目前所稱的「大漢林道」。

現除了軍事用途以外，也成為附近民眾晨昏休閒的登山步道。區內有三大保護區：「浸水營闊葉樹林保護區」、「大武台灣穗花杉自然保留區」及「大武台灣油杉自然保護區」，極具植物地理學內涵與研究價值，相當適合進行生態、考古、登山及文化深度尋根之旅。

大漢山區終年氣候潮濕，浸水營之名即有浸在水裡之義，可見本區濕度之高，當然這樣的天然條件也非常

▼大漢山有著極美夕照。

▲莫氏樹蛙是大漢山的強勢蛙種。

適合蛙類生存。

大漢山最受矚目的蛙種就是數量極為稀少的橙腹樹蛙，但牠們很少出現在林道旁，通常都會躲在森林的深處，因此想一睹牠們的本尊，難度還不低。好在本區還有數量極多的莫氏樹蛙，和橙腹樹蛙比起來牠們就顯得比較大方，只要林道邊有積水，幾乎都有族群聚集。另外，大漢山的艾氏樹蛙也非常特別，常有整隻綠色連瞳孔都是綠色的個體出現，在別的地方比較少見到如此美麗的艾氏樹蛙，也是蛙友們不可錯過的。除了這三大明星蛙種外，大漢山區還可以見到：澤蛙、拉都希氏赤蛙、斯文豪氏赤蛙、盤古蟾蜍、梭德氏赤蛙、日本樹蛙和褐樹蛙等蛙種，蛙類資源非常可觀。

▼大漢山林道。

交通資訊

從省道台1線南下經屏東佳冬戰備跑道後轉入縣道198號直行，過新開社區方向後，依大漢山休閒農場指標指示前進即抵。

林美石磐步道

交通
安全
蛙種
數量
觀察

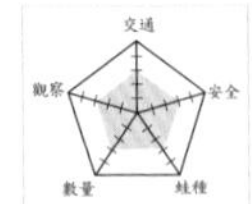

賞蛙評比 ★★★

賞蛙季節 夏

蛙　　種 盤古蟾蜍、黑眶蟾蜍、褐樹蛙、古氏赤蛙、貢德氏赤蛙、腹斑蛙、面天樹蛙、白頜樹蛙、艾氏樹蛙、澤蛙、斯文豪氏赤蛙、中國樹蟾、日本樹蛙、拉都希氏赤蛙、翡翠樹蛙

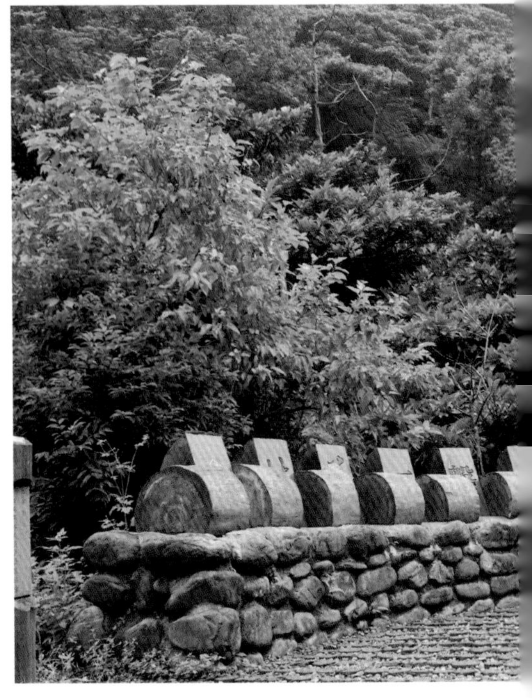

林美石磐步道位於宜蘭縣礁溪鄉林美村，礁溪高爾夫球場旁。它的名稱是由「林美」、「石磐」這兩個名字所組成，「林美」是指礁溪鄉林美村，本來舊名為林尾村，後來才更名為林美村。而「石磐」指的就是石磐瀑布。石磐瀑布的上方有一塊堅硬的四稜砂岩，大石如

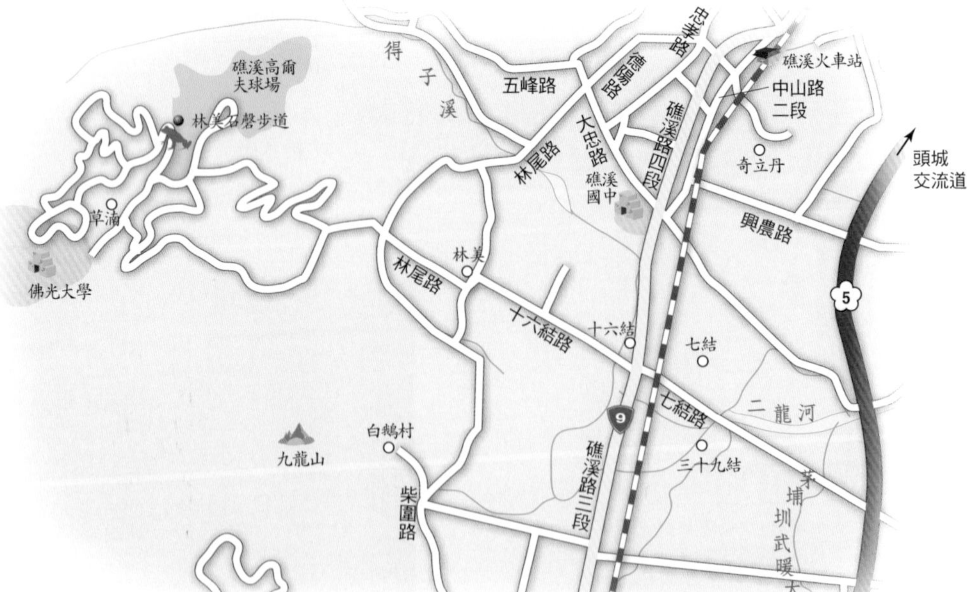

礁溪高爾夫球場
林美石磐步道
草湳
佛光大學
得子溪
五峰路
忠孝路
德陽路
礁溪火車站
中山路二段
大忠路
礁溪路四段
林尾路
礁溪國中
奇立丹
頭城交流道
興農路
林美
林尾路
十六結路
十六結
七結
5
二龍河
七結路
9
礁溪路三段
白鵝村
九龍山
三十九結
柴圍路
茅埔圳武暖大排

▲林美石磐步道入口。

盤，所以取名為「石磐」。

林美石磐步道沿著「得子口溪」的溪谷而建，由於河川侵蝕而形成大小不一的瀑布景觀，其中最高的瀑布就是石磐瀑布。林美石磐步道全長1,689公尺，寬約3公尺，呈O型環狀，右去左回，去程及回程各約800多公尺，路面舖設細碎卵石，平緩好走，漫步其間需時約一個多小時至兩個多小時，是一條景觀優美自然生態豐富卻又鮮少人知的步道。

林美石磐步道因為氣候潮濕陰涼，又有溪流山澗經過，提供了很棒的蛙類生存空間，本區可見的蛙種超過十種，數量上也非常多，只要天氣適合蛙況絕不會讓人失望，是宜蘭地區重要的賞蛙地點之一。

交通資訊

由國道1號至汐止系統交流道轉走國道5號或由國道3號至南港系統交流道轉走國道5號，過雪山隧道由頭城交流道下，往礁溪方向行駛，至礁溪後再由台9線轉入林尾方向，經大楓橋往佛光大學校區，產業道路右方小徑即可到達林美石磐步道入山口。

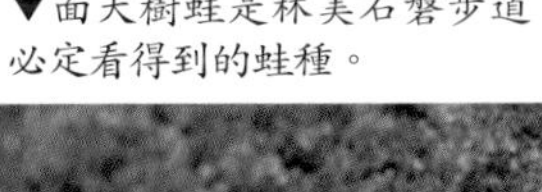

▼面天樹蛙是林美石磐步道必定看得到的蛙種。

雙連埤

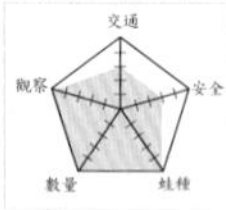

賞蛙評比	★★★★★
賞蛙季節	全年
蛙　　種	台北樹蛙、翡翠樹蛙、莫氏樹蛙、中國樹蟾、諸羅樹蛙、貢德氏赤蛙、腹斑蛙、長腳赤蛙、斯文豪氏赤蛙、拉都希氏赤蛙、古氏赤蛙、艾氏樹蛙、盤古蟾蜍、面天樹蛙、澤蛙、小雨蛙、白頷樹蛙、褐樹蛙

雙連埤取其字意，即表示兩個相連的高山台地之天然湖泊所組成，位於宜蘭縣員山鄉的湖西村，湖水是地下湧出清泉和山中溪流匯集而成，因未受污染，所以魚類眾多，較大的姊湖，長約500公尺，寬約300公尺；較小的妹湖，長約200公尺，寬約100公尺，因長期淤積，逐漸變成沼澤地。湖泊中間有兩座浮島，上面長滿許多水生植物，在水域中漂移，成為特殊的佳景，而過冬候鳥也多以此為棲息處所。

雙連埤終年雲霧遼繞，特別是水中浮游藻類數量極多，乃典型的池沼生態體系。

此區主要交通幹線為台9甲公路，往東經圳頭達宜蘭約13.6公里，往西步行3小時可達福山植物園，再步行6小時可達烏來。湖面附近地形平坦，四周環以群山，形成生態體系獨立之谷地，湖水面積不定，依雨量大小決定其水位。本區植物、動物等自然資源豐富，人文產業景觀亦具特色，農作物的面積雖然不大，但是有園藝公司在此經營苗圃及花圃，景觀甚佳。

▼雙連埤之美。

除了美景，雙連埤被稱為「水草王國」，是台灣水生植物分布最多的濕地，水生植物更涵蓋全台三分之一的品種，被譽為「國寶級濕地」。在雙連埤餐廳旁，原大湖國小廢校後一變為雙連埤生態教室，中華民國荒野保護協會宜蘭分會受縣政府委託，規劃讓「雙連埤生態教室」成為一設備完善與推廣資料齊全的「自然教育基地」。

至於蛙類資源方面，本區有多種美麗的綠色樹蛙、樹蟾出現，如台北樹蛙、翡翠樹蛙、莫氏樹蛙和中國樹蟾，最近更疑似遭人大量放生原本只有雲嘉南一帶才可以見到的諸羅樹蛙，對於當地生態的影響尚不明朗，有待觀察。雙連埤可以見到的青蛙種類近二十種，且族群數量都非常多，可說是宜蘭地區賞蛙的首選。

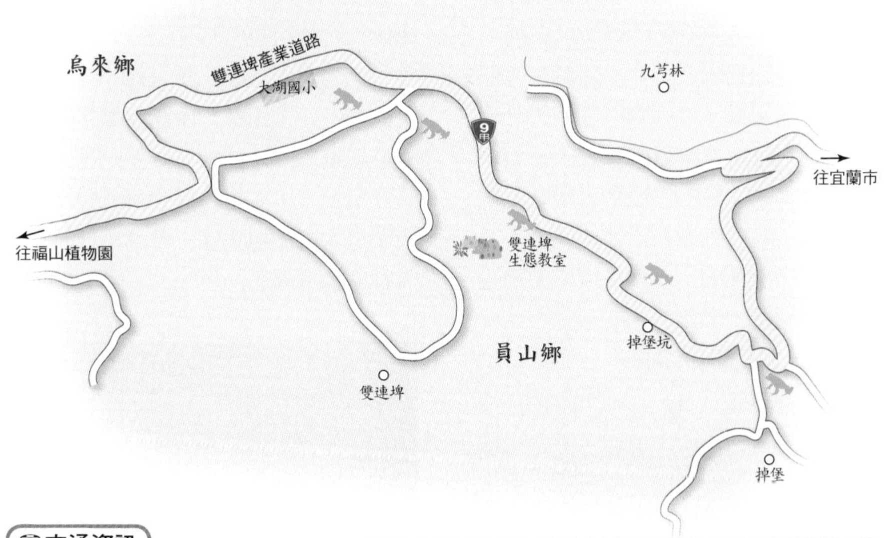

交通資訊

由國道1號至汐止系統交流道或由國道3號至南港系統交流道轉走國道5號，過雪山隧道由宜蘭交流道下，走192縣道接環河路，到底再轉台7線，員山後再右轉台9甲，過大湖、圳頭即可到達。

▶雙連埤有多種綠色樹蛙。

福山植物園

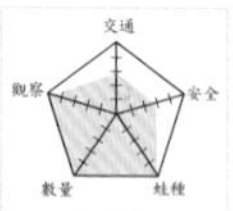

賞蛙評比 ★★★★★

賞蛙季節 夏

蛙　　種 橙腹樹蛙、翡翠樹蛙、台北樹蛙、莫氏樹蛙、盤古蟾蜍、斯文豪氏赤蛙、腹斑蛙、拉都希氏赤蛙、面天樹蛙、中國樹蟾、艾氏樹蛙、褐樹蛙

福山植物園位於台北縣烏來鄉福山村與宜蘭縣員山鄉湖西村的交界處，恰處於雪山支脈環抱而成的盆地中，海拔為600至1200公尺之間，佔地面積約1200公頃。雖然園區大部分位在烏來鄉，然而園區唯一對外的車行道路是由宜蘭員山鄉進入。若要從烏來進入，只能靠雙腳，得走過路途遙遠的哈盆越嶺古道才能抵達。

福山植物園是台灣及東南亞最大的植物園區、最佳的生態教室，名聲享譽全台。福山植物園內分原生植物區、天然林展示區、水生植物區、哈盆自然保留區及福山苗園，其中哈盆自然保留區目前僅供學術研究，並不對外開放。福山植物園整體林相展現中低海拔的闊葉林之美，樟科、殼斗科等原生品種隨處可見，目前開闢的20公頃展示區，有7000多種的植物，幾乎為台灣植物品種的全貌。除了行政中心提供解說服務外，園內規劃了20公里長的自導性步道及解說牌供遊客暢遊。漫步於極具創意的原木步道（台灣最長的木磚步道），觀賞繁複多采的植物景觀和山光水色，是一種獨特而愜意的經驗。

福山植物園因為氣候屬於重濕溫暖型，夏季暖熱潮濕、冬季因受季風及地形的影響，平均一年約220天為陰雨氣候，自然是青蛙的天堂，也難怪福山植物園會成為最早發現橙腹樹蛙的地點。另外其他美麗的綠色樹蛙如翡翠樹蛙、台北樹蛙、莫氏樹蛙也都有分布，除了雲、嘉、南一帶才有的諸羅樹蛙外，本區可說是全員到齊。

除了最受歡迎的綠色樹蛙以外，福山植物園可見的蛙種還有：盤古蟾蜍、斯文豪氏赤蛙、腹斑蛙、拉都希氏赤蛙、面天樹蛙、中國樹蟾、艾氏樹蛙和褐樹蛙等蛙種，數量及種類都是非常驚人，如果有機會可以申請到夜間進入福山植物園，千萬不要錯過賞蛙的機會喔！

▲福山植物園有全台最難得一見的橙腹樹蛙。

交通資訊

國道1號自八堵交流道或基隆轉接濱海公路（2號省道）至礁溪、宜蘭，自宜蘭市區沿泰山路，轉接7號省道西行可抵員山雙連埤，再沿著福山分所聯外林道，即可到達管制站，再向前約4公里處有一叉路口，右邊則有一木化石刻著「福山植物園」。或由國道5號過雪山隧道至宜蘭交流道下，走192縣道接環河路至底接台7線到員山，再右轉台9甲即可到達福山植物園。

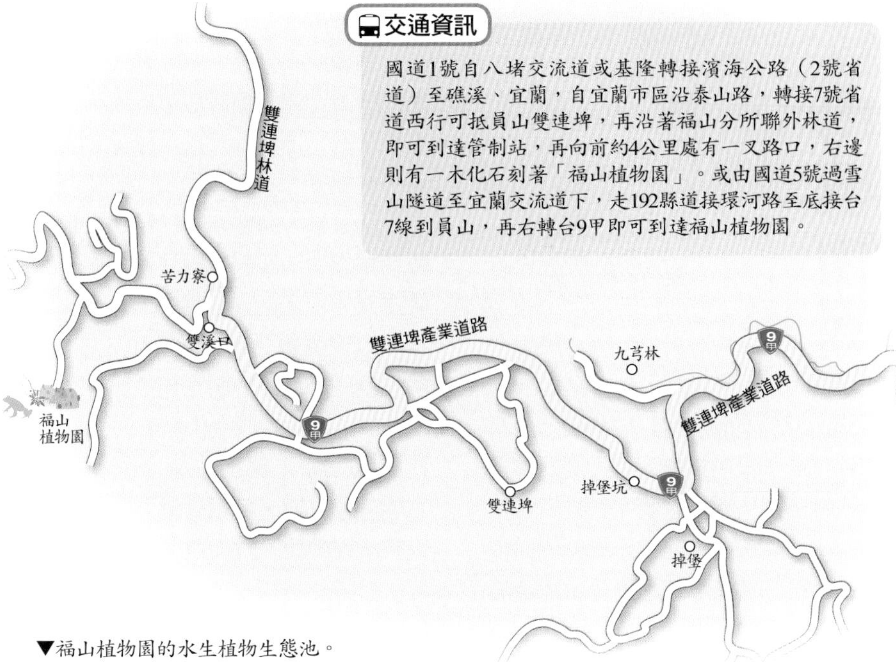

雙連埤林道
苦力寮
雙溪口
福山植物園
雙連埤產業道路
九芎林
雙連埤產業道路
雙連埤
掉堡坑
掉堡

宜蘭縣市

▼福山植物園的水生植物生態池。

仁山植物園

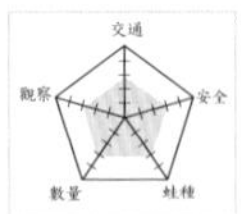

賞蛙評比	★★★
賞蛙季節	夏
蛙　　種	黑眶蟾蜍、盤古蟾蜍、古氏赤蛙、斯文豪氏赤蛙、面天樹蛙、艾氏樹蛙、日本樹蛙、莫氏樹蛙、台北樹蛙、小雨蛙、拉都希氏赤蛙

仁山植物園，位於台灣中央山脈的北端，海拔高度約50至500公尺，面積約有102公頃，地理環境特殊，景色獨特。植物園的前身是造林苗圃，早期主要生產推廣造林的苗木，隨著國人開始重視環境的綠美化之後，逐漸轉型為培育環境綠美化推廣苗木的苗圃。由於園區與市區距離不遠，交通方便，是登山及休憩的絕佳去處。

園區內共分為東方庭園植物展示區、西方庭園植物展示區、大航海外來植物展示區、低海拔森林產業展示區（樟腦寮、木炭窯）。植被屬於亞熱帶闊葉林，完整的林相包括榕楠木類、相思樹、油桐等優勢種群，及薄葉嘉賜木、鴨腱藤等稀有種，近400種的植物還包含了45種蕨類。在5月的油桐開花季節，桐花林道上所展現的繽紛詩意，常讓登山踏青的人群流連忘返。除了植物資源外，本區計有哺乳類11種、鳥類81種；昆蟲資源則有81種蝶類、12種螢火蟲及獨角仙等，完整的林相及豐富的生物資源，為蘭陽平原至淺山丘陵接壤的生態代表。園區規劃有多條主題步道，提供

▼莫氏樹蛙。

▲仁山植物園入口。

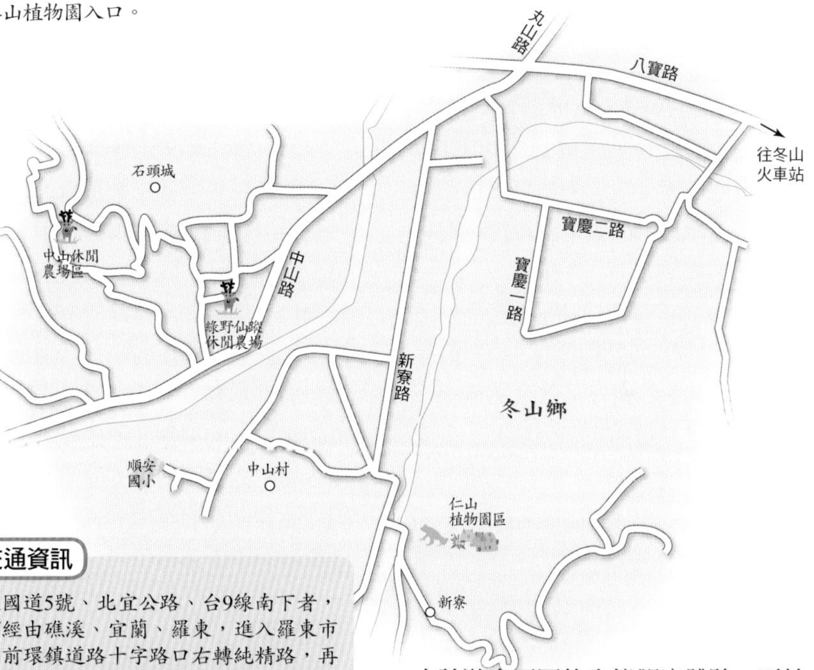

丸山路
八寶路
往冬山火車站
石頭城
中山休閒農場區
寶慶二路
寶慶一路
中山路
綠野仙蹤休閒農場
新寮路
冬山鄉
順安國小
中山村
仁山植物園區
新寮

交通資訊

從國道5號、北宜公路、台9線南下者，可經由礁溪、宜蘭、羅東，進入羅東市區前環鎮道路十字路口右轉純精路，再右轉往丸山路（義成路三段），直走到底右轉往中山休閒農業區方向即可到達仁山植物園。若從蘇花公路、台9線北上者，由蘇澳往冬山經過冬山鄉農會500公尺，往八寶、太和方向左轉（宜30線，義成路一段）直走到底再左轉往八寶，十字路口左轉往中山休閒農業區方向即可到達仁山植物園。

來訪遊客不同的生態觀察體驗。至於蛙類資源，本區可見蛙種有十多種，入口附近就可以見到莫氏樹蛙，深入林道中後更是整路都可以聽見艾氏樹蛙的叫聲，雖然尋找牠們得花一點功夫，但光聽叫聲就已是一種享受了。

新寮瀑布步道

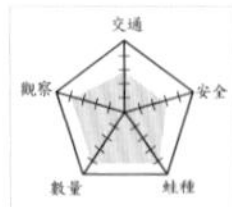

賞蛙評比	★★★★
賞蛙季節	夏
蛙　　種	日本樹蛙、盤古蟾蜍、黑眶蟾蜍、艾氏樹蛙、莫氏樹蛙、面天樹蛙、澤蛙、褐樹蛙、拉都希氏赤蛙、台北樹蛙、白頷樹蛙

新寮瀑布步道位於宜蘭縣冬山鄉中山村，沿著新寮溪溪谷溯源而上，直至新寮瀑布，全程往返約2.3公里，後段呈P字形，以單向前進，可於2小時內輕鬆走完。新寮溪發源於海拔980公尺的新寮山，因斷層地形發達，沿途形成10座瀑布，新寮瀑布為最下層的一座；湍急的新寮溪自此向東流去，與涓細的舊寮溪匯流後形成宜蘭人的希望之河：冬山河。

新寮瀑布步道地處副熱帶型氣候，夏天的西南季風盛行，時有颱風侵襲帶來大量的雨水，容易造成土石沖刷；夏季月均溫為26至28℃，冬季東北季風常常帶來連綿陰雨，雨型與夏天有所不同，但此地的降雨量正逐年減少。

▼新寮瀑布步道入口。

新寮瀑布步道是最近才由林務局羅東林管處開發完成，對外開放的一條新步道，但開放僅短短幾個月，知名度卻扶搖而上，足以用「爆紅」來形容，小小的停車場，不管是假日、非假日永遠停滿了汽車。為維護沿途環境生態，採取遊客總量管制，週末及假日入園人數以300人為限，由中山社區的義工執行。這條由社區認養的步道，生態豐富、景色秀麗、設施完善，不但吸引來自各地的遊客，也為社區凝聚了一股無形的向心力。

新寮瀑布步道沿線皆是非常適合賞蛙的地點，蛙種和數量皆多，平時一個晚上看個百來隻青蛙是很容易的事。蛙種方面，除了有喜歡溪流的蛙類如日本樹蛙、褐樹蛙等，也有美麗的綠色樹蛙如莫氏樹蛙、台北樹蛙。甚至最近新寮步道也傳出遭人野放大量諸羅樹蛙的事件，因此夏天來此也滿容易聽見諸羅樹蛙的鳴聲，但族群能否能長期在此延續，以及對原來生態環境的影響都尚不可知。

交通資訊

若從礁溪、宜蘭方向走台9線往羅東，在進入市區前，右轉環鎮大道（純精路），約前行2公里，再右轉義成路（宜34），直行約2至3公里，至T字路口前，就會看見新寮瀑布的指標。在T字路口右轉丸山路，直行至岔路口，取左岔路，接新寮路，然後循著指標前行，即可抵達新寮瀑布的入口。

宜蘭縣市

▲新寮瀑布步道旁的溪流。

石頭城
中山路
寶慶二路
寶慶一路
新寮路
順安國小
中山村
仁山植物園區
新寮
新寮瀑布步道
三富花園農場

▼莫氏樹蛙是新寮步道最美麗的蛙種。

九股山福德坑溪

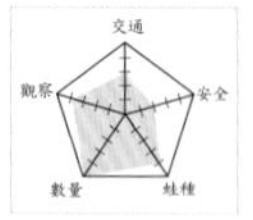

賞蛙評比	★★★★
賞蛙季節	全年
蛙　　種	褐樹蛙、斯文豪氏赤蛙、白頷樹蛙、翡翠樹蛙、拉都希氏赤蛙、古氏赤蛙、面天樹蛙、艾氏樹蛙、腹斑蛙、貢德氏赤蛙、莫氏樹蛙

九股山位於宜蘭頭城，是北宜蘭最具盛名的賞蛙地點之一，擁有未受破壞的好山好水，因此成為許多礦泉水公司的水源所在地，也是二、三〇年代年輕男女約會踏青的最佳地點。九股山最大的特色就是廟宇、佛寺眾多，少說也有二、三十間，沿著福德坑產業道路一路往九股山上走，沿途展望好的地方還可以直接看見龜山島和一整片的蘭陽平原，風景之美也令人難忘；而位於最高點的吉祥禪寺，據說是宜蘭最老的佛寺，古意盎然，環境清幽，也是修道人的禪修場所。

福德坑路旁蜿蜒的溪流即為福德坑溪，溪裡水質清澈，生態豐富，非常值得下溪觀察。而九股山最適合賞蛙的地點，正是福德坑溪流域，除了溪裡有著褐樹蛙、斯文豪氏赤蛙等溪流型蛙種外，因附近居民常在溪畔種菜，因此置有不少灌溉用蓄水容器，

▼九股山福德坑溪。

▲溪旁產業道路的積水也成為古氏赤蛙的樂園。　▲褐樹蛙。

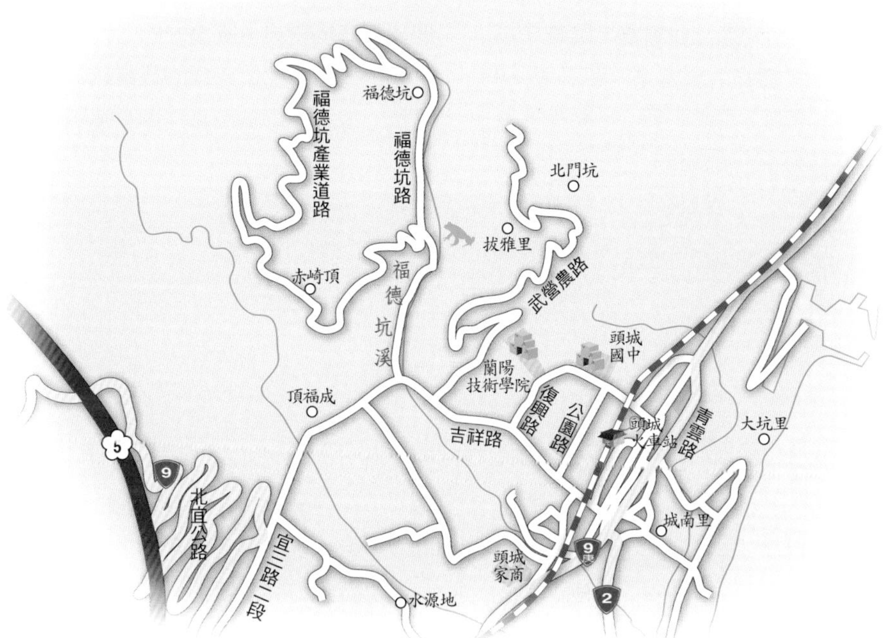

這也提供白頷樹蛙、翡翠樹蛙、拉都希氏赤蛙等蛙種最好的繁殖地點；另外溪旁的產業道路旁積水處也成為古氏赤蛙的樂園，還有面天樹蛙、艾氏樹蛙、腹斑蛙及貢德氏赤蛙等，蛙類資源也是相當可觀。

交通資訊

台北走國道5號從頭城交流道下後右轉青雲路往頭城方向，過新興路橋後左切新興路，到吉祥路左轉，到福德坑路再右轉直行即可到達。

砂卡礑步道

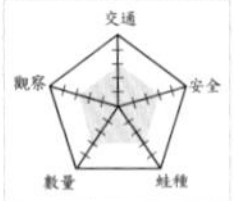

賞蛙評比 ★★★

賞蛙季節 夏

蛙　　種 斯文豪氏赤蛙、莫氏樹蛙、拉都希氏赤蛙、艾氏樹蛙、黑眶蟾蜍、日本樹蛙、褐樹蛙、盤古蟾蜍

砂卡礑步道位於太魯閣國家公園花蓮縣秀林鄉富世村境內，海拔約60公尺，從入口處到三間屋全長約4.5公里，早在日據時期，日本人為了建造立霧電廠，從砂卡礑溪沿岸的岩壁上開鑿出一條長達4.4公里、寬1公尺的步道，早期被稱為「神秘谷步道」，後來才改回太魯閣族慣稱的「Sgadan」（砂卡礑），意為「臼齒」。

太魯閣國家公園成立後，將這條路規劃為景觀步道，近年來砂卡礑步道已經成為花蓮旅遊的熱門景點。步道屬於陰濕的河谷地形，全線設置10餘座大小觀景平台，供小憩賞景，還有幾處親水小徑可以直下溪谷，讓人們直接親近沁涼的溪水，聆聽自然美妙的樂音。溪床上大大小小的奇岩怪石中，以大理石與片麻岩最多，溪水將岩石琢磨得光滑圓潤，配上兩岸山壁和溪中岩石上所布滿的豐富花紋、皺褶，形成一幅幅極具抽象意味的壁

▼砂卡礑步道。

畫，任人欣賞想像。

另外，砂卡礑步道也擁有豐富的生態資源，十分適合親子來此體驗自然。步道上昆蟲、蝶類、蛇類、山鳥，偶爾還可見到台灣獼猴等哺乳類動物，溪裡魚、蝦、蟹、水生昆蟲及蛙類都是主角；其中蛙類以斯文豪氏赤蛙最常讓人誤會，因為牠像鳥的叫聲加上白天也照常鳴叫，很多遊客都誤以為是鳥但又找不到鳥蹤；另外可愛的莫氏樹蛙也是這裡夜晚的主角之一，其他可見的蛙種還有：拉都希氏赤蛙、艾氏樹蛙、黑眶蟾蜍、日本樹蛙、褐樹蛙等。砂卡礑步道處處展現的生機，使之成為觀賞生態及瞭解太魯閣地質型態的最佳自然教室，絕對是您不可錯過的。

▼斯文豪氏赤蛙在砂卡礑步道數量不少。

交通資訊

由國道1號至汐止系統交流道轉走國道5號或由國道3號至南港系統交流道轉走國道5號，過雪山隧道由蘇澳交流道下，往台9號方向行駛，轉台8線，至長春隧道內右轉，過砂卡礑橋即可到達步道入口。

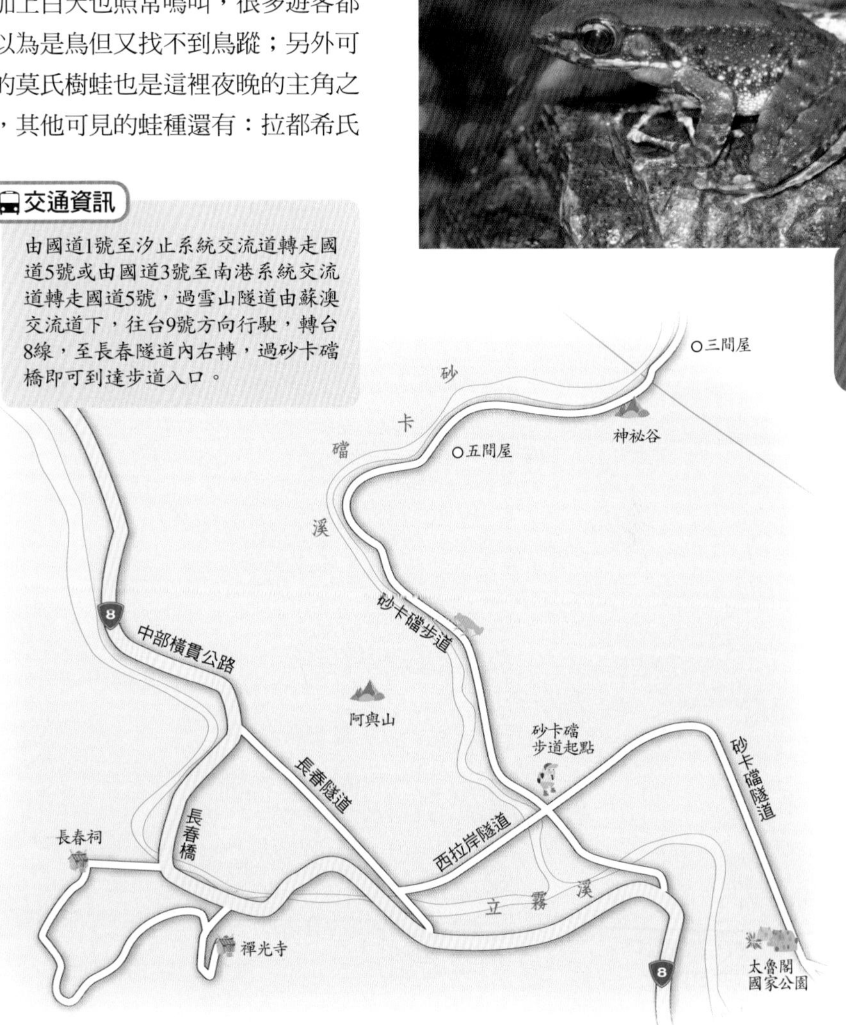

佐倉步道

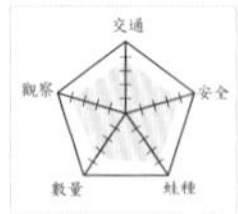

賞蛙評比	★★★★
賞蛙季節	夏
蛙　　種	莫氏樹蛙、中國樹蟾、日本樹蛙、褐樹蛙、斯文豪氏赤蛙、盤古蟾蜍、黑眶蟾蜍、拉都希氏赤蛙、澤蛙、小雨蛙

佐倉步道早期為台泥晶山礦區的產業道路，於1996年停採後，因鄰近花蓮市區，經林務局花蓮林區管理處規劃為「佐倉步道」，是一條水泥碎石及泥土的產業道路，步道全長3950公尺，最高海拔430公尺，距離花蓮市只有10分鐘車程，是很多花蓮人心目中最美麗的健行養生步道。終點處遠眺太平洋及花蓮市，美景盡收眼底，經常引來不少民眾前往賞景兼健身。

佐倉步道單程步行約需1.5小時，在步道第一個轉彎處，可看到一株碩大的相思樹。來到第三個轉彎處，可看到八堵毛溪相伴，溪中巨石遍布，又是一景，幸運的話還可以邂逅對岸原始樹林裡活蹦亂跳的台灣獼猴。左彎離開八堵毛溪後，進入綠蔭山林，眼前的蝴蝶谷盡見翩翩起舞的彩蝶。通過明隧道，抵達第一個觀景台前，可見一株奇特的大葉雀榕，有不少鳥類來此覓食，也是觀察纏勒植物生態的好所在。佐倉步道有5處觀景台，第5觀景台是步道終點，居高臨下可飽覽花東縱谷壯闊景緻以及蔚藍的太平洋，整個花蓮市也可盡入眼

▼佐倉步道旁的八堵毛溪。

▶佐倉步道入口。

交通資訊

由花蓮市的中山路往西，過國福大橋直走到底，右轉國福街，很快就可以看到佐倉步道的指標，順著佐倉街直走，即可到步道起點旁的停車場。

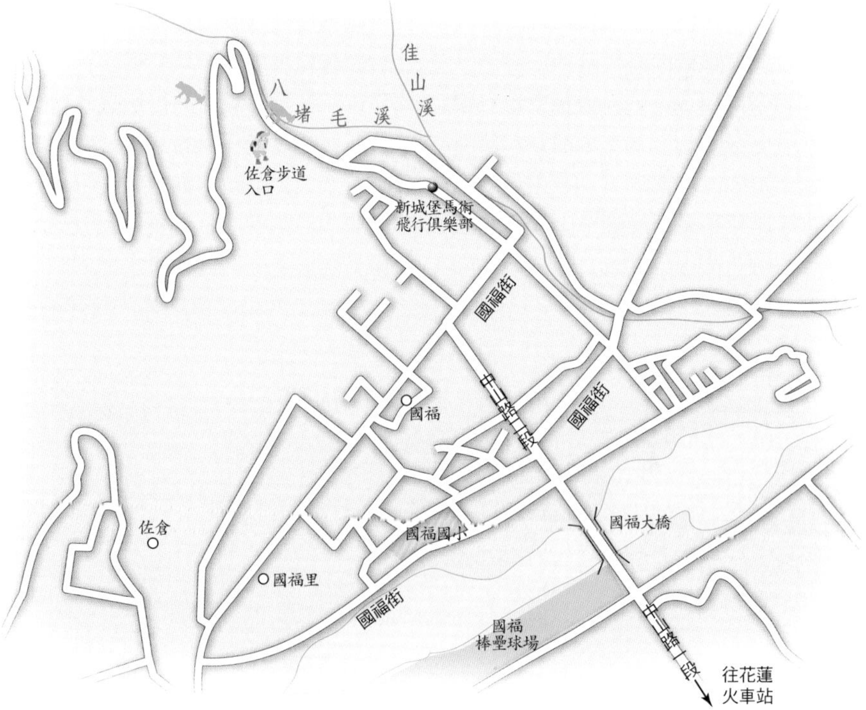

佳山溪
八堵毛溪
佐倉步道入口
新城堡馬術飛行俱樂部
國福街
中山路一段
國福街
國福
佐倉
國福國小
國福大橋
國福里
國福街
國福棒壘球場
中山路一段
往花蓮火車站

簾，視野絕佳。

除景色迷人外，佐倉步道的蛙類生態也是令人嚮往的，最美麗的主角還是綠色樹蛙成員之一的莫氏樹蛙，幾乎整年都可以看見牠們；而春夏時期的中國樹蟾也不遑多讓，總是在雨後大量出現；另外水溝、溪流裡，日本樹蛙、褐樹蛙、斯文豪氏赤蛙等蛙種也很容易發現；其他還有盤古蟾蜍、黑眶蟾蜍、拉都希氏赤蛙、澤蛙、小雨蛙等蛙種，是花蓮市近郊的最佳的賞蛙據點。

鯉魚潭

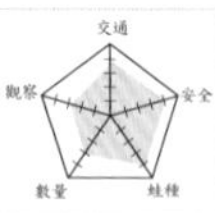

賞蛙評比	★★★★
賞蛙季節	夏
蛙　　種	莫氏樹蛙、白頷樹蛙、虎皮蛙、黑眶蟾蜍、貢德氏赤蛙、拉都希氏赤蛙、腹斑蛙、斯文豪氏赤蛙、日本樹蛙、澤蛙、盤古蟾蜍、牛蛙

鯉魚潭為東台灣最大的一個內陸湖泊，湖的面積約104公頃，南北最長處約1.6公里，東西最寬處約930公尺，位於壽豐鄉池南村鯉魚山腳下，距花蓮市約18公里，地處花東縱谷國家風景區最北端，為木瓜溪及花蓮溪支流所形成的堰塞湖，湖水來自地底湧泉，終年清澈，而湖泊上優美的景色也使鯉魚潭很早便成為花蓮地區頗負盛名的一處風景區。

花東縱谷國家風景區成立後，更整合鯉魚潭現狀，積極投入規劃，將其塑造成一處具可輕舟悠遊、單車環潭或漫步水岸的多元化遊憩活動據點。潭北設有遊客服務中心，遊客可由此取得最詳細的各項旅遊資訊；潭西水岸休憩區裡設有各項親水活動與休憩設施，適合全家老少小歇賞景；長約5公里的環潭自行車專用道，讓鐵馬騎士們以車代步，享受怡人的湖光山色；標高601公尺的鯉魚山上更有數條森林步道，是享受森林浴、賞鳥賞花賞景的最佳健行路線。而隔著公路與鯉魚潭相對的路邊，是一排解決遊客民生問題的餐廳與商店，招牌名菜「活跳蝦」，就產自鯉魚潭，也是當地最受歡迎的菜餚之一。

除了湖光山色之外，每年4月為

▼鯉魚潭的湖光山色。

▲沿著環潭道路就可以聽到莫氏樹蛙的叫聲。

鯉魚潭的螢火蟲季，夜晚只要來到潭邊的草叢，就可以輕易的看見忽明忽暗的螢光四處飛舞。而除了賞螢之外，鯉魚潭也是很棒的賞蛙地點，只要沿著環湖步道，路邊就會不時傳來莫氏樹蛙和白頷樹蛙的鳴聲。而鯉魚山也是賞蛙人必探的步道，虎皮蛙、黑眶蟾蜍、貢德氏赤蛙、拉都希氏赤蛙、腹斑蛙、斯文豪氏赤蛙、日本樹蛙、澤蛙、盤古蟾蜍等蛙種在鯉魚山都有分布，近年來也有發現牛蛙的紀錄，可能是遭人棄養或放生的個體。

交通資訊

沿省道台9線往南經花蓮市後，右轉接台9丙省道，在過仁壽橋後左轉，即可抵達鯉魚潭。

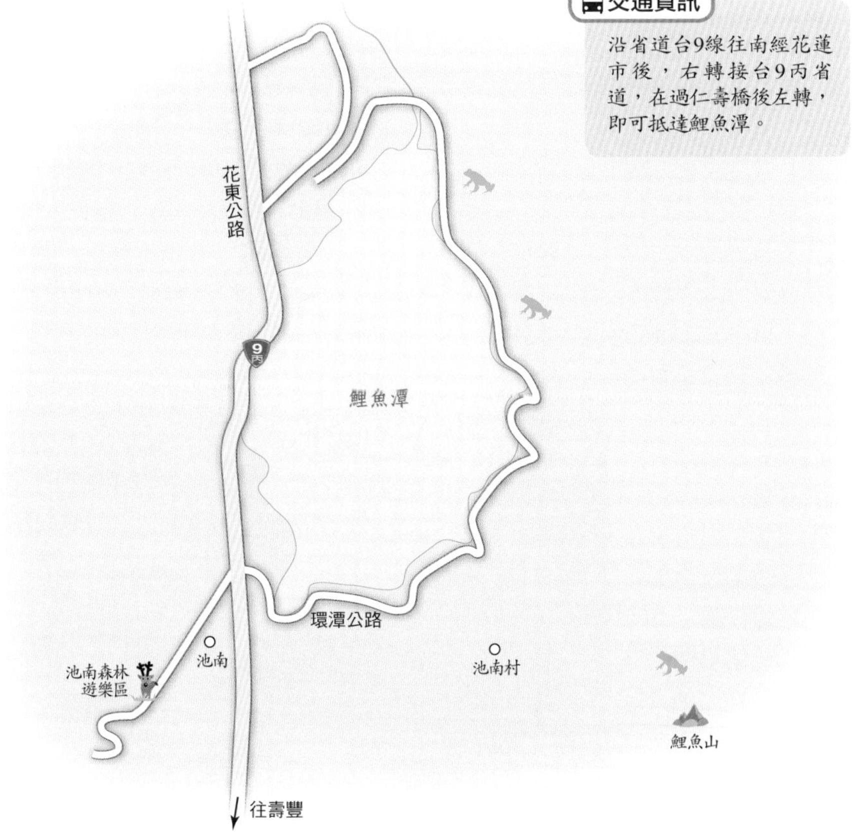

白鮑溪

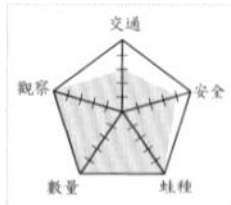

賞蛙評比 ★★★★★

賞蛙季節 夏

蛙　　種 小雨蛙、貢德氏赤蛙、金線蛙、拉都希氏赤蛙、虎皮蛙、斯文豪氏赤蛙、澤蛙、莫氏樹蛙、褐樹蛙、腹斑蛙、中國樹蟾、日本樹蛙、白頷樹蛙、盤古蟾蜍、黑眶蟾蜍

白鮑溪位於花蓮縣壽鄉池南村，早年名為白匏溪，發源於中央山脈木瓜南山（秀林鄉文蘭村），是花蓮溪支流，向東蜿蜒而下，在壽豐鄉池南村重光橋與荖溪匯流入花蓮溪，全長約9000公尺，溪水終年不斷，水質清澈。整條溪流因多攔沙壩而形成許多水潭，成為旅客戲水、釣魚、烤肉、游泳及溯溪活動的熱門去處。

白鮑溪流域的動植物生態十分豐富，有溪邊常見的各種鳥類如小白鷺、夜鷺、鉛色水鶇、紫嘯鶇與白鶺鴒等，植物方面除了台灣中低海拔常見的樟、楠與桑科植物外，草本如菊科的紫花霍香薊、大花咸豐草、多用途的月桃、酸甜解渴的水鴨腳秋海棠等，不勝枚舉。

白鮑溪早期上游曾開採豐田玉，使白鮑溪成為全台唯一產玉的溪流。目前雖然玉礦已停止開採，溯溪時還是可以揀到大小、純度不一的玉石，尤其大雨過後，愈向上游溯探，玉石愈大愈純。

白鮑溪是花蓮縣壽豐鄉重要的水源地，壽豐鄉的飲用水大多取自於此，白鮑溪因山區地質不佳，常常發生土石崩坍災情，在水土保持單位分年分期辦理防災整治後，因水源充沛，開始吸引了民眾前往戲水，林務局遂於2003年12月底在白鮑溪中游設立「白鮑溪水工生態教室」。水工生態教室將花蓮地區常用的水工生態工法以縮小比例模型的方式同時建置，相當值得一看。

「白鮑溪水工生態教室」也是非常適合賞蛙的地點，就在教室旁的水池，可觀察到腹斑蛙、小雨蛙、褐樹蛙、日本樹蛙、莫氏樹蛙、貢德氏赤蛙等多種蛙類；而白鮑溪溪流中的蛙種也相當豐富，有日本樹蛙、褐樹蛙、斯文豪氏赤蛙等蛙種。如果有機會來到花蓮，千萬不要錯過這裡喔！

▼腹斑蛙。

▲鮑溪水工生態教室入口。

交通資訊

由壽豐鄉市中心往鯉魚潭方向（台9丙線）約2公里路程會看到一個「理新礦場」的大石柱，這就是白鮑溪產業道路的入口。進入白鮑溪產業道路後，沿路會有指示路牌，只要跟者指示牌走，約3公里就到達「白鮑溪水工生態教室」。

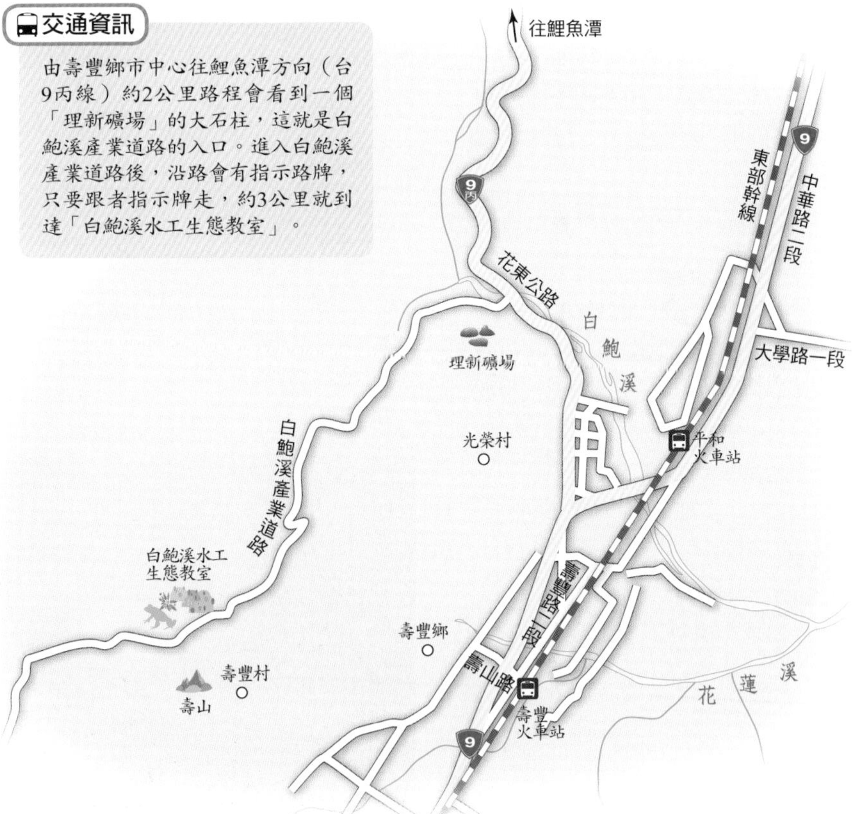

往鯉魚潭
9丙
9
東部幹線
中華路二段
花東公路
白鮑溪
大學路一段
理新礦場
光榮村
平和火車站
白鮑溪產業道路
白鮑溪水工生態教室
壽豐路二段
壽豐鄉
壽豐村
壽山
壽山路
壽豐火車站
花蓮溪

花蓮縣市

193縣道

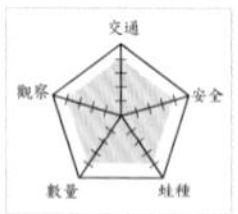

賞蛙評比 ★★★★

賞蛙季節 夏

蛙　　種 盤古蟾蜍、黑眶蟾蜍、中國樹蟾、小雨蛙、黑蒙西氏小雨蛙、腹斑蛙、貢德氏赤蛙、金線蛙、拉都希氏赤蛙、澤蛙、斯文豪氏赤蛙、牛蛙、虎皮蛙、日本樹蛙、褐樹蛙、艾氏樹蛙、白頷樹蛙、莫氏樹蛙

花蓮縣193縣道位於花東海岸山脈西側，北起花蓮市，在光復鄉以北一路緊鄰花蓮溪，最南可至花蓮縣瑞穗鄉，全長約近70公里，沿途具有樹林、農田、水塘等多樣化的自然環境，加上人為破壞少，是蛙類生態非常豐富的鄉間道路。在不同季節造訪193縣道，可以觀察到不一樣的蛙類活動。

盤古蟾蜍、艾氏樹蛙及莫氏樹蛙等3種，是193縣道冬季活動較為頻繁的蛙種，在冬季的寒風細雨中，皆可看到牠們的蹤跡或聽到牠們高興的求偶叫聲。黑眶蟾蜍、小雨蛙、貢德氏赤蛙、虎皮蛙與白頷樹蛙等5種則是夏夜裡最常聽見、看見的蛙種，每當夜幕低垂，就是牠們和聲高唱的快樂時光。腹斑蛙、拉都希氏赤蛙、澤蛙、斯文豪氏赤蛙、日本樹蛙及褐樹蛙等6種，則沒有明顯的季節變化，幾乎在不同的季節造訪193縣道，您都可觀察到牠們熟悉的身影。而水塘區不時傳來的「嘟嚕」聲，則是金線蛙的低鳴，但害羞的牠們並不容易被發現。193縣道區域內共有18種蛙類出現的紀錄，是一個四季都適合賞蛙的絕佳地點。

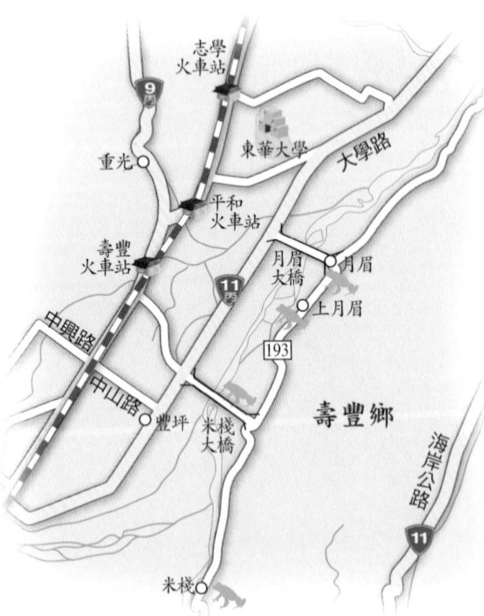

交通資訊

由國道1號至汐止系統交流道轉走國道5號或由國道3號至南港系統交流道轉走國道5號，過雪山隧道由蘇澳交流道下，往台9號蘇花公路方向行駛。進入花蓮市後接中正路，左轉接台11線海岸路，過花蓮大橋馬上右轉即進入193縣道。

▼193縣道一景。

馬太鞍濕地

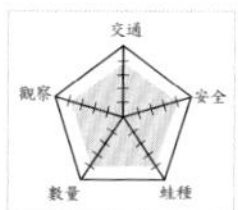

賞蛙評比 ★★★★

賞蛙季節 夏

蛙　　種 莫氏樹蛙、艾氏樹蛙、白頷樹蛙、日本樹蛙、褐樹蛙、黑眶蟾蜍、中國樹蟾、小雨蛙、澤蛙、虎皮蛙、腹斑蛙、貢德氏赤蛙、拉都希氏赤蛙、斯文豪氏赤蛙

馬太鞍濕地位於花蓮縣光復鄉的馬錫山山腳下，是一處天然的濕地景觀，廣達12公頃的面積，更是花蓮縣面積最大的生態濕地，也是世居光復的馬太鞍部落阿美族人的傳統生活區塊，千百年來這片生態豐饒的濕地供應了部落的生活所需，來自中央山脈的潔淨之水成就了馬太鞍濕地，不論是貫穿濕地的芙登溪或是水底伏流湧泉，都堪稱馬太鞍濕地的生命之泉。

馬太鞍的生態一年四季都能讓人發現驚喜，春天是賞蝶的最佳時刻，夏天的蟬鳴、百變的蜻蜓、豆娘，再配合四、五月盛開的蓮荷和夏夜的螢火蟲，是濕地最美的季節；秋天則是野薑花盛開的季節，空氣中處處有著野薑花濃烈但迷人的香氣，也讓濕地別有一番風味。而由秋轉冬的濕地，以阿美族語馬太鞍所命名的馬太鞍樹豆，於此季節可以看到整片的花海搖曳、風姿萬千。

蛙類資源方面，廣大的天然濕地給了青蛙們很多棲息的空間，全區晚上皆可聽見滿滿蛙鳴，然而最適合賞蛙的地點是在奉天宮附近的水池、水溝，原因是這裡的環境較安全且方便賞蛙，不用涉水或進入危險地帶。

為了避免讓前來的遊客錯過任何一種可貴的動植物，花蓮縣農業局及光豐農會在濕地旁設立了「馬太鞍濕地生態館」，完整的展示濕地生態之美，並透過互動式觸控螢幕讓遊客可以方便的瞭解濕地的各種生態。經過居民與農政單位苦心經營的馬太鞍濕地保育工程，近年來確實已經嶄露傲人的成果，因此，這是一處富有濃厚生態教育意義的風景點，也是作為親子同遊的最佳選擇。

交通資訊

台9線251.7公里處（台糖加油站對面）右轉大全街約5分鐘即到，路標明顯易找。

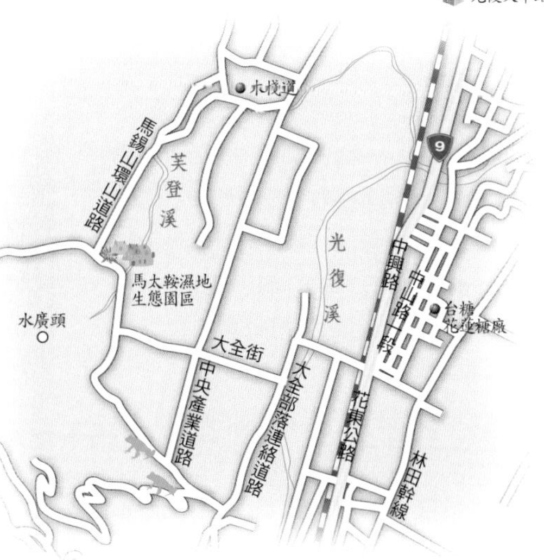

赤科山

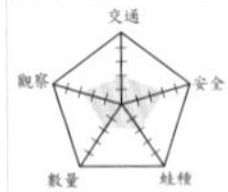

賞蛙評比	★★
賞蛙季節	夏
蛙　　種	盤古蟾蜍、拉都希氏赤蛙、莫氏樹蛙、白頷樹蛙

赤科山位於玉里鎮東方海岸山脈上，因早年遍生赤科樹而得名。早期以種植地瓜、玉米、生薑等雜作為主，同時畜養豬、雞等維生。1950年八七水災後，部分南投、雲林、嘉義民眾遷此開墾，居民偶然發現種植金針不僅花美、又可曬乾賣錢，於是開始大面積種植，又剛好赤科山地區由於常年雲霧籠罩，厚重之濕氣及露水，提供了金針生長所需之水份，再加上土質為鬆軟及地力極佳之紅壤土，非常適合金針花生長，於是金針的收成頗豐。發展至今，栽培面積達120公頃，山上84家農戶一年的金針產量可達30萬台斤，成為台灣最大的金針花栽培區。每到8月至9月金針花開時節，海拔800公尺以上的山坡一片金黃花海，一個個頭戴斗笠的身影點綴其中，埋頭採收含苞未放的金針花；而沿途農舍都在家門前小廣場或屋頂上曝曬黃澄澄的金針，這樣的特殊而絕美的景緻也為此地帶來不少觀光人潮。

為了提昇傳統農業的競爭力，使農村的活力再生，花蓮縣政府農業局亦積極推展休閒農業風氣，鄉鎮公所及農會共同輔導金針農，將傳統的金針專業產銷區，逐步轉型為精緻的休閒農村，提供遊客完善的食宿與交通服務。

如此一來，夏日花季期間上山遊賞的民眾，除了可以享受高地的涼爽氣溫與潔淨清新的空氣之外，還能藉由便利的食宿服務，體驗山間的農家生活。除此之外，有些農家會還把生態觀察活動也加入行程，讓旅遊的內容更加充實完整，當然蛙類觀察也是重點之一，秋末時期盤古蟾蜍和拉都希氏赤蛙的繁殖聚集現象，還有愛利用灌溉水源來繁殖的莫氏樹蛙和白頷樹蛙，都是本區賞蛙的重點。

▼莫氏樹蛙。

▲赤科山是金針花的主要產地之一。

交通資訊

自台9線南下者，在過太平橋後左轉高寮大橋至高寮，再循指標上赤科山；由台東北上者可於樂合（玉里大橋前）接樂德公路（193縣道），至高寮圓環，再循指標上赤科山。

觀音
觀音里
193
觀音山
赤科山
赤科評
樂德公路
高寮
玉里鎮
往花東公路
赤科山產業道路
坪頂山
樂德公路
大科山
往富里鄉

六十石山

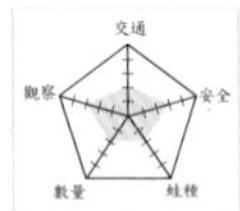

賞蛙評比 ★★

賞蛙季節 夏

蛙　　種 莫氏樹蛙、白頷樹蛙、腹斑蛙、黑眶蟾蜍、拉都希氏赤蛙、小雨蛙

六十石山係位於花蓮縣富里鄉竹田村境之東海岸山脈西側突延而出之山嶺，海拔約800公尺，坡面峻陡但嶺頂平緩寬廣。六十石山之名來源典故很多，有人說是因頂面有巨石錯落而得名為「六十石（ㄕˊ）山」；也有當地人說，早在日治時期，一般水田每甲地的穀子收成大約只有四、五十石，而這一帶的稻田每一甲卻可生產60石穀子，因此被稱做六十石（ㄉㄢˋ）山。

六十石山是台灣三大金針花栽培地區之一，廣達300公頃的金針田，每年7月至8月金針花盛開的季節，橙黃與青綠交夾雜散於山嶺上，中有幾位採收農夫點綴著，加上晨昏山嵐輕飄的感覺宛如仙境，而此時也是六十石山人潮最多的時期，蜿蜒的產業道路上，擠滿了上山觀賞金針花海景觀的遊客。其實，如果在花季以外的季節前來，更能體驗六十石山清幽迷人的風情，尤其是在冬天，從六十石山上俯看花東縱谷裡那一片猶如巨幅彩繪油畫般的油菜花田，恢宏無比的氣勢更是令人難以忘懷。

▼六十石山的金針風情。

而為了因應大量遊客來此觀光，六十石山上也規劃數條設施步道，讓民眾能輕鬆欣賞美景，享受山林的芬多精。更設有六處觀景亭台，分別以宣草、黃花、鹿蔥、丹棘、療愁、忘憂等金針花的各種別稱為名。晚上入夜後，這些觀景亭台也成為觀星的好地方，若再用心聆聽，一定可以聽見不少蛙叫蟲鳴。最可愛的莫氏樹蛙是夜晚最熱情的一群，牠們特別喜歡出現在灌溉金針花田所需的蓄水容器裡，另外白頷樹蛙、腹斑蛙、黑眶蟾蜍、拉都希氏赤蛙、小雨蛙等蛙類，也都可以在這裡發現，若有機會來此賞花，別忘了順便安排夜間賞蛙的行程喔！

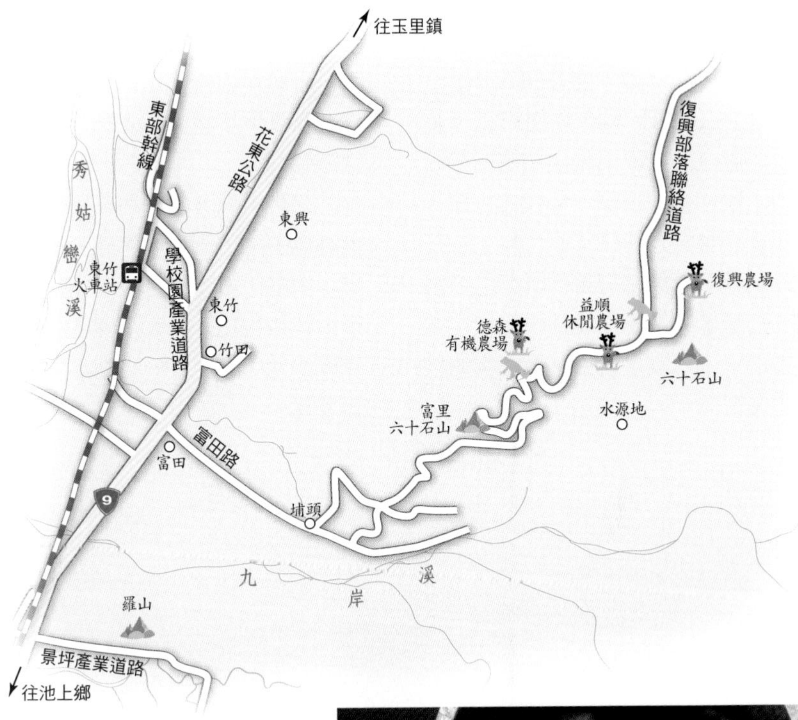

交通資訊

從花蓮市沿省道台9線花東公路南下，經富里鄉竹田，於308.5公里處左轉富田路，向東沿產業道路前行約7公里路程即可達園區。

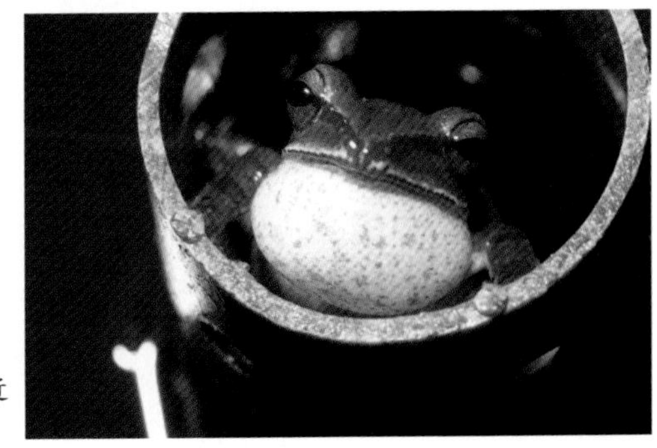

▶六十石山灌溉水井附近常聚集大量白頷樹蛙。

利嘉林道

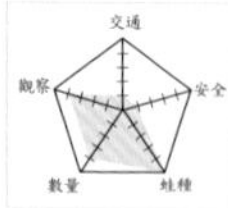

賞蛙評比 ★★★★★

賞蛙季節 夏

蛙　種 橙腹樹蛙、莫氏樹蛙、艾氏樹蛙、白頷樹蛙、日本樹蛙、褐樹蛙、澤蛙、斯文豪氏赤蛙、拉都希氏赤蛙、盤古蟾蜍、黑蒙西氏小雨蛙

利嘉林道位於台東市近郊，貫穿卑南鄉的大巴六九山區，算是最接近台東市的一個林道，全長約39公里。利嘉（Ligavon）源自卑南族語，是形容「肥沃的土地上長出茂盛的芋頭葉」，原利嘉林道是一條伐木古道，百年前該林道也提供了原住民上山打獵的路徑。近年來打獵行為雖已不復見，但過度的利用開發卻成了大自然生態的殺手，其危害更甚於正常的打獵行為。

有鑑於此，泰安村與利嘉村等這些鄰近林道的主要聚落，透過諸多對社區發展關心及重視自然保育的有志之士，成立了利嘉林道發展協會，以繼續保護此林道的未來。由於先前對景觀的不重視，使得原本應該秀麗迷人的林道，如今變得有些荒涼，於是協會從關懷土地、埋頭種樹，到積極建構生態教育環境，如今利嘉林道已有了嶄新的風貌，爬樹、賞花、夜景、咖啡、賞蛙、溯溪、DIY等等，玩樂活動琳瑯滿目，成為台東的生態旅遊新動線。

自然資源方面，利嘉林道更是遠近馳名，除了原始森林外，還有螢火蟲、甲蟲、蜻蜓、豆娘、蝴蝶、鳥類等，連難得現身的大型哺乳類野生動物如山羌、野兔等，這裡都是非常普遍易見。

▼利嘉林道中段的美景。

交通資訊

利嘉林道新入口在台9乙線的北端終點附近，若從台東市方向過來，可以從中興路四段右轉太平路，再右轉台9乙直走到底後，跟著大巴六九藥用植物園之標示上山即可。若從知本方向沿省道台9線北上者，在過了東興派出所後左切台9乙線直行到底，即可找到利嘉林道入口。

▲利嘉林道是最容易找到橙腹樹蛙的地方。

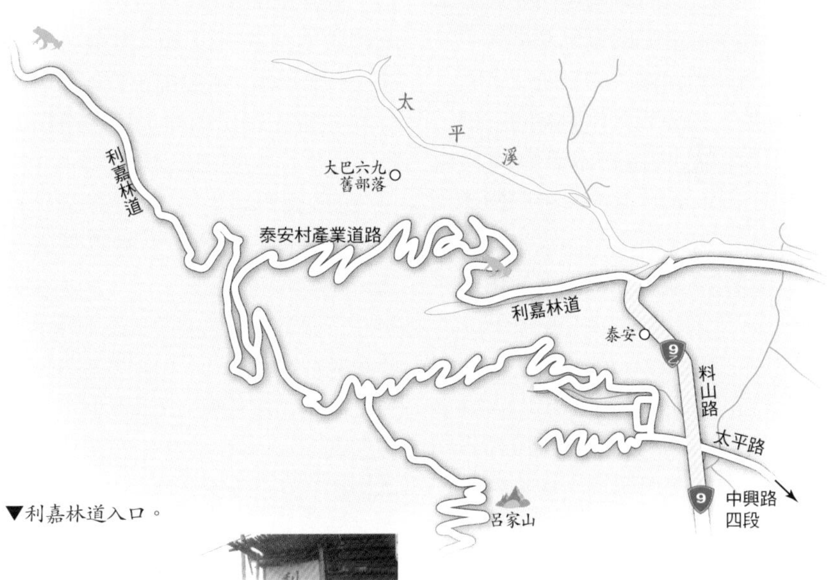

▼利嘉林道入口。

利嘉林道對於賞蛙人來說更是人人嚮往的地點，因為這裡是全國最容易在野外觀察橙腹樹蛙的地方；橙腹樹蛙不但數量少，同時習性特殊，喜歡隱身在深山絕嶺、茂密的原始林中，生態行為一向都披著神秘的面紗，一般人想要見牠一面都是難上加難。唯有在利嘉林道約13到17K的路段，橙腹樹蛙族群算是較具規模而穩定，一般夏天甚至到秋天時期來此，都可以輕易發現牠們。除了橙腹樹蛙以外，莫氏樹蛙、艾氏樹蛙、白頷樹蛙、日本樹蛙、褐樹蛙、澤蛙、斯文豪氏赤蛙、拉都希氏赤蛙、盤古蟾蜍等蛙種，數量都不少。

知本森林遊樂區・知本林道

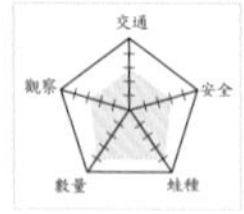

賞蛙評比 ★★★★

賞蛙季節 夏

蛙　　種 橙腹樹蛙、斯文豪氏赤蛙、拉都希氏赤蛙、日本樹蛙、腹斑蛙、白頷樹蛙、小雨蛙、莫氏樹蛙、褐樹蛙、澤蛙、虎皮蛙、黑眶蟾蜍

知本位於台東縣卑南鄉，是國內最著名的溫泉區之一，也為台東最大的旅遊住宿區塊，每逢假日住宿時間人車喧鬧。來過知本溫泉渡假住宿過的民眾都有相同的經驗，除了住宿泡溫泉等功能以外，還有一處知名的國家風景區「知本森林遊樂區」可供駐足。知本國家森林遊樂區佔地面積約為110.08公頃，海拔最高處約650公尺，乃為林務局台東事業區第33林班國有林地，後經林區管理處以4公頃原有的苗圃地為中心，將周邊約10公頃的造林地一起規劃整合後成為國家森林遊樂區。區內的步道設施是最大的特色，有景觀步道、好漢坡步道、森林浴步道、榕蔭步道等，可依體力狀況選擇體驗。知本國家森林遊樂區因為自然環境優，加上水資源豐富又兼有生態池的設置，所以蛙類資源不少，甚至連罕見的橙腹樹蛙都有分布，另有莫氏樹蛙、白頷樹蛙、褐樹蛙、日本樹蛙、澤蛙、斯文豪氏赤蛙、拉都希氏赤蛙、虎皮蛙、黑眶蟾蜍等蛙種。

而知本林道是另一個生態愛好者不可錯過的好地方，位於溫泉區北方，是東58縣的叉路之一。知本林道早在日據時代就已開發為伐木林道，原可通往屏東霧台，但因環境維修的難度高而逐漸荒廢，全長約25公里，但後段林道多已損毀，而在林道約4km處，每到雨季自然形成的大型瀑布近來也成為新興的景點，由於林道內有溪流、瀑布、水窪地等豐富的水資源，所以青蛙的種類和數量也很多，蛙類包括斯文豪氏赤蛙、拉都希氏赤蛙、日本樹蛙、腹斑蛙、白頷樹蛙、小雨蛙等都是常見的種類，也是個知本地區非常適合賞蛙的地點。

▼知本地區也有橙腹樹蛙發現的紀錄。

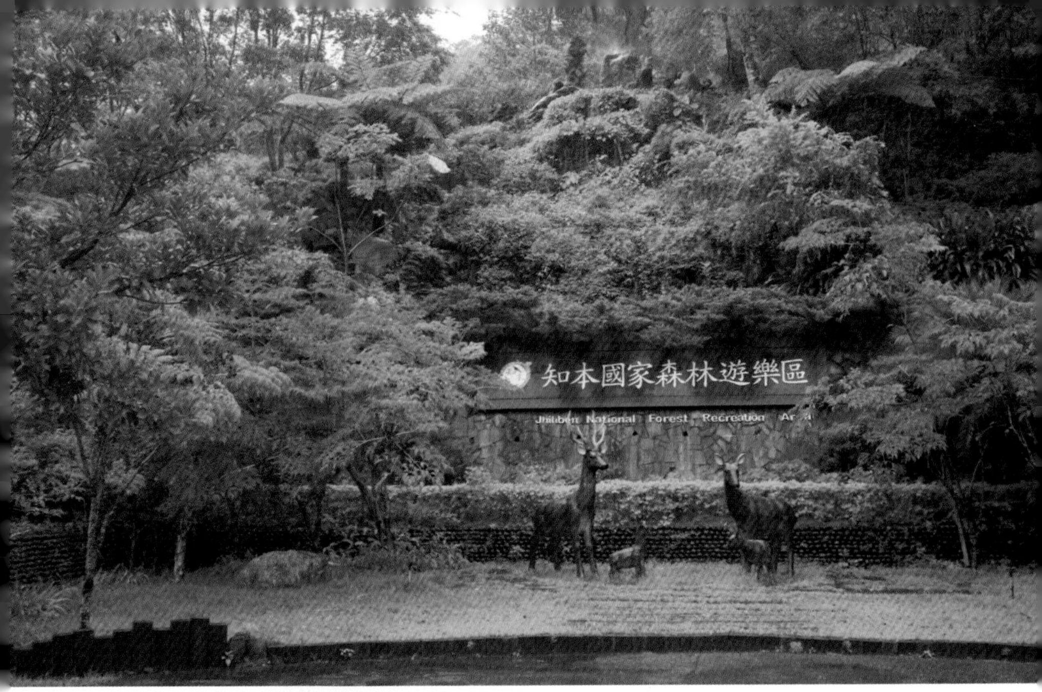

▲知本國家森林遊樂區。

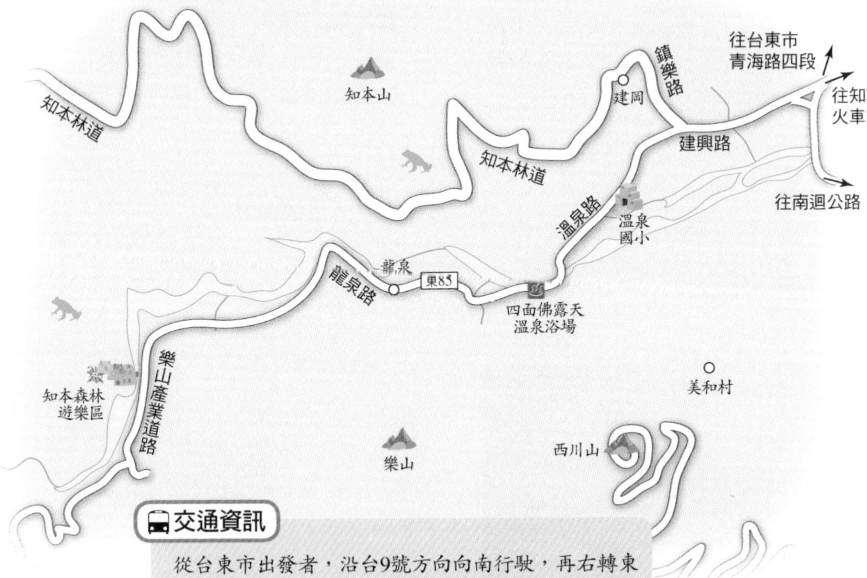

交通資訊

從台東市出發者，沿台9號方向向南行駛，再右轉東58縣道續行即可到達知本森林遊樂區。從台9線（南迴公路）方向過來者可沿台9線北上，經大武、太麻里，在進入台東市區前左轉東58縣道，續行即可到達知本森林遊樂區。而知本林道則在進入東58縣道後約0.5公里右轉可達。

泰源幽谷

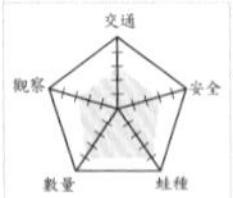

賞蛙評比　★★★★

賞蛙季節　夏

蛙　　種　盤古蟾蜍、日本樹蛙、褐樹蛙、斯文豪氏赤蛙、拉都希氏赤蛙、中國樹蟾、莫氏樹蛙、白頷樹蛙、小雨蛙、黑蒙西氏小雨蛙、巴氏小雨蛙、腹斑蛙、拉都希氏赤蛙、虎皮蛙、澤蛙、橙腹樹蛙

泰源幽谷位於台東縣東河鄉東河村北邊，由東河橋側轉台23線東富公路至登仙峽與泰源村之間的峽谷風光，即是有世外桃源之稱的泰源幽谷，同時也是東海岸唯一的封閉式盆地地形，面積150平方公里，綿延約4公里遠，貫穿海岸山脈，素有「小太魯閣」之稱。由於氣候絕佳，各種果蔬豐富，泰源村內設有休閒農場、觀光果園、烤肉區等休閒設施，非常值得一遊。

泰源幽谷內以馬武窟溪為其主要河流，是由兩大支流南溪和北溪於泰源匯流而成，在東河切穿大馬武窟山注入太平洋。

馬武窟溪流域主要出現的蛙種為盤谷蟾蜍、日本樹蛙、褐樹蛙、斯文豪氏赤蛙、拉都希氏赤蛙等蛙種。泰源盆地內有不少河川改道形成的池塘或溼地，還有農民因養殖或灌溉所築成的魚池或水塘，這些都是蛙類喜歡聚集的場所，出現在這些地區的蛙類有中國樹蟾、莫氏樹蛙、白頷樹蛙、小雨蛙、黑蒙西氏小雨蛙、巴氏小雨蛙、腹斑蛙、拉都希氏赤蛙、虎皮蛙、澤蛙等。另外值得一提的，就是本區也有發現過橙腹樹蛙的紀錄，雖然數量不多，但發現位置卻非在中央山脈沿線，而是在海岸山脈上，自然有其特殊之處。

▼馬武窟溪出海口。

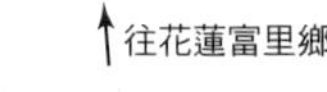

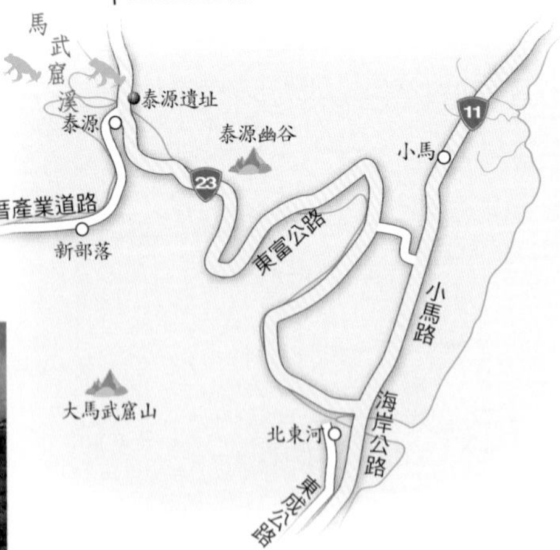

交通資訊

從台東走台11號省道，經馬蘭加油站、台東大橋、富岡至東河左轉23號省道可抵泰源，全程約50公里。

依麻林道

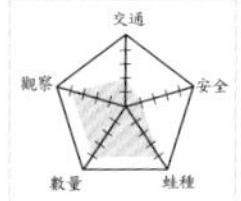

賞蛙評比	★★★
賞蛙季節	夏
蛙　　種	橙腹樹蛙、艾氏樹蛙、黑蒙西氏小雨蛙、白頷樹蛙、莫氏樹蛙

依麻林道位於台東縣金鋒鄉，海拔約400到1000公尺，屬太麻里山區的一部分，原本是林業試驗所的試驗林區道路，所以自然資源保持完整，大部分都是未被人為破壞的原始林區，同時因為地勢較高，還可以眺望遠方遼闊的太平洋，風景迷人。依麻林道是東部頗負勝名的賞鳥勝地，區內因為植物林相多變，提供野生動物多樣性的棲息環境，所以林道附近會出現的生物種類和數量皆多，不管是賞鳥、賞蝶、賞蟲活動，來這邊都可以滿載而歸。

蛙類部分，依麻林道最特別的蛙種就是橙腹樹蛙，而這裡應該也是除了利嘉林道以外，比較容易觀察橙腹樹蛙的蛙點。只要順著叫聲尋找，道路附近就可以發現牠們，不像其他棲地雖然有橙腹樹蛙分布，但叫聲來源常在森林深處，讓人完全無法親近。除了橙腹樹蛙以外，依麻林道的艾氏樹蛙數量也很多，每到晚上幾乎整條林道都可以聽見「嗶、嗶、嗶」的叫聲，因為數量較多發現的難度也較利嘉林道來容易。

▲橙腹樹蛙是依麻林道的主角。

交通資訊

台9南下轉進金峰鄉公所的方向，在橋頭轉進林試分所林道，在林務局太麻里工作站即可轉入依麻林道。

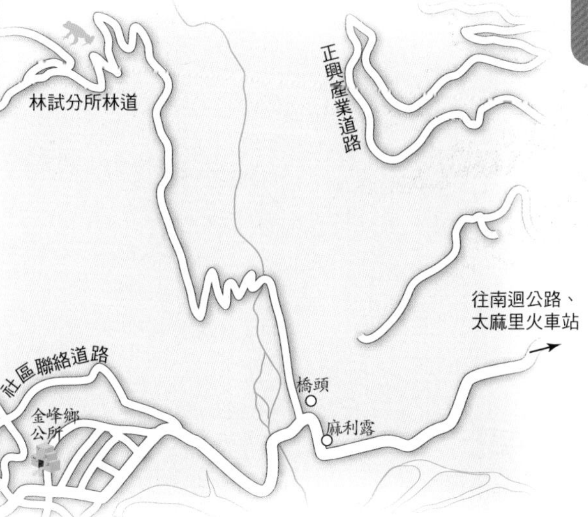

▼依麻林道的艾氏樹蛙數量也很多。

台東縣市

鸞山湖

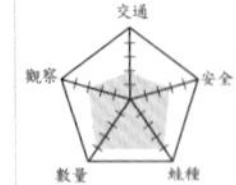

賞蛙評比	★★★★
賞蛙季節	夏
蛙　　種	莫氏樹蛙、小雨蛙、黑眶蟾蜍、盤古蟾蜍、白頷樹蛙、澤蛙、斯文豪氏赤蛙、黑蒙西氏小雨蛙、腹斑蛙、梭德氏赤蛙、拉都希氏赤蛙、日本樹蛙、金線蛙

鸞山湖位於台東縣延平鄉鸞山村北方，鸞山村屬原住民布農族部落，日據時期由內本鹿的布農族集團移居來此，是台東附近開墾最晚的地區。而鸞山湖是台東縣七處國家重要濕地之一，是當地居民長久以來的灌溉及養魚的地方，政府為了配合挑戰 2008 的觀光客倍增計畫，擬定了鸞山湖開發計畫，不過，當地的居民卻有不同的意見，認為過度開發會對自然生態產生衝擊，因此對開發案展開抗爭活動，成為一個可以向政府說「不」的社區。因位於都蘭山腳，於縣道197至鸞山村進入鸞山產業道路後尚有10餘分鐘之車程，而鸞山產業道路平均寬度僅約3～5公尺，大型車進入會車不易，加上鸞山湖環湖道位於鸞山產業到路上的分叉小路，路口亦無明顯指標，因此保存了鸞山湖之自然風貌。鸞山湖為人工湖泊，早年為了蓄水灌溉及做為飲用水之用，近年來由於自來水蓄水設施已經完備，湖泊機能轉型為遊憩使用。其面積達3公頃多，四周林木茂密，是極具原始風貌且未被外界干擾之地。

▼鸞山湖美景。

鸞山湖因為地處偏遠又隱身山林之中，自然環境受到很好的保護而成為一個生態豐富的濕地，隨著季節、湖面水位的變化，有著不同的生物活動，不管是鳥類、螢火蟲、蝴蝶還是蛙類都非常豐富。蛙類方面以綠色的莫氏樹蛙和金線蛙最具觀賞價值，分布蛙類多達十餘種，是台東非常具代表性的賞蛙據點。

交通資訊

從縣197公路43至44K處轉向東往下野東部落，上斜坡穿過部落，於松梅橋前左轉，前行遇見第一條岔路右轉。

▶小雨蛙是鸞山湖數量最多的蛙種。

溪頭森林遊樂區

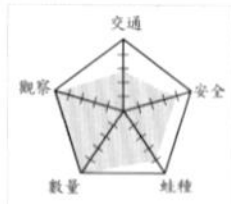

賞蛙評比	★★★★
賞蛙季節	夏
蛙　　種	斯文豪氏赤蛙、莫氏樹蛙、拉都希氏赤蛙、盤古蟾蜍、黑眶蟾蜍、梭德氏赤蛙、艾氏樹蛙

溪頭森林遊樂區位於南投縣鹿谷鄉鳳凰谷山麓，距離竹山約24公里，因位於北勢溪的源頭而得名，海拔約500~2,025公尺，總面積2,514公頃，屬於台大實驗林場七個營林區之一，區內遍植紅檜、銀杏、扁柏等珍貴樹種，是一處理想的森林浴場。溪頭森林遊樂區一年四季萬種風情，古木參天，並規劃大學池木屑步道、神木、沿溪、觀景、銀杏林、賞鳥等多條森林步道系統，玩家們可依自個兒的體力與時令，安排健行路線前往賞玩。

溪頭森林遊樂區內約有木本植物300種、草本植物1300種，植物多樣性十足，除了可依植物標示牌上的說明逐一認識外，位於溪頭營林區辦公室二樓的陳列館，展有豐富的各種植物標本，再配合幻燈片、圖表與文字說明，讓人印象深刻，是一個功能完備的自然教室。此外，設於該館不遠處的竹類標本園則收集了珍貴的46種竹類標本，另有 2,800多年歷史的溪頭神木，高46公尺、合圍16公尺，乃活體紅檜巨木，樹身中間因腐朽菌侵蝕而呈中空狀態，當年因砍伐經濟價值不高而得以留存至今，成為神木供人欣賞膜拜。溪頭神木周遭茂密優美的杉木人工林則是彙集芬多精的森林浴場，終年雲霧遼繞，悠閒漫步其中，可享受清新幽香的純淨空氣和寧靜翠綠的森林景緻。

若有機會夜宿遊樂區內，千萬不可錯過夜間賞蛙的活動，溪頭可說是全國最適合觀察艾氏樹蛙的地方，在孟宗竹林、大學池附近的竹籬，都是牠們活動的大本營。而山澗裡叫聲如鳥的斯文豪氏赤蛙、在路邊水溝傳來像火雞般叫聲的莫氏樹蛙，都是非常引人注目的蛙種；另外，步道旁甚至馬路上隨處可見拉都希氏赤蛙、盤古蟾蜍、黑眶蟾蜍，真的要特別注意腳下以免不小心踩到牠們，相信夜晚的溪頭一定可以帶給你一個充滿驚奇的知性之旅。

▲在孟宗竹林、大學池附近是最適合觀察艾氏樹蛙的地方。

▲莫氏樹蛙在溪頭是全年都在繁殖的。

交通資訊

國道3號由竹山交流道下，接台3線至延平轉151縣道，經鹿谷即可到達溪頭森林遊樂區。或由西螺交流道下，至斗六接台3線至延平轉151縣道，經鹿谷即可到達溪頭森林遊樂區。

往鹿谷鄉 3
田寮
內湖
內湖國小
十八股
溪頭公路
北勢溪
151
內樹皮
小半天瀑布
愛鄉路
延平溪頭公路
鳳凰山
樟空倫山
溪頭森林遊樂園
杉林溪公路
相映坡
流籠腳
內樹皮山

南投縣市

杉林溪森林遊樂區

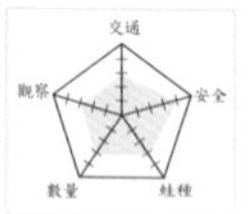

賞蛙評比	★★★
賞蛙季節	秋、冬
蛙　　種	莫氏樹蛙、面天樹蛙、艾氏樹蛙、斯文豪氏赤蛙、盤古蟾蜍、梭德氏赤蛙

杉林溪位於南投縣竹山鎮，隸屬南投縣竹山鎮大鞍里管轄，距離溪頭森林遊樂區約17公里處，一路上彎道極多，路隨山勢蜿蜒曲折，每一個U形大轉彎都以12生肖來命名，名為「十二生肖彎」，饒富趣味。杉林溪海拔高度約為1600公尺，佔地達40多公頃，氣候屬溫帶季風氣候區，雨量充沛，氣候涼爽，夏季平均溫度僅攝氏20度，冬季不下雪，是個有山有水的原始天然風景區。

杉林溪森林遊樂區佔地廣大，區內天然的景觀有相思臺、石井磯、青龍瀑布、松瀧岩、留龍頭、相映坡、向欣谷等，來此可以同時享受天然的森林公園、遍野的鳥語花香、變化萬千的雲海及享用不盡的山林風光。

杉林溪的四季，從春之山櫻、杜鵑、石楠，夏之波斯菊、繡球花，秋

▼杉林溪的水資源豐富。

之楓紅，到冬之臘梅飄香，可說是全年花開不斷，成為中部首屈一指的賞花勝地。

除了賞花，杉林溪也有豐富的蛙類資源，在進入園區之前的路上或進入園區大門後幾百公尺處，路邊的幾處水溝和積水，不時可見莫氏樹蛙棲息；另有面天樹蛙、艾氏樹蛙、斯文豪氏赤蛙、盤古蟾蜍等蛙種，而秋天的梭德氏赤蛙更是佔滿杉林溪的溪流，生殖大聚集的壯觀現象更是不能錯過的奇景。

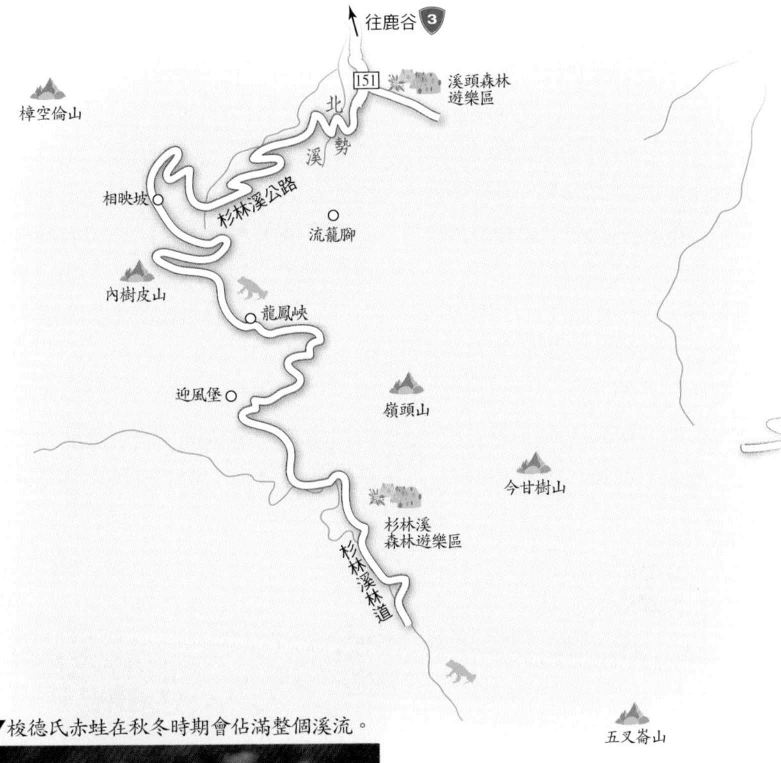

往鹿谷 3
151
溪頭森林遊樂區
樟空倫山
北勢溪
杉林溪公路
相映坡
流籠腳
內樹皮山
龍鳳峽
迎風堡
嶺頭山
今甘樹山
杉林溪森林遊樂區
杉林溪林道
五叉崙山

▼梭德氏赤蛙在秋冬時期會佔滿整個溪流。

交通資訊

國道3號由竹山交流道下，接台3線至延平轉151縣道，到溪頭轉杉林溪公路17公里至杉林溪森林遊樂區。或由西螺交流道下，至斗六接台3線至延平轉151縣道，到溪頭轉杉林溪公路17公里至杉林溪森林遊樂區。

國姓北港村

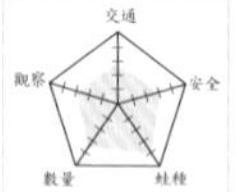

賞蛙評比	★★★★
賞蛙季節	夏
蛙　　種	金線蛙、褐樹蛙、日本樹蛙、斯文豪氏赤蛙、梭德氏赤蛙、腹斑蛙、虎皮蛙、澤蛙、貢德氏赤蛙、黑框蟾蜍、盤古蟾蜍、艾氏樹蛙、面天樹蛙、莫氏樹蛙、黑蒙西氏小雨蛙、拉都希氏赤蛙、中國樹蟾、小雨蛙、白頷樹蛙、古氏赤蛙

▲糯米橋是北港村著名的古蹟。

北港村位於南投縣國姓鄉東北方，北與臺中縣和平鄉為界、東與南投縣仁愛鄉、埔里鎮為鄰，四面山高為河階盆地地形。交通方便，省道台21縣貫穿全村，由中潭公路台14線柑仔林至該村約10公里，為通往蕙蓀林場、泰雅度假村必經門戶。主要農產品有青梅、枇杷、草莓、北山茶、柑桔、楊桃、芭樂、甜桃、無子檸檬、玫瑰、波羅蜜、筊白筍等，但近年來由於經濟環境變遷，工資上漲及農產品價格低落，農民難以依賴坡地農業經營維生，人口從農村外流往都市發展，加上921地震震壞了這裡的一切，對於北港村的傳統農業發展更是雪上加霜。不過災難卻也意外團結了村民的心，運用自然的資源結合待轉型的傳統農業，北港村嚐試著朝休閒

▼制高點鳥瞰北港村。

農業的新方向發展，坡地經營有逐漸走向休閒觀光之趨勢，配合北港村所擁有的自然、田園、老樹、山產和古蹟等自然與人文資源，也走出了另一番新氣象。

北港村區內自然環境保持完好，加上有溪流、水田、闊葉林、竹林、果園等多樣性的棲地空間，所以蛙類資源豐富，最具代表性的是喜歡出沒在筊白筍田裡的金線蛙，族群數量可說是全國數一數二的。另外北港溪裡更是蛙類的天堂，有褐樹蛙、日本樹蛙、斯文豪氏赤蛙、梭德氏赤蛙等，而水田裡的腹斑蛙、虎皮蛙、澤蛙、貢德氏赤蛙、黑框蟾蜍、盤古蟾蜍等，也都甚為常見。另也有艾氏樹蛙、面天樹蛙、莫氏樹蛙、黑蒙西氏小雨蛙、拉都希氏赤蛙、中國樹蟾、小雨蛙、白頷樹蛙、古氏赤蛙等多達近20種的蛙類，這麼豐富的蛙類資源，是中部蛙友不可錯過的賞蛙地點。

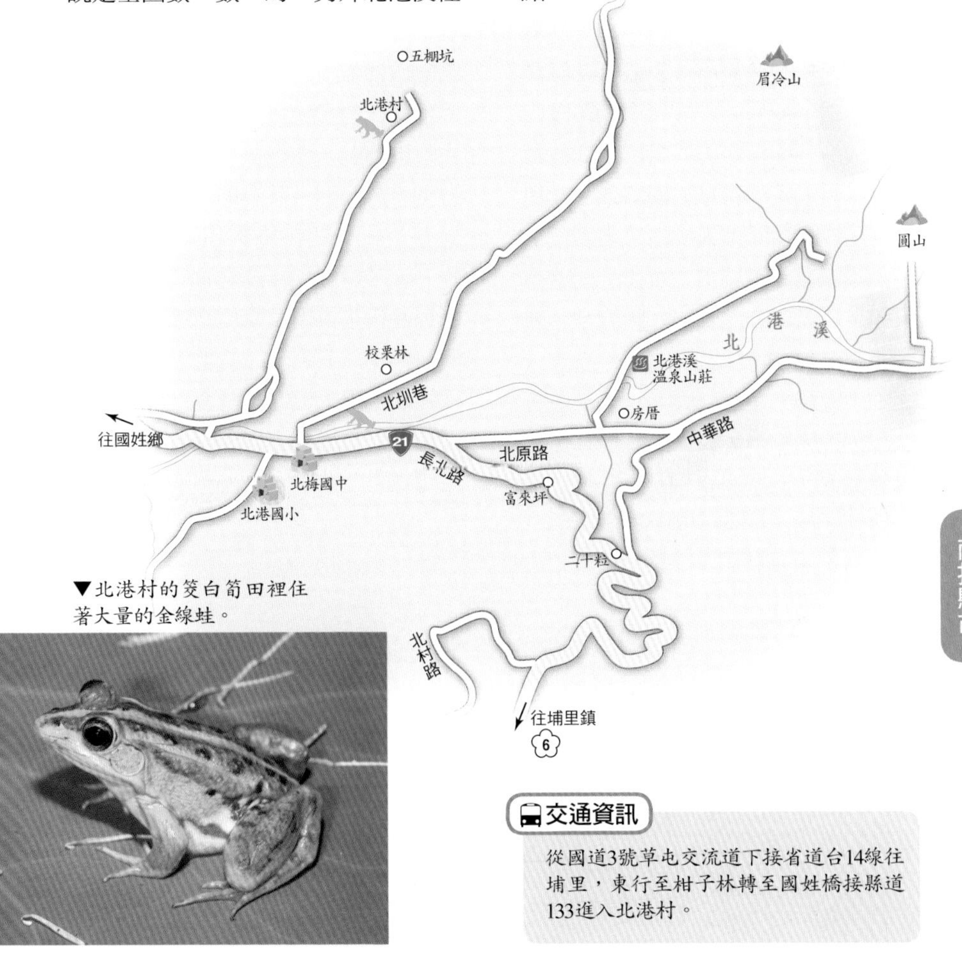

▼北港村的筊白筍田裡住著大量的金線蛙。

交通資訊

從國道3號草屯交流道下接省道台14線往埔里，東行至柑子林轉至國姓橋接縣道133進入北港村。

南投中興新村

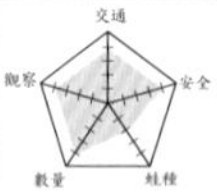

賞蛙評比 ★★

賞蛙季節 夏

蛙　　種 貢德氏赤蛙、澤蛙、黑眶蟾蜍、金線蛙

中興新村位於南投縣南投市，是前台灣省政府所在位置，仿英國新市鎮兼整合台灣歷史背景的設計理念來統籌規劃發展，因此區內看不到大廈林立的都市風貌，取而代之的是林蔭茂盛的樹叢，散落著紅瓦平房的小點，規劃成辦公與住宅合一的田園式行政社區。村內處處可見公園綠地、大樹成蔭，置身其間讓人神清氣爽，已具備國際觀光花園城市之規模。因地廣人稀，每人所分配到的公園綠地、公共設施比率極高；假日時，親情公園、大操場、兒童公園等，都是遊客攜家帶眷放風箏、丟飛盤、玩氣球的人氣景點；由太平路進入兩旁整齊的椰子樹，如排列整齊的民眾般迎接貴賓們的來到，而省府路旁的蓮花池，規模雖然不大，但每到夏季盛開的朵朵蓮花，仍是清秀嬌美的吸引過路人車的目光，甚至成為婚紗及專業攝影師取景的最佳選擇。

但較少人知的是這片不太寬廣的蓮花池，其實住著幾種蛙類，尤其以貢德氏赤蛙數量最多；常賞蛙的人都知道，貢德氏赤蛙體型雖大，但其實是一種非常害羞的青蛙，通常人一靠近還沒看清牠們的樣貌時就會傳來「噗通」的跳水聲，但不知道是不是因為中興新村這附近人車往來頻繁，居住在此的貢德氏赤蛙早已習慣人群在附近活動，使得這裡的貢德氏赤蛙特別容易觀察，甚至連牠們鳴叫、求偶甚至打架的行為都可以輕鬆觀察到。除了貢德氏赤蛙之外，澤蛙、黑眶蟾蜍也是這裡的原住蛙種，雖然中興新村雖然並不像一些地方同時有多種蛙類出現，但因為有容易觀察的優勢，也是值得前往賞蛙的地點。

交通資訊

由國道1號南下者可從王田交流道下，南行過大肚橋後，循台14丙線、台14線至芬園，過利民橋後右轉14乙線即可到達中興新村。由國道1號北上者可從員林交流道下，循148縣道東行經員林往草屯方向，過溪頭橋後右轉台14乙線即可到達中興新村。國道3號方向過來者可由中興新村交流道下，右轉省府路即可到達中興新村。

瑞岩溪步道

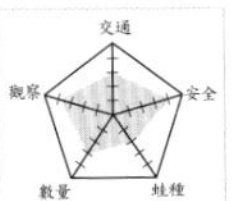

賞蛙評比 ★★★

賞蛙季節 秋、冬

蛙　　種 莫氏樹蛙、盤古蟾蜍、斯文豪氏赤蛙、艾氏樹蛙

瑞岩溪步道位於南投縣仁愛鄉，步道直通「瑞岩溪自然保護區」，保護區的設立，是為了保存許多古老且特有的物種，這裡可算是台灣自然資源的基因庫，期待保護區的設立，能為台灣本島的自然資源留下活水源頭。瑞岩溪自然保護區面積約1450公頃，位於台灣心臟地帶，海拔高度從1210公尺～3416公尺，可劃分為闊葉林、針闊葉混合林、針葉林、高山灌叢和草生地，以及森林溪流等多樣自然環境組成，可算是台灣最具代表性的山區植被縮影。區內絕大部分未被人為干擾，植群完整，仍保存原始風貌，而提供無數野生動物之棲息環境。

不過其實要做生態觀察，瑞岩溪步道本身就非常有看頭。瑞岩溪步道又稱水管路，路上充滿黑黑的大水管，可別小看這些水管，有些造價都要上百萬，清境地區的水源大部分都是從這裡引來。而水管路本身也是野生動物的天堂，常常會有稀有的動物、鳥類出現，蛙類自然也不會缺席在這樣完美的環境。就在步道上我們很容易就可以聽見莫氏樹蛙的鳴叫，連白天也不例外；積水處也常可見到莫氏樹蛙的蝌蚪，另外冬天時盤古蟾蜍數量也不少，牠們喜歡佔據在步道上，等到有人經過時才慢慢移動肥大的身軀而引起騷動，常到嚇了不知情的遊客。瑞岩溪步道雖然生態資源豐富，但沿路潮濕且到處都是溼滑的爛泥巴，強烈建議穿著雨鞋或防水鞋類進入步道，以免發生危險。

▼瑞岩溪步道。

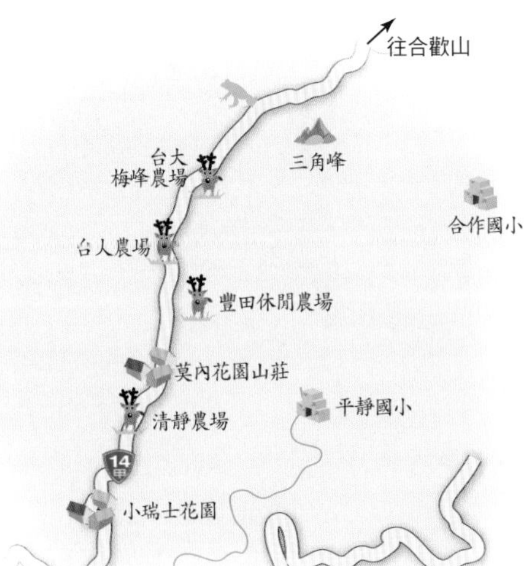

交通資訊

從國道3號草屯交流道下，接省道台14線經埔里、霧社往合歡山方向上行，過清境後注意左手邊標示。

南投縣市

蓮華池

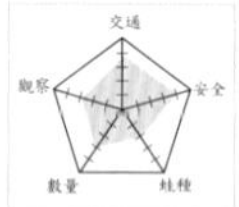

賞蛙評比 ★★★★★

賞蛙季節 夏

蛙　　種 台北樹蛙、腹斑蛙、古氏赤蛙、斯文豪氏赤蛙、金線蛙、澤蛙、貢德氏赤蛙、拉都希氏赤蛙、斯文豪氏赤蛙、盤古蟾蜍、黑眶蟾蜍、莫氏樹蛙、日本樹蛙、面天樹蛙、褐樹蛙、白頷樹蛙、艾氏樹蛙、小雨蛙、黑蒙西氏小雨蛙、豎琴蛙

▲蓮華池木屋教學教室前的水生植物池是腹斑蛙、豎琴蛙的樂園。

蓮華池位於南投縣魚池鄉五城村北側約4公里的一個山谷裡，設有行政院農業委員會林業試驗所蓮華池研究中心，轄區總面積達460公頃，挺拔的林木是這裡最大的特色；區內以杉木為主，還有各種的闊葉林、藥用植物、苔蘚、蕨類等，在園區裡產有台灣稀有植物觀音座蓮及菱形奴草，最為珍貴。辦公室前的指引路線圖，可循圖在周邊生態林區漫步，第三林區蓮花池畔設置了藥用植物標本園，循指標上階梯可登上森林區木屋教學

▼豎琴蛙是蓮華池的特有蛙種。

▲蓮華池是台北樹蛙分布的南界。

▲腹斑蛙是蓮華池主要蛙種之一。

教室，可容納40人，供研習參觀者的室內簡報及教學活動。試驗集水區林道旁新山林道是條絕佳生態觀察路線，林相多變且植物種類繁多，蕨類盤踞整個山林，豐富了動植物生態，更讓多種保育類生物孕育而生，而蓮華池研究中心在生物多樣性保育、教育與研究上，均有莫大的貢獻。

蓮華池是全台最著名的賞蛙景點之一，原因在於這裡有全台灣絕無僅有的豎琴蛙，因其特殊的習性，目前只有蓮華池才能見到牠們的身影。除了有特別蛙種外，蓮華池還是台北樹蛙分布的最南端，也成為中、南部蛙友想觀察台北樹蛙的捷徑。蓮華池的青蛙不管是種類多樣性、還是單一蛙種的族群數量都相當可觀，根據筆者長期在此觀察紀錄的結果，蓮華池出現的蛙種高達20種，全台超過2/3的蛙種都可在此看見，實在非常驚人。

交通資訊

可從台16線左轉131縣道，再轉入龍華巷即可到達。或從台21線從桃米社區進入投68線，再切入龍華巷也可到達。

南投縣市

桃米社區

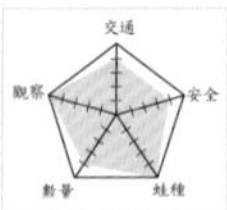

賞蛙評比	★★★★★
賞蛙季節	夏
蛙　　種	腹斑蛙、澤蛙、小雨蛙、黑蒙西氏小雨蛙、盤古蟾蜍、黑眶蟾蜍、貢德氏赤蛙、古氏赤蛙、莫氏樹蛙、白頷樹蛙、面天樹蛙、艾氏樹蛙、日本樹蛙、褐樹蛙、台北樹蛙、金線蛙

桃米社區位於埔里鎮西南方約5公里處，面積18平方公里，人口僅1200多人，海拔高度介於420～800公尺之間，是中潭公路往日月潭必經之地，區內林木遍布綠意盎然，蜿蜒的桃米坑溪、種瓜坑溪及大小支流流貫其間，素有「埔里泉水甲台灣，桃米泉水甲埔里」之稱。這個美麗的小山村，歷經921大地震的考驗，地震前桃米二、三十年來主要經濟作物痲竹筍，就已呈現大幅沒落；921地震更讓原已困頓的經濟問題雪上加霜。地震後，由當地居民結合民間團體、政府單位，由「桃米休閒農村」為本再逐漸發展出「桃米生態村」的方向，決定從孕育家園的自然環境出發，來找尋新的可能出路。目前桃米生態村的建構，已頗具規模和成效，而深度、優質、知性兼感性的生態旅遊也成為來此旅遊的最大特色。

生態資源方面，桃米社區因依山傍水、農田、村落、森林及多樣化的濕地交錯，提供各類野生動物棲息、覓食及繁殖的良好場地，不論是物種數或單一物種的族群數量都非常豐富，特別是蜻蜓和蛙類，每年3月到10月是牠們出沒的旺季，若能有專業解說人員的帶領解說，就可以輕易的有趟收獲豐富的生態觀察經驗。以蛙類來說，本區最具代表性的蛙類就是名列保育類Ⅲ級的金線蛙，早期金線蛙在台灣是隨處可見，甚至是常出現在餐桌上的食用蛙類，但目前僅剩少數幾個地方可以見到牠們，而桃米地區的金線蛙還保有不小的族群量，是千萬不可錯過的蛙種。另外，溼地常見的腹斑蛙、澤蛙、小雨蛙、黑蒙西氏小雨蛙、盤古蟾蜍、黑眶蟾蜍、貢德氏赤蛙、古氏赤蛙等蛙種數量都很多；當然樹蛙科的成員，像莫氏樹蛙、白頷樹蛙、面天樹蛙、艾氏樹

▲金線蛙是桃米社區的代表蛙種。
▼桃米社區入口。

▲桃米社區的生態荷花池是金線蛙的大本營。

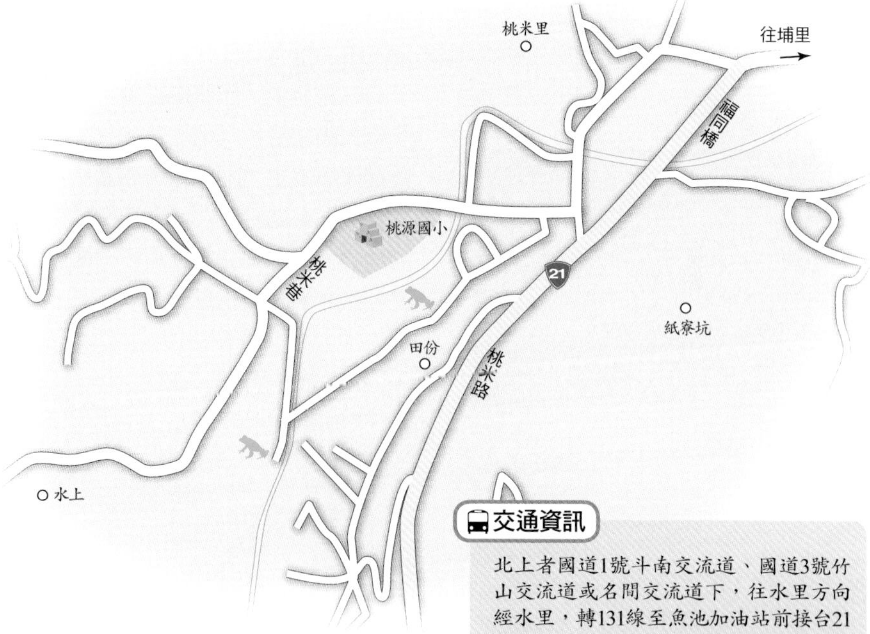

桃米里
往埔里
福同橋
桃源國小
桃米巷
21
紙寮坑
田份
桃米路
水上

蛙、日本樹蛙、褐樹蛙，甚至還有台北樹蛙，也都是這邊的明星蛙種，若有機會來此夜間觀察，桃米的蛙類生態絕不會讓您失望的。

交通資訊

北上者國道1號斗南交流道、國道3號竹山交流道或名間交流道下，往水里方向經水里，轉131線至魚池加油站前接台21線往埔里方向，於台21線51公里處左轉進入即到桃米里。高速公路南下者，於國道1號王田交流道下、國道3號草屯交流道下，往草屯接台14線往埔里方向，在進入埔里愛蘭橋以前轉台21線，於台21線51公里處右轉即到桃米里。

草湳濕地

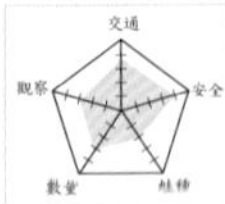

賞蛙評比	★★★
賞蛙季節	夏
蛙　　種	白頷樹蛙、澤蛙、面天樹蛙、艾氏樹蛙、虎皮蛙、腹斑蛙、貢德式赤蛙、小雨蛙、黑蒙西式小雨蛙、黑眶蟾蜍、金線蛙

草湳濕地位於南投縣埔里鎮，是桃米里要前往成功里途中的一處大型濕地，附近居民主要以客家人為主，當地屬於丘陵地形，麻竹筍、樹薯、茭白筍是主要的作物；草湳濕地的形成是因為水泉湧冒，久而久之在丘陵之間竟形成一片沼澤濕地，是一處十分奇特的生態環境，在地方人士刻意保護下，成為觀察地方生態的遊憩景點，是地方的寶藏。草湳濕地之前曾經遍植荷花，有大學荷花池之稱，是遊客拜訪桃米里不可錯過的地方。

▲草湳濕地有些自然工法所製作的遊憩設施。

占地四公頃的草湳濕地，每到四、五月間，油桐花漫山遍野，「五月春雪」景觀讓人迷戀。山徑上，柔弱油桐花禁不起微風輕拂，飄落在山徑上，舖成美麗花毯，如夢似幻。就在油桐花開的季節，也是草湳濕地螢火蟲繁殖的高峰期，成千上萬的小精靈同時閃閃發光，有如地上的銀河一般，加上池邊青蛙配合演奏高低音調的交響曲，有機會一定要來體驗一番。棲息在草湳濕地的蛙種約有十幾種，是南投埔里地區不錯的賞蛙聖地。不過筆者也要呼籲遊客請遵照規劃的路線行走，因為濕地植被中有許多螢火蟲幼蟲或其他生物，如果隨意踐踏破壞濕地，便會危害到螢火蟲的生態，嚴重的話更可能造成濕地生態的崩解，生態的完整性還需要國人共同維護才能永續生息。

交通資訊

從省道台14線公路經國姓鄉到埔里，在牛耳藝術渡假村路段右轉台21線公路，於51公里路段右轉進入桃米社區後，右轉投68縣道前進約3公里即可到達。

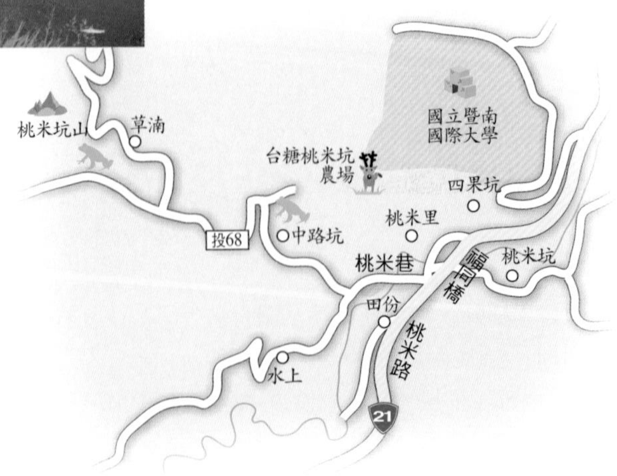

第四章

賞蛙圖鑑

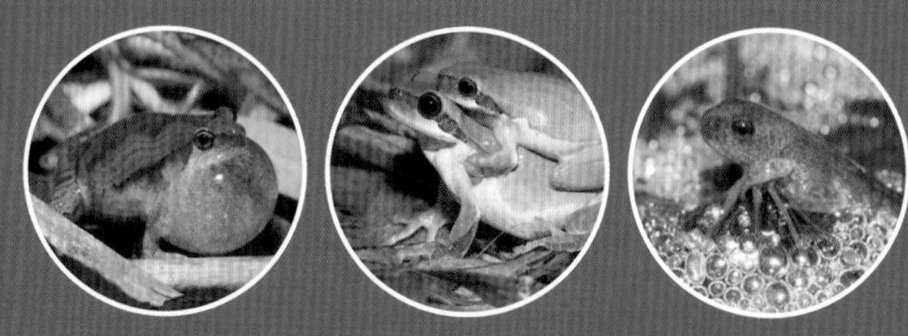

蟾蜍科 Bufoindae

廣泛分布於全世界（澳洲的海蟾蜍是最近才從美洲引入）。全世界約有46屬528種，台灣有一屬兩種。蟾蜍的體型肥胖，皮膚粗糙且布滿疣粒，具耳後腺，這些疣粒和耳後腺會分泌毒液，用以對付來犯的天敵。

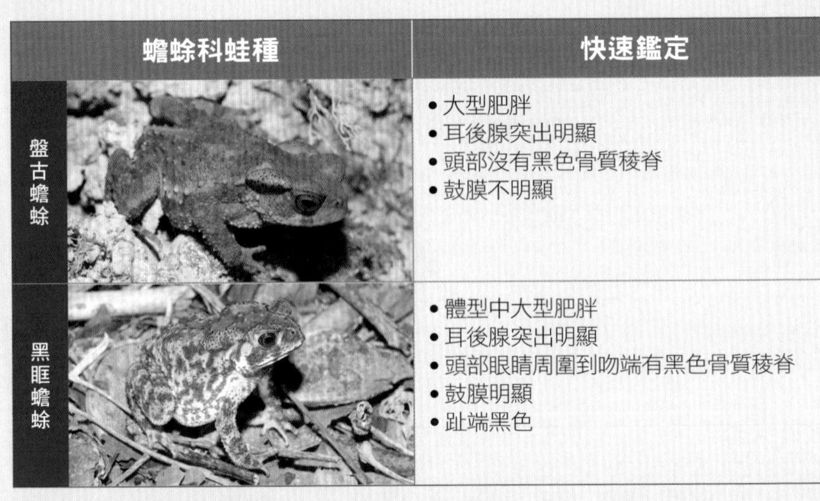

蟾蜍科蛙種	快速鑑定
盤古蟾蜍	• 大型肥胖 • 耳後腺突出明顯 • 頭部沒有黑色骨質稜脊 • 鼓膜不明顯
黑眶蟾蜍	• 體型中大型肥胖 • 耳後腺突出明顯 • 頭部眼睛周圍到吻端有黑色骨質稜脊 • 鼓膜明顯 • 趾端黑色

盤古蟾蜍 *Bufo bankorensis*

俗別名	台灣蟾蜍、癩蛤蟆、蟑蜍（台語）
體長	♂ 6.5 ~ 9.2cm ♀8~16cm
繁殖期	1 2 3 4 5 6 7 8 9 10 11 12
分布海拔	0 500 1000 1500 2000 2500 3000

◆ **棲地**：適應力非常強，廣範的分布在台灣海拔3000公尺以下的各種棲地。

◆ **特徵**：盤古蟾蜍體型大且肥胖，但個體間大小差異極大，母蛙也明顯比公蛙大上許多。頭部圓鈍，具耳後腺，耳後腺下方有一黑線，皮膚粗糙而有肉疣狀凸起。體色變異大，以黃褐色、紅褐色或黑褐色為主，身上花紋變化多，個體間差異極大，還會隨著環境而變深變淺。前趾無蹼但後趾間有蹼，部分個體有背中線。公蛙不具鳴囊。

相似種比較

黑眶蟾蜍

- 體型略小，眼眶四周、腳趾、嘴邊具明顯黑線。
- 雄蛙具鳴囊，繁殖期會求偶鳴叫。
- 鼓膜較明顯。
- 出現海拔不超過1500。

◀盤古蟾蜍蝌蚪特寫。

▼盤古蟾蜍蝌蚪會一群群聚在一起，有擾亂天敵判斷物體大小的功用。

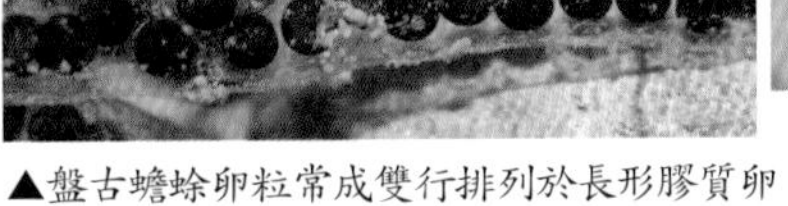

▲盤古蟾蜍卵粒常成雙行排列於長形膠質卵串中。

▲生氣中的盤古蟾蜍會站立鼓氣威嚇敵人。

習性：盤古蟾蜍雄蟾沒有鳴囊不會發出求偶鳴叫聲，只有在被其他雄蟾或其他蛙類誤抱時，才會發出「勾、勾、勾」的釋放叫聲。盤古蟾蜍在遭受攻擊時，也會本能地鼓起胸部撐起四肢，膨脹身體來裝出雄壯威武的模樣，這就是牠們用來驅敵的防衛姿勢；如果恐嚇無效，牠們會馬上爬走或者攤在地上裝死；最後生命真的受到威脅時才會從耳後腺噴出白色毒液。

盤古蟾蜍每次產卵五千顆左右，卵粒黑色，常成雙行排列於長形膠質卵串中，卵串長達10公尺以上，常纏繞在水裡的水草或石頭間，產卵時間很長，常需要超過10個小時才能完成。蝌蚪呈黑色，喜歡聚成黑鴉鴉的一大片，有擾亂天敵判斷物體大小的功用。成群的蝌蚪之間通常具有親緣關係，例如兄弟姐妹或表親。由於牠們有毒，群聚可讓誤食的動物加深印象並心生警惕，以後就不敢侵犯。

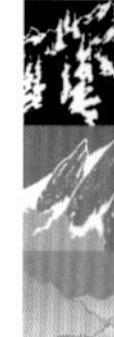

▲盤古蟾蜍赤色型。

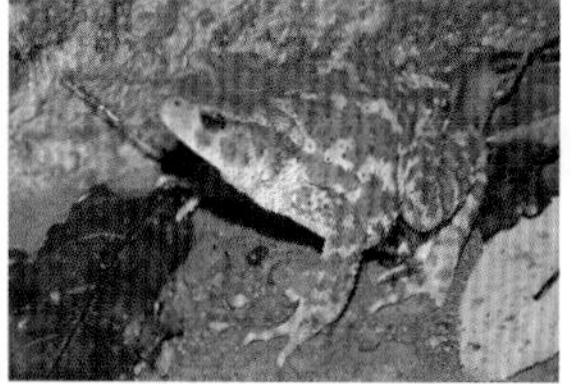
▲盤古蟾蜍雜斑型。

▲盤古蟾蜍無背中線的個體。

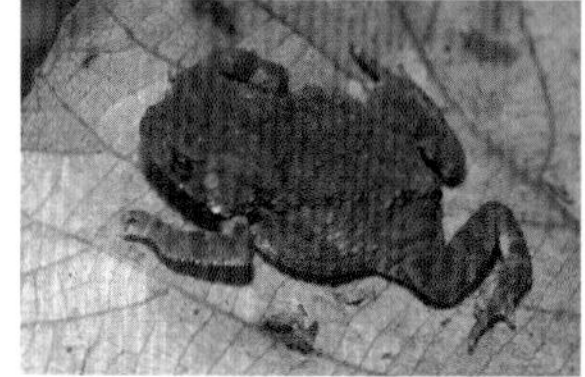
▲盤古蟾蜍黑色型。

▲盤古蟾蜍有背中線的個體。

▲盤古蟾蜍小蛙。

觀察要領：最佳的觀察時機是在10月到隔年2月，這段期間盤古蟾蜍會密集展開求偶的行動，常常可以在溪流邊看見公盤古蟾蜍為了爭風吃醋打成一團，也常可見多隻公蛙共抱一隻母蛙的有趣景象。盤古蟾蜍身體長滿疣粒，體型肥胖，外觀上極不討喜，但牠卻會幫人類除掉大量的蚊蟲。聰明的牠喜歡在路燈下靜靜的等候，被燈光吸引而來的蟲子就成為牠的美食，想要看見牠的話也可以利用牠的這個習性，在路燈附近找尋。此外，盤古蟾蜍耳後腺還可做成中藥用的蟾酥，且只要去除有毒的表皮和內臟，蟾蜍肉本身也是山野美味的進補勝品，看來對牠人類的貢獻還真是不小。幸好盤古蟾蜍對環境的適應力很強，從平地一直到海拔3000公尺都可以見到牠的蹤影，族群數量多，是一種台灣特有但不稀有的蛙類。

▲盤古蟾蜍受到攻擊會從耳後腺分泌出白色毒液。

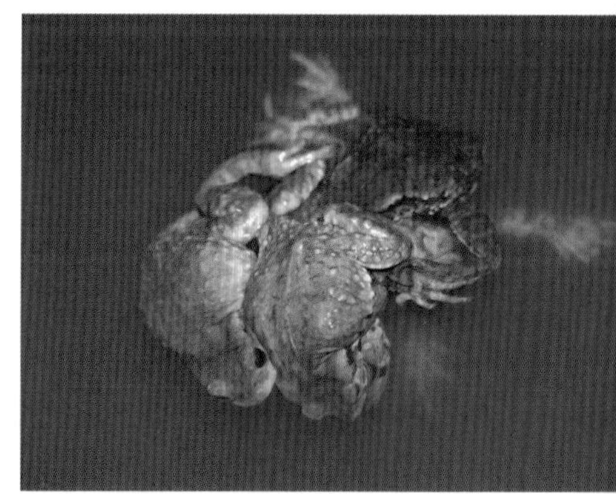
▲繁殖期的盤古蟾蜍公蛙常打成一團。

黑眶蟾蜍 *Bufo melanostictus*

俗別名	癩蛤蟆、蟾蜍（台語）
體長	♂ 5 ~ 9cm ♀6~10cm
繁殖期	1 2 3 4 5 6 7 8 9 10 11 12
分布海拔	0 500 1000 1500 2000 2500 3000

◆ **棲地**：適應力強，廣泛分布在台灣平地和低海拔山區，棲地以池塘、水溝和農田為主，但住家、公園、空地都可輕易見到。

◆ **特徵**：黑眶蟾蜍體型屬中大型蛙類，吻端鈍圓，頭寬大於頭長，上下頜皆有黑線。頭部具有明顯而且突出的黑色骨質脊棱，主要由吻端沿眼鼻線經上眼瞼內側直達鼓膜上方。鼓膜大而顯著，一對耳後腺長橢圓形，位於眼後。體色變異頗大，有黃棕色、黑褐色或灰黑色，有些具有不規則的棕紅色花斑。皮膚粗糙，除了頭頂，全身布滿大小不等的疣粒，背中央有兩行縱走排列規則的大圓疣，四肢及腹部的疣粒較小，但所有的疣都有黑棕色的角質刺。前肢細長，指端圓，黑色，指間無蹼，外掌突比內掌突明顯，都是黑棕色。後肢粗短，趾端圓，黑色，趾間為半蹼，內外蹠突都小而不明顯。雄蛙具黑色單一咽下外鳴囊。

相似種比較

盤古蟾蜍

- 體型較大，眼眶四周、腳趾、嘴邊不具黑線。
- 體色更多變，甚至有全紅色個體。
- 雄蛙無鳴囊，繁殖期無求偶鳴叫聲。
- 鼓膜不明顯。
- 高海拔也有機會發現。

▼常常看見黑眶蟾蜍在吞蚯蚓，可見黑眶蟾蜍是個大胃王，食量大食性廣。

▲從黑眶蟾蜍的抱接圖可以看出母蛙比公蛙大上許多。

▲黑眶蟾蜍黃色型。

▲黑眶蟾蜍棕色型。

▲黑眶蟾蜍黑色型。

習性：黑眶蟾蜍廣泛分布於平地及低海拔地區，是最樂於和人類相處的兩棲類。常出現在住宅附近、公園、稻田或空地等有人的地方，但深入山裡或水邊，也可以見到牠們的身影，可見得黑眶蟾蜍對環境的適應力很好，加上繁殖能力強又具毒性，天敵較少，常在短時間內就在一個棲地裡，繁衍出大量的族群。在遮蔽性比較好的水池，例如荷花池或人工池塘，有時不到百平方公尺的水池，就聚集上百隻黑眶蟾蜍。由於每晚出現的雌蟾數目不多，而雄蟾的數量太多，雄性之間的競爭很激烈，偶爾也會出現5、6隻雄蟾同時抱一隻雌蟾的現象。由於數量太多，求偶時，經常發生抱錯或打架的情況。雌蟾每次產卵數千顆，成雙地排列於長形膠質卵串中，一長串可長達8公尺以上。蝌蚪亦有毒，身體菱形棕黑色，尾鰭色淺散有細紋，小蝌蚪會聚集在水邊淺處活動，但大蝌蚪則偏好躲在深水處。

▲剛脫完皮的黑眶蟾蜍黑眶顏色會較淡。

▼多隻黑眶蟾蜍公蛙為了搶一隻母蛙而大打出手。

▲黑眶蟾蜍一口氣可以連續鳴叫一分鐘以上。

觀察要領：黑眶蟾蜍數量非常多，幾乎全年都可以輕易見到。繁殖期是2月到9月，這時期也是最適合觀察牠們的時間。在春、夏季的夜晚，我們可以在稻田裡或長有水生植物的水池內，聽到牠們 連串如機關槍般快速的「咯咯咯咯咯咯……」叫聲，一口氣可以連續鳴叫一分鐘以上；尤其當雄蟾蜍碰到雌蟾蜍的時候，叫聲會變得更加急促。而當雄蟾蜍被其他雄蟾蜍抱錯的時候，叫聲則變成短促而尖銳的「嘎、嘎」釋放聲，和求偶叫聲有明顯的差異。雖然黑眶蟾蜍乍看之下也是肥肥胖胖，身體又有大小不一的凸起疣粒，但若細看牠的特徵，牠就像戴著黑框眼鏡、擦著黑色口紅和黑色指甲油般，時髦的打扮有時也會讓人發出會心的一笑呢！

▲黑眶蟾蜍的眼睛周圍到吻端有黑色骨質稜脊。

▲黑眶蟾蜍的耳後線。

樹蟾科 Hylidae

又稱為雨蛙科，主要分布於美洲、澳洲及歐亞大陸的溫帶地區。全世界約有46屬869種，台灣僅有1屬1種。樹蟾是樹棲性種類，其指（趾）端擴大成吸盤，習性和外觀上和樹蛙科類似，是適應樹棲生活的趨同演化結果，但胸骨及脊椎骨結構卻又和蟾蜍科一樣，親緣關係可能反而較近，故命名為樹蟾科。

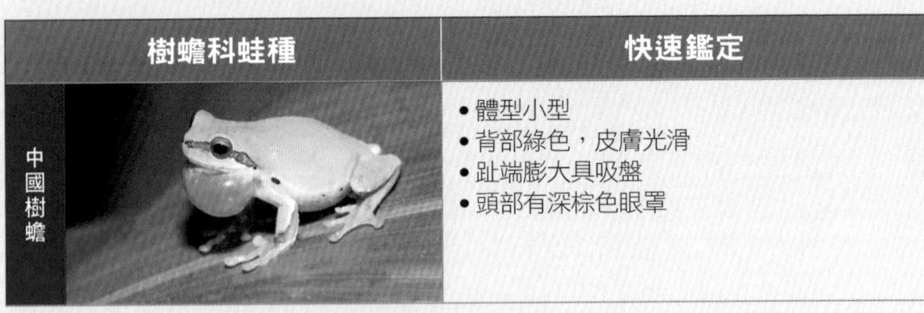

樹蟾科蛙種	快速鑑定
中國樹蟾	• 體型小型 • 背部綠色，皮膚光滑 • 趾端膨大具吸盤 • 頭部有深棕色眼罩

中國樹蟾 *Hyla chinensis*

俗別名	雨怪、中國雨蛙（大陸）、青葉（台語）
體長	♂ 2.5 ~ 3.5 cm ♀3.5 ~ 4cm
繁殖期	1 2 3 4 5 6 7 8 9 10 11 12
分布海拔	0 500 1000 1500 2000 2500 3000

◆ **棲地**：廣泛分布於台灣海拔1000公尺以下的地區，以平地為主。特別喜歡棲息於香焦或芭蕉葉的基部。

◆ **特徵**：中國樹蟾體型小型而細長，吻端平鈍，頭寬大於頭長，鼓膜圓。從吻端經眼睛、鼓膜到肩上方有一條深棕色眼罩。顳褶斜直明顯，背部主色為草綠色，腹部為黃色或白色，皮膚光滑。體側白色略帶黃色，散布一些大小不一的黑色斑點。前肢背面綠色，但腳掌背面非綠色而是呈黃色、白色或橘色，指端具吸盤及橫溝，指間有微蹼，掌部有小疣粒。後肢同前肢背面是綠色但掌背面也非綠色，股部內側黃色有一些小黑點，趾端也有吸盤，趾間有半蹼。內蹠突卵圓形，無外蹠突。雄蛙具單一咽下外鳴囊。

▼中國樹蟾最大的特徵就是頭部有深棕色眼罩。

習性：中國樹蟾是平地常見的蛙類，常在雨後鳴叫，叫聲響亮，其活動和天氣相關性極高，所以又稱為雨蛙或雨怪。特別喜歡在水邊的植物體上鳴叫，如月桃葉、竹葉、芭蕉葉上，常常由少數幾隻帶頭先叫，其他個體再跟著唱和，叫聲聽起來像一陣陣嘈雜而高亢的「ㄍㄧˊ、ㄍㄧˊ、ㄍㄧˊ」。碰上天敵攻擊時，身體會排出具些微毒性和刺激性的黏液，若碰到眼睛會有灼熱感。中國樹蟾產卵是採母蛙頭向下並將尾部泄殖孔高舉的產卵方式，類似火山爆發的樣子，一次動作約擠出10至15餘顆卵，整個產卵過程約會產下120至180粒；卵粒黑白分明，直徑約1-1.5mm，卵發育很快，通常在24小時內孵化成蝌蚪。蝌蚪背面黑色或半透明，從吻端到尾部有兩條縱走金線，尾鰭高。

▲中國樹蟾產卵的動作很大。

▲中國樹蟾配對。

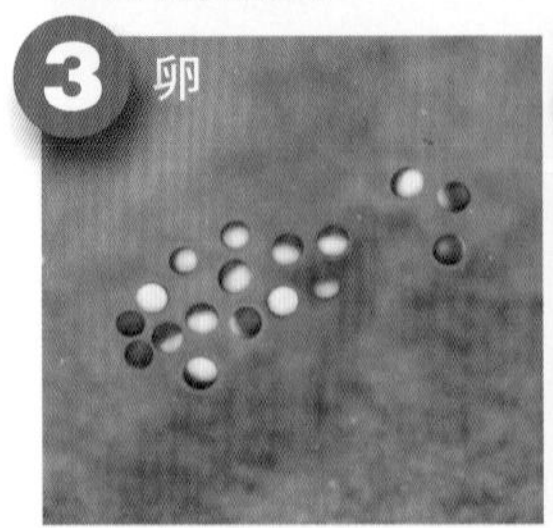

▲中國樹蟾卵粒黑白分明。

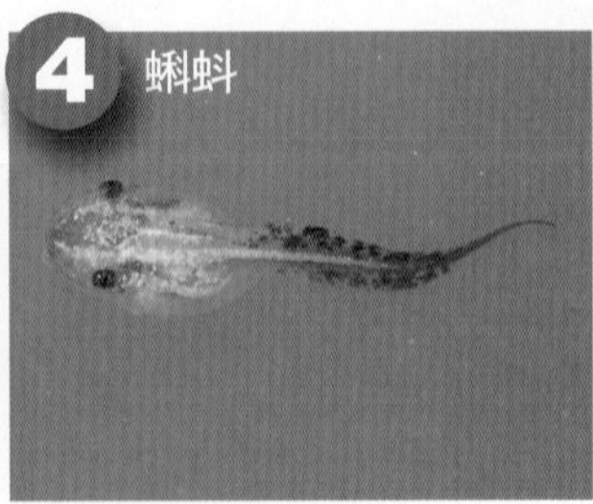

▲中國樹蟾的蝌蚪特寫。

▲中國樹蟾小蛙。

觀察要領：中國樹蟾之所以叫「樹蟾」是因為牠的外觀和習性都像樹蛙，但是體內骨骼構造卻又較接近蟾蜍，而在台灣樹蟾科也僅中國樹蟾一種而已。中國樹蟾有著翠綠色的皮膚加上深色眼罩，外型活像個蒙面俠，非常特別也極具觀賞價值。中國樹蟾全台都有分布，但是南北體色有些許不同，北部的個體顏色較濃郁，南部的個體顏色較淺，有機會可以實際觀察比較看看。想要看中國樹蟾其實不是很難，只要抓準春夏兩季的雨夜，地點不用跑遠，全省各縣市幾乎都有適合觀察中國樹蟾的棲地，再來就是掌握聽聲辨位的秘訣，相信一定可以有收穫。中國樹蟾鳴叫的樣子非常有趣，只要動作放輕慢慢接近，然後等待附近的公蛙開始鳴叫，通常您眼前這隻也會起而唱和，看牠們賣力的吹起鳴囊，有時真的會擔心牠會不會吹破喉嚨呢！

▲中國樹蟾公蛙常常嗆聲、打架。

◀中南部的中國樹蟾顏色比較淡。

其他五種綠色樹蛙

- 都無類似面罩般的寬過眼線。
- 吻端非平鈍。
- 前後腳掌背面為綠色。
- 體型皆大於中國樹蟾。

狹口蛙科 Microhylidae

狹口蛙科的青蛙恰如其名，長得小頭小嘴的，但身體圓胖四肢短小，看起來就像日本的相撲選手，非常可愛且特別。它們常在下雨之後鳴叫，又稱為小雨蛙。有些種類的體型很嬌小，因此有人稱牠們為姬蛙。全世界的狹口蛙約64屬436種，台灣有2屬5種。

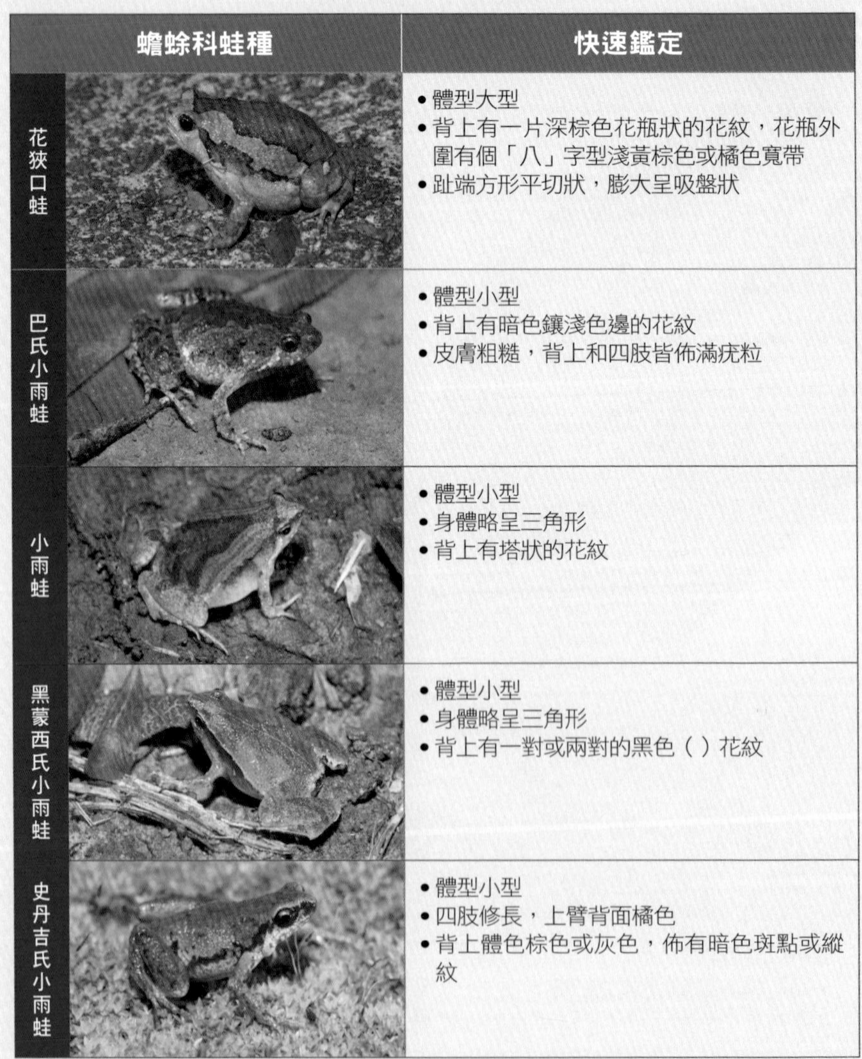

蟾蜍科蛙種	快速鑑定
花狹口蛙	•體型大型 •背上有一片深棕色花瓶狀的花紋，花瓶外圍有個「八」字型淺黃棕色或橘色寬帶 •趾端方形平切狀，膨大呈吸盤狀
巴氏小雨蛙	•體型小型 •背上有暗色鑲淺色邊的花紋 •皮膚粗糙，背上和四肢皆佈滿疣粒
小雨蛙	•體型小型 •身體略呈三角形 •背上有塔狀的花紋
黑蒙西氏小雨蛙	•體型小型 •身體略呈三角形 •背上有一對或兩對的黑色（ ）花紋
史丹吉氏小雨蛙	•體型小型 •四肢修長，上臂背面橘色 •背上體色棕色或灰色，佈有暗色斑點或縱紋

花狹口蛙 *Kaloula pulchra*

俗別名	亞洲錦蛙
體長	♂ 6～8cm ♀7~9cm
繁殖期	1 2 3 4 5 6 7 8 9 10 11 12
分布海拔	0 500 1000 1500 2000 2500 3000

◆ **棲地**：1998年才在高雄林園和鳳山水庫一帶被發現，目前族群分布有往北和往南擴散的趨勢，目前高雄都會公園、大寮輔英科大、屏東科技大學甚至北至台南關廟等地都有發現紀錄。

◆ **特徵**：花狹口蛙屬於中大型蛙類，和台灣原生的狹口蛙有很大區別，體型肥胖但四肢短小，平均體長可達7公分。頭部較小，頭寬大於頭長，吻端圓鈍而口小。皮膚厚而光滑，但有一些圓形顆粒。背部從兩眼中間開始，沿體側到胯部有一個深咖啡色大三角形斑，看起來很像一個花瓶，花瓶外圍有個「八」字型淺黃棕色或橘色寬帶。趾端方形平切狀，膨大成吸盤，因此會爬樹，也會藏身於樹洞中。在後肢足部有一塊幫助挖洞的角質化鏟型構造，因此也善於挖掘，挖掘時身體倒退、兩後肢左右快速的鏟動，僅需數秒鐘即可將身體埋入土中。雄蛙具單一咽下外鳴囊。

▲花狹口蛙趾端方形平切狀，膨大成吸盤狀。

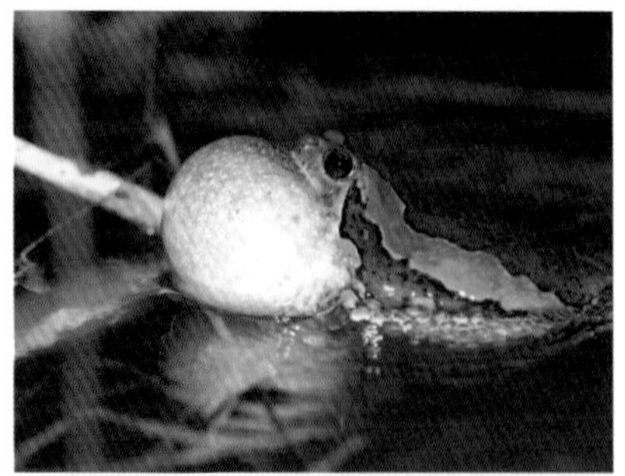

▲公蛙具單一咽下外鳴囊。

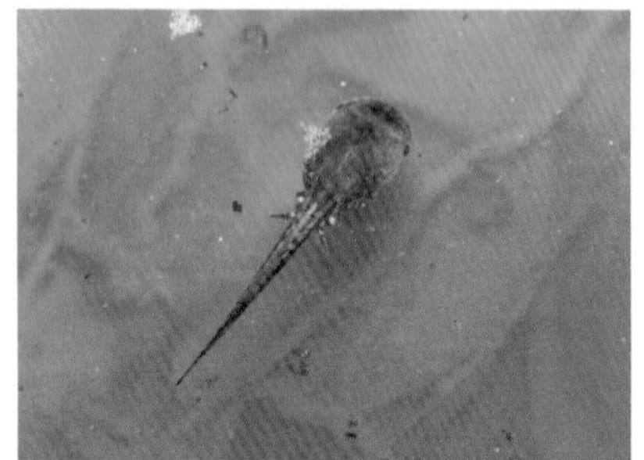

▲長後腳的花狹口蛙蝌蚪兩眼間花紋已開始出現。

習性：花狹口蛙是近幾年才被發現的蛙種，當初發現者形容他看見一隻如腳踏車踏板般大小的狹口蛙，被人取笑。後來經過楊懿如教授的鑑定，才確認這是台灣新發現蛙種。經過學術界初步研究，野外的花狹口蛙大都屬同一個基因型，因此境外引入的成分居高，但是引入的原因是隨原木進口引入還是遭棄養，還無法確定。叫聲是短促低沉的「磨、磨、磨」，會在下雨或濕度較高時鳴叫，但不常叫，而且一有風吹草動就會噤聲不叫。花狹口蛙的卵群呈片狀飄浮在水面，卵粒為黑白兩色，牠們會選擇大雨後出現的暫時性水域或靜水域來產卵。花狹口蛙的蝌蚪身體扁平，顏色為淡褐色，吻端鈍圓，兩眼位於身體兩側，兩眼間有一暗色紋。蝌蚪期很短，約不到三星期就會長成小蛙。

▼花狹口蛙配對。

觀察要領：花狹口蛙的行為非常有趣，對於環境的適應力和應付天敵侵擾的能力都很有一套。比如當他受到外力刺激時會鼓氣，讓自己看起來體型更大，以嚇走敵人。若敵人仍然不退或做出更進一步的攻擊行為，牠甚至分泌白色毒液，天敵吃到縱使沒有因此喪命，也會感到不舒服，下次就對牠敬而遠之了。除此之外，花狹口蛙還會上樹遁地，更會游泳，幾乎可以說是水陸空三棲，所以雖然是新移民，但生存的競爭力極強，和台灣其他蛙類的競爭關係，值得長期觀察。想要觀察花狹口蛙，可以到高雄都會公園、輔英科大、鳳山水庫、屏東科技大學後山等地，這些地方連續幾年都有蛙友觀察到大量花狹口蛙繁殖的現象，可以確定牠們已在當地落地生根，族群量也非常穩定，就算不是下雨天來此，通常也可以輕易在步道邊就發現牠們的縱跡。

▲花狹口蛙善於爬樹。

▲受到外力刺激時會鼓氣。

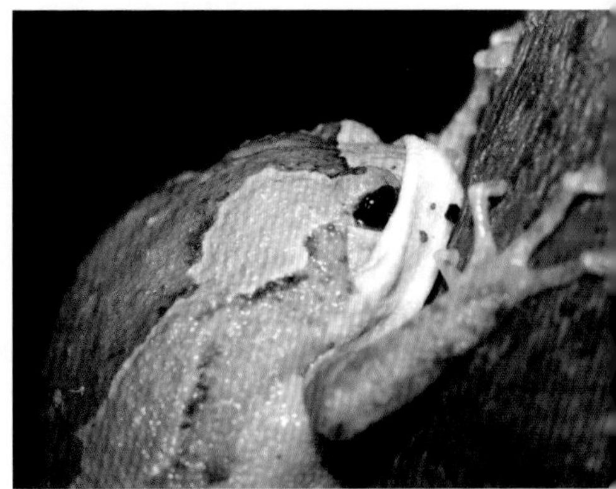

▲用下巴包住鼻孔的有趣畫面。

巴氏小雨蛙 *Michyla butleri*

俗別名	粗皮姬蛙（大陸）
體長	♂ 2.5 ~ 2.65cm ♀ 2.6~2.8cm
繁殖期	1 2 3 4 **5 6 7 8 9 10** 11 12
分布海拔	**0 500 1000** 1500 2000 2500 3000

◆ **重要性**：台灣本土四種小雨蛙中分布最局限的一種。

◆ **棲地**：分布於台灣中南部、東南部低海拔山區。

◆ **特徵**：巴氏小雨蛙是小型蛙類，體長約不到3cm，體型略呈等腰三角形。頭部小，頭寬略大於頭長，吻端尖圓。鼓膜不明顯，有顳褶。背部主色為褐色或鐵灰色，有大塊深色鑲淺色邊的花斑。體側兩側各有一行黑色斑點，和背部大塊花斑平行。皮膚粗糙，背部及四肢都布滿疣粒，體側的疣粒較大而圓，背中央的疣粒則常成行排列。腹部白色光滑，前肢纖細有橫紋，指端有小吸盤，背面有小縱溝，有 3 個掌突。後肢粗壯有橫紋，趾端有小吸盤及小縱溝，趾間具微蹼，內外蹠突皆發達。雄蛙具單一咽下外鳴囊。

▲巴氏小雨蛙的鳴囊非常大，叫聲是「歪、歪、歪」像鴨子般。

相似種比較

黑蒙西氏小雨蛙
- 背部較少疣粒。
- 背中線有一到兩對黑色括弧紋。
- 身體較扁。

小雨蛙
- 背部疣粒較小。
- 塔狀花紋無淺色邊。

史丹吉氏小雨蛙
- 身體較狹長瘦小。
- 背部無疣粒。
- 背部為細點紋或帶狀紋。
- 叫聲為「嘰、嘰、嘰」。

▶腹部除了公蛙喉部顏色較黑，其他以白色為主。

▶巴氏小雨蛙皮膚粗且有大型疣粒，背部有暗色鑲淺色邊的花紋。

小雨蛙完全變態

由卵孵化的小雨蛙蝌蚪，由後腳開始長，最後尾巴消失，離水而居。

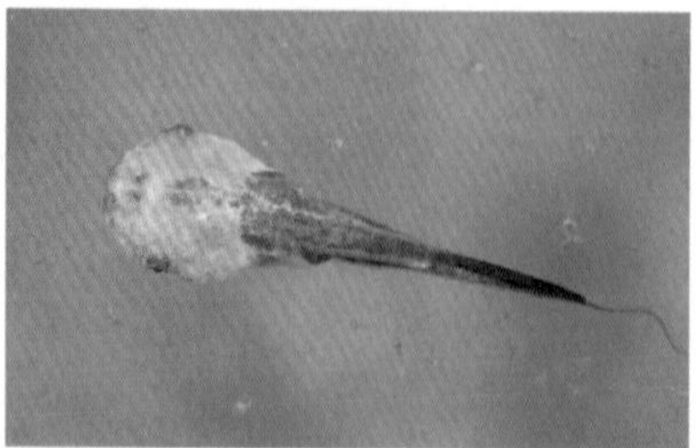

▲巴氏小雨蛙蝌蚪特寫。

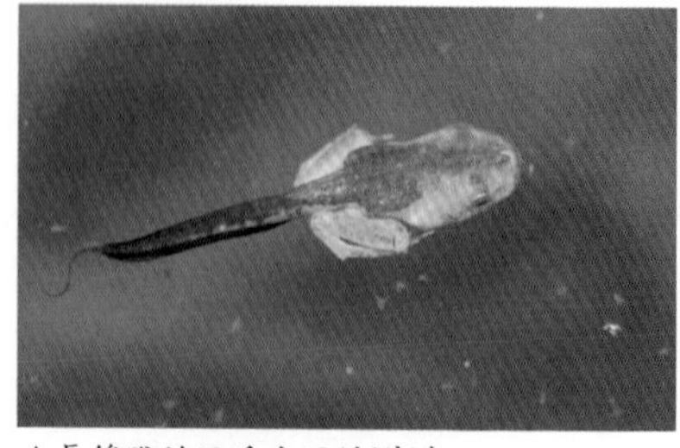

▲長後腳的巴氏小雨蛙蝌蚪。

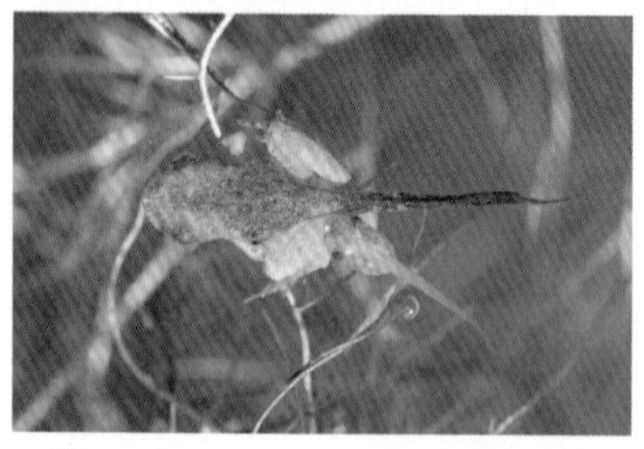

▲長好四肢的巴氏小雨蛙蝌蚪（旁邊的是白頷樹蛙蝌蚪）。

▶尾巴消失的巴氏小雨蛙已離水而居。

習性：巴氏小雨蛙平常喜歡棲息在低海拔森林或墾地的底層落葉間，因為善於躲藏，並不容易被人發現。屬於春夏繁殖的蛙種，在雨天比較活躍，每年到了繁殖期時，公蛙會聚集在水邊很有默契的一同放聲大叫，整齊有節奏的叫聲非常聒噪嘈雜。巴氏小雨蛙的卵是黑白兩色，產卵的姿勢是泄殖孔朝上的姿勢，卵是飄在水面還是沉入水裡和排卵時泄殖孔高度有關，如果泄殖孔高於水平面則卵會浮在水面，泄殖孔若低於水平面則卵會在生出後迅速下沉。蝌蚪頭及背部平扁，身體略呈六角形，體色為呈半透明帶一點草綠色，口位於頭部尖端，用以濾食水中之懸浮粒子。尾鰭上有細紅點，尾端尖細成絲狀，隨蝌蚪的長大，尾部越變越紅。巴氏小雨蛙的蝌蚪喜歡成群浮游在水的中層，在夜晚燈光下，感覺很像飄浮在無重力空間的太空船一樣，非常特別。

觀察要領：巴氏小雨蛙是台灣本土的四種小型狹口蛙裡數量最少、分布也最局限，當然也是最難以觀察的一種。台灣北部完全沒有牠們的蹤跡，

▲巴氏小雨蛙蝌蚪群。

▲巴氏小雨蛙喜歡躲在掩蔽物下鳴叫，不仔細找很難發現。

要看見牠們只能往南部跑。不過，只要抓準牠的繁殖高峰期（6至9月），來到前章賞蛙地圖介紹的幾個主要棲地，如台南縣的174、175縣道、南化山區等地，然後用心聽聲辨位，那麼就算沒有下雨，也可以看見牠們；若雨天前往，那就有較高的機會可以連巴氏小雨蛙的鳴叫、抱接、產卵等行為都一起觀察完整。雄蛙具有一大型咽下外鳴囊，叫聲是「歪、歪、歪」像鴨子般的叫聲，觀察巴氏小雨蛙的鳴叫非常有趣，因為牠們的泡泡完全吹滿時都快比身體還大了，讓人為牠擔心鳴囊是否會吹爆，但其實也因為大尺寸的鳴囊共鳴效果極佳，讓巴氏小雨蛙的叫聲既響亮又可以遠傳。

▼小雨蛙抱接圖。

小雨蛙 *Microhyla fissipes*

俗別名	飾紋姬蛙（大陸）、小姬蛙
體長	♂ 2～2.4cm ♀2.4~2.8cm
繁殖期	1 2 3 4 5 6 7 8 9 10 11 12
分布海拔	0 500 1000 1500 2000 2500 3000

◆ **重要性**：分布最廣的狹口蛙。

◆ **棲地**：廣泛的分布在全台海拔1000公尺以下的低海拔山區和平地，棲地以開墾地、農田、水溝和森林底層落葉堆為主。

◆ **特徵**：小雨蛙體型非常小，吻肛長不超過3公分，身體呈等腰三角形，頭長約等於頭寬，口小且吻端尖圓。鼓膜不明顯，顳褶明顯。背部顏色為土褐色或灰棕色，背中央有一塊明顯的深色對稱塔狀花紋，花紋兩側另有一些平行的細縱紋，有些個體有淺色背中線。身體兩側從吻端經眼後方到腰部有黑色斜行的縱紋，縱紋下方有黑色小斑點。皮膚略光滑但有些小疣粒凸起，尤其從眼後到薦骨突起處，兩側各有一排斜行的長疣粒。腹部是光滑白色，前肢纖細，有粗細不等的橫紋，指端圓無吸盤，指間無蹼，內掌突比外掌突大。後肢粗壯有橫紋，趾端無吸盤，趾間無蹼，內蹠突略大於外蹠突。雄蛙具黑色單一咽下外鳴囊。

▲小雨蛙雄蛙具黑色單一咽下外鳴囊，喜歡躲起來鳴叫。

相似種比較

黑蒙西氏小雨蛙

- 背中線有一對或兩對的黑色小括弧。
- 背上深色花紋較不明顯。
- 體側黑色寬帶顏色較黑。
- 體背疣粒較小而少。
- 身體較扁。
- 北台灣沒有黑蒙西氏小雨蛙。

▼小雨蛙身體呈等腰三角形，背上有塔狀的花紋。。

習性：小雨蛙雖然體型小，但叫聲卻非常的低沉而且大聲，雨後的夏夜常可聽到牠們整齊而具有節奏感的叫聲「ㄍㄚˊ、ㄍㄚˊ、ㄍㄚˊ」，喜歡躲在水邊的落葉、草根、土縫或石頭底下，只要一隻公蛙帶頭鳴叫，其他在附近的公蛙也會一併唱和跟進，此時雖然蛙鳴聲勢浩大響聲震天，但真要找牠們躲藏的確實位置卻常常又非常困難。小雨蛙產卵的速度非常快，整個踢卵過程不到一分鐘就會完成，抱接的個體跳入水中後通常不用多久就會下蛋。小雨蛙的卵徑小，約僅0.8公分，卵塊圓形成片漂浮在水面上，一次產卵約可達三、四百粒。蝌蚪頭部及背部圓盤狀，透明無色，形狀扁圓，口位於吻端，眼睛在兩側，尾端尖細呈細絲狀。

觀察要領：從小雨蛙這個名稱就可以知道牠是一種喜歡雨天的蛙類，每當2至9月的雨夜，就是觀察牠們的好時機，這時候公蛙會離開原本棲息的森林底層，來到水池或積水旁放聲鳴

1 求偶

▲小雨蛙雖然體型小，但叫聲卻非常的低沉而且大聲。

2 配對

▲小雨蛙配對。

3 產卵

▲小雨蛙產卵。

4 卵

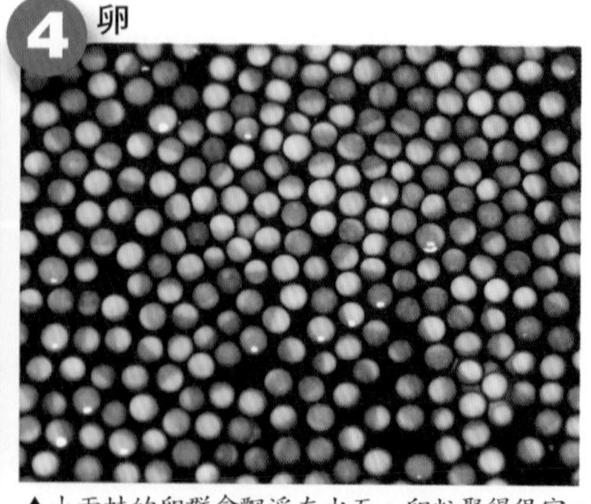

▲小雨蛙的卵群會飄浮在水面，卵粒聚得很密。

叫，吸引母蛙前來配對。小雨蛙的叫聲雖大但卻不易發現牠們躲藏的精確位置，筆者建議可以多注意落葉下、植物體基部、石頭等掩蔽物下，因為小雨蛙通常不會大剌剌的整隻現身鳴叫；但若當晚是特殊狀況，比如久旱後的第一場大雨，牠們有時也會叫到忘我而不小心而整隻現形，當然這也是觀察牠們的最佳時機。

▲也常看見小雨蛙飄浮於水面，四肢開展的樣子。

5 蝌蚪

▲小雨蛙蝌蚪群。

6 長腳的蝌蚪

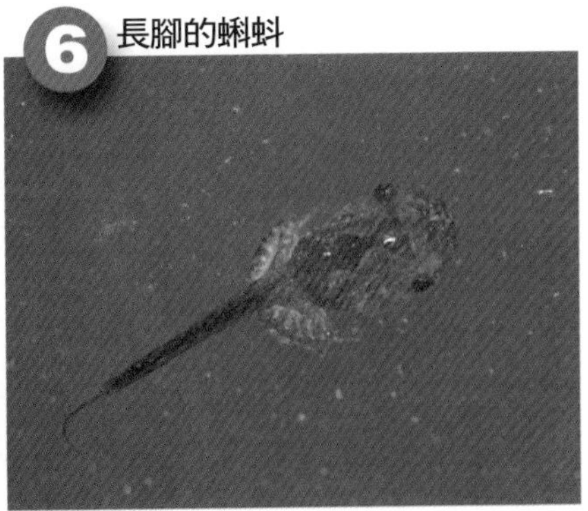

▲長後腳的小雨蛙蝌蚪背上花紋已開始出現。

黑蒙西氏小雨蛙 *Microhyla heymonsi*

俗別名	括弧姬蛙（大陸）、小括弧姬蛙（大陸）
體長	♂2.3～2.5cm ♀2.6~2.8cm
繁殖期	1 2 3 4 5 6 7 8 9 10 11 12
分布海拔	0 500 1000 1500 2000 2500 3000

◆ **棲地**：廣泛分布台灣中南部及東部海拔1500公尺以下的低海拔山區和平地，棲地以開墾地、農田、水溝和森林底層落葉堆為主。

◆ **特徵**：黑蒙西氏小雨蛙是小型蛙類，體長約只有2至3公分大而已，體型大致呈等腰三角形。頭長寬略等，口小吻端尖圓。鼓膜不明顯，顳褶延伸到腹面。背部顏色變化頗大，灰黑色或紅褐色。大部分的個體都有背中線，沿背中線兩側有對稱的波浪狀黑棕色長縱紋，背中線兩側有一至二對黑色小括弧斑為最大特徵。體側從吻端到腰部有醒目的黑色寬紋，皮膚平滑但有些細小的顆粒，股部內側的顆粒較大。腹部白色，咽喉部位有些棕色細點。前肢纖細，有深色横紋，指端有小吸盤，背面有小縱溝，有內掌突及外掌突。後肢粗壯，有深色横紋，趾端有小吸盤及顯著之縱溝，趾間有微蹼，內外蹠突皆發達。雄蛙具單一咽下外鳴囊。

相似種比較

小雨蛙
- 體背有塔狀深色花紋但無小括弧。
- 背上疣粒較大而明顯。
- 身體較厚。

▶黑蒙西氏小雨蛙背上有一到兩對的黑色（）花紋。

▶黑蒙西氏小雨蛙雄蛙具單一咽下外鳴囊。

1 配對

▲黑蒙西氏小雨蛙配對。

▶黑蒙西氏小雨蛙產卵（上）。黑蒙西氏小雨蛙蝌蚪（中）。長後腳的黑蒙西氏小雨蛙蝌蚪（下）。

習性：黑蒙西氏小雨蛙和小雨蛙一樣喜歡躲在水邊的落葉、草根、土縫或石頭底下，雖然叫聲大，但真要發現牠們還是得要花一番功夫才行。黑蒙西氏小雨蛙的卵成片漂浮在水面，一次約可生200至300顆，顏色為黑白雙色，產卵速度和小雨蛙一樣快，但一次產下的卵數量較少。黑蒙西氏小雨蛙的蝌蚪長得很有趣，身體半透明，尾巴呈尖絲狀，兩眼間及尾中部有銀白色銀斑，嘴巴不是在前面而是向上成漏斗狀，經常成群浮游在表層，一起過濾藻類為食，在某些角度下身體會發出金屬光澤，非常醒目。

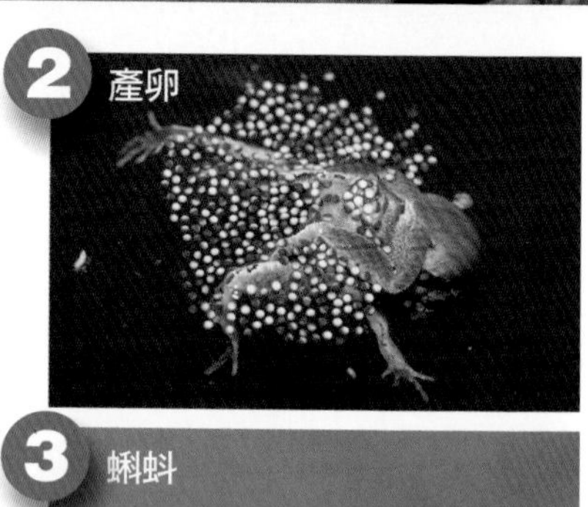

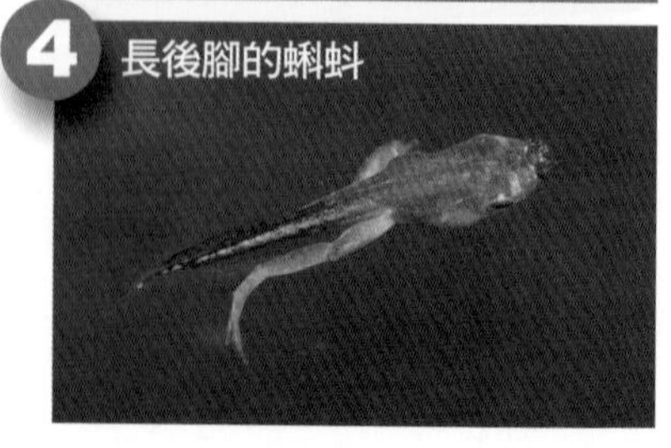

觀察要領：黑蒙西氏小雨蛙在之前被認為是數量很少的蛙類，甚至還名列保育類名單，其實是因為牠們平常時期很會躲藏，體型又小，非常不易發現；但只要在繁殖期3至9月碰上下雨天時，原本分散的族群，就會聚集到水池或積水旁，一起放聲鳴叫求偶繁殖，摸清牠的習性以後大家才發現黑蒙西氏小雨蛙數量還不算少呢。黑蒙西氏小雨蛙鳴叫時的樣子非常有趣，鼓著比身體還大的鳴囊，模樣非常可愛，雖然較為膽小，常常燈光一照，鳴囊就馬上消氣，但是可以利用預先錄好的鳴聲來引誘牠鳴叫。

黑蒙西氏小雨蛙的叫聲非常低沉且宏亮，和小雨蛙鳴聲極為相似不易區分，但黑蒙西氏小雨蛙的叫聲略低且綿長，仔細分辨還是可以聽出不同。

黑蒙西氏小雨蛙不管是數量上還是分布上都較小雨蛙來得少和局限，北台灣確定看不見牠們，只有中南部和東部才有分布，但是有些棲地的族群數量非常多且集中，只要天時地利都配合，牠們其實是不難觀察的蛙種。

▲黑蒙西氏小雨蛙喜歡躲在落葉底下鳴叫。

▲黑蒙西氏小雨蛙喜歡躲在水邊的落葉、草根、土縫或石頭底下。

史丹吉氏小雨蛙 *Micryletta inornata*

俗別名	史氏姬蛙（大陸）、台灣娟蛙
體長	♂ 2.2 ~ 2.4cm ♀2.6~2.8cm
繁殖期	1 2 **3 4 5 6 7 8 9** 10 11 12
分布海拔	**0 500 1000 1500** 2000 2500 3000

◆ **棲地**：零散分布在台灣中南部東南部低海拔山區，目前發現地有：台中太平、南投中寮山區、雲林嘉義近郊、台南曾文水庫、南化山區，屏東墾丁等地區，族群量不大。

◆ **特徵**：史丹吉氏小雨蛙的體型小而纖細，大致呈瘦長型，頭部小，頭寬大於頭長，吻端圓鈍，口小。鼓膜及顳褶不明顯，背部顏色及花紋變化多端，一般為淺褐色或鐵灰色，有一些暗褐色或黑色粗大的砂點紋，有時會連成2至4條縱紋。有些個體在胸側有深色斑，腹部光滑，灰白色，喉部有深褐色斑點。皮膚平滑但仍有些不明顯的小疣粒，股部內側及泄殖腔口附近的疣粒較大。前肢細長，上臂呈橘色，背面淺褐色，有深褐色斑點，指端圓無吸盤，有3個掌突。後肢不特別粗壯，有深色斑點，趾端無吸盤，趾間無蹼，僅有發達的內蹠突，無外蹠突。雄蛙具單一咽下外鳴囊。

▼史丹吉氏小雨蛙的背上花紋多變，上臂橘色或黃色。

巴氏小雨蛙

- 皮膚疣粒較為明顯。
- 體型為短胖等腰三角形。
- 背上有塔狀花紋。
- 體型略大而圓胖。
- 趾端有小吸盤。

▲也有體色較深、斑紋不明顯的個體。

▲雄蛙具單一咽下外鳴囊。

習性：史丹吉氏小雨蛙體型小，平常時候又愛躲在森林或開墾地的底層落葉堆或腐植土內，非常不容易觀察。但通常在夏天的陣雨之後，牠們會很有默契的成群出現在暫時性積水中鳴叫求偶，有時也會在半人工的開墾地或水溝，叫聲是高而連續如蟲鳴般的「嘰、嘰、嘰」；平常不下雨的時候，很難看到牠們，偶爾可以看到一、兩隻躲在落葉堆中而已。史丹吉氏小雨蛙的卵粒小，卵徑約0.11-0.12mm，會成片漂浮在水面，每次產卵200至350粒左右，產卵速度非常慢，一次踢卵約10至20粒，兩次動作間隔很長。蝌蚪頭部及背部圓盤狀，平扁不甚透明且有些深棕色斑點。口位於吻端，眼睛在兩側，體側有一條淺色縱線，尾端尖細如絲狀。和小雨蛙蝌蚪外型很像，但尾鰭較高，體色較深，透明度較低。蝌蚪喜歡成群浮游在水的中層。

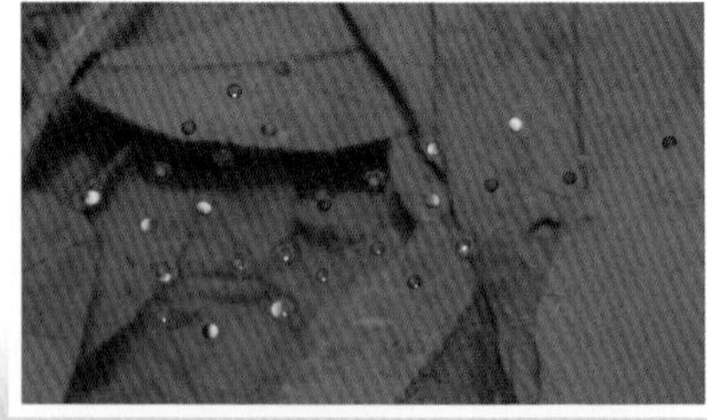

▲史丹吉氏小雨蛙的卵粒小，會成片漂浮在水面，但較為卵粒分布較鬆散。

▲史丹吉氏小雨蛙產卵。

▶在夏天的陣雨之後史丹吉氏小雨蛙會很有默契的成群出現在水邊。

觀察要領：史丹吉氏小雨蛙一直是一種神秘而讓人無法捉摸的蛙種，以往大家對牠的習性不夠了解時，因為不容易看見牠們，就以為牠們數量非常稀少，但其實季節對了（每年3至6月），只要抓準久旱後的第一場大雨來到牠們的棲地，常常可以看見成千上萬的史丹吉氏小雨蛙聚集，牠們或叫或鬥，抱接產卵等行為一次就可以完整觀察到，但是隔天來到相同地方卻可能一隻史丹吉氏小雨蛙都看不見，可以說是猛爆性生殖的代表蛙種。筆者就曾在雲林樣仔坑和台南174縣道，親眼見到史丹吉氏小雨蛙爆發的驚人奇景，那種整條水溝滿滿都是史丹吉氏小雨蛙，伴隨著尖銳震耳的鳴叫聲，讓我永生難忘。雖然史丹吉氏小雨蛙在爆發時看起來數量很多，可是其實牠們的棲地正在快速縮小，加上原本就分布頗為局限，所以仍有生存上的危機。

▲史丹吉氏小雨蛙的蝌蚪較不透明。

▲夏天大雨過後史丹吉氏小雨蛙鳴叫的特別起勁。

赤蛙科 Ranidae

赤蛙是台灣蛙類裡的運動高手，除有一雙修長善於跳躍的後腿外，後腳也具蹼而成為游泳的利器，也因為其繁殖能力強，而成為除了蟾蜍以外，和人類關係最密切、最容易觀察的蛙類，不論在都市、住家、稻田、平原、森林，都很容易看到牠們褐色的身影。赤蛙科全世界約有16屬338種，台灣目前共有4屬14種。

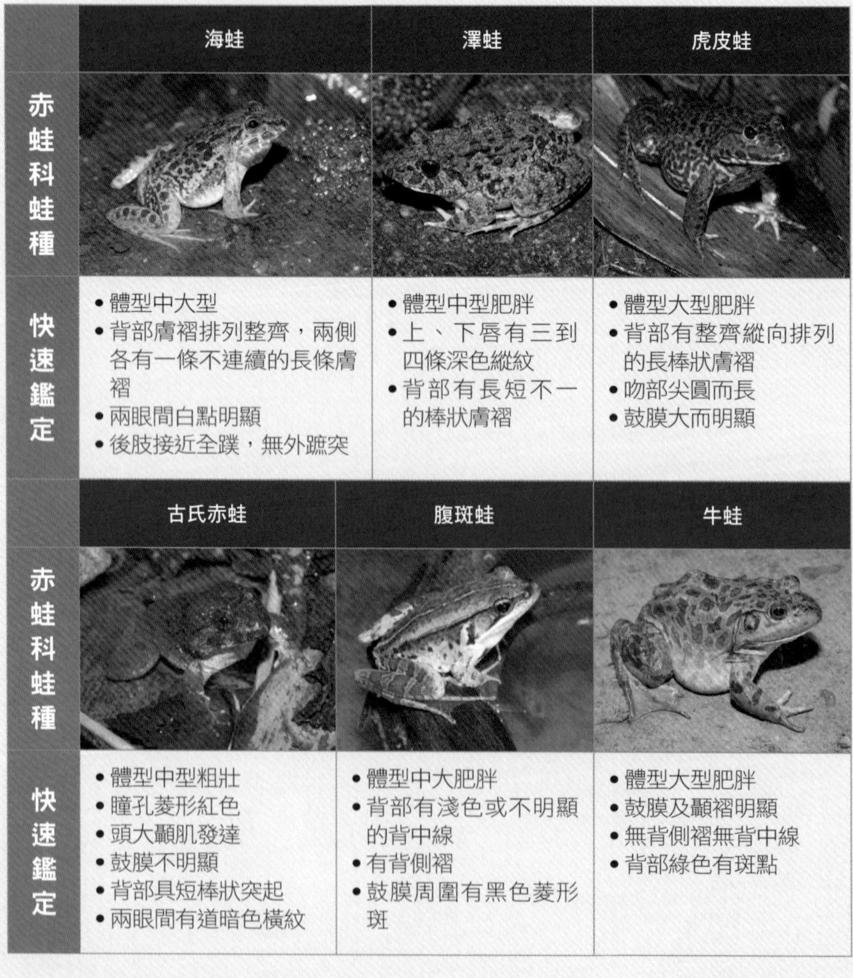

	海蛙	澤蛙	虎皮蛙
赤蛙科蛙種			
快速鑑定	• 體型中大型 • 背部膚褶排列整齊，兩側各有一條不連續的長條膚褶 • 兩眼間白點明顯 • 後肢接近全蹼，無外蹠突	• 體型中型肥胖 • 上、下唇有三到四條深色縱紋 • 背部有長短不一的棒狀膚褶	• 體型大型肥胖 • 背部有整齊縱向排列的長棒狀膚褶 • 吻部尖圓而長 • 鼓膜大而明顯

	古氏赤蛙	腹斑蛙	牛蛙
赤蛙科蛙種			
快速鑑定	• 體型中型粗壯 • 瞳孔菱形紅色 • 頭大顳肌發達 • 鼓膜不明顯 • 背部具短棒狀突起 • 兩眼間有道暗色橫紋	• 體型中大肥胖 • 背部有淺色或不明顯的背中線 • 有背側褶 • 鼓膜周圍有黑色菱形斑	• 體型大型肥胖 • 鼓膜及顳褶明顯 • 無背側褶無背中線 • 背部綠色有斑點

	金線蛙	貢德氏赤蛙	拉都希氏赤蛙
赤蛙科蛙種			
快速鑑定	• 體型大型肥胖 • 背中線及體側綠色 • 體側有兩條金色縱帶 • 背側褶明顯	• 體型大型肥壯 • 有背側褶無背中線 • 鼓膜周圍白色	• 體型中型 • 背側褶粗大 • 四肢粗壯 • 皮膚粗糙

	長腳赤蛙	豎琴蛙	梭德氏赤蛙
赤蛙科蛙種			
快速鑑定	• 體型中型瘦長 • 趾端無吸盤 • 有背側褶無背中線 • 鼓膜附近有黑色菱形斑 • 四肢極為修長	• 體型中小型短胖 • 背部常有明顯的背中線直達吻端 • 有背側褶 • 鼓膜周圍有黑色菱形斑	• 體型中型 • 趾端有吸盤 • 有背側褶無背中線 • 鼓膜附近有黑色菱形斑 • 背部多有八字型黑斑

	斯文豪氏赤蛙	台北赤蛙
赤蛙科蛙種		
快速鑑定	• 體型大型修長 • 體色變異很大，主色為綠色或褐色 • 背側褶不明顯沒有背中線 • 趾端膨大具吸盤	• 體型小型纖細修長 • 背部綠色 • 背側褶金色或白色

海蛙 *Fejervarya cancrivora*

俗別名	海陸蛙（大陸）、紅目仔（台語）、食蟹蛙、紅樹林蛙
體長	♂ 5.5 ~ 6 cm ♀5.5 ~ 12 cm
繁殖期	1 2 **3 4 5 6 7 8 9 10** 11 12
分布海拔	**0 500** 1000 1500 2000 2500 3000

◆ **重要性**：台灣最晚發現的蛙種，也是台灣耐鹽性最高的蛙種。

◆ **棲地**：目前僅在屏東大鵬灣潟湖、東港、林邊鄉、佳冬等少數幾個地方有發現而已。

◆ **特徵**：海蛙為中大型赤蛙，頭部長尖，頭長略大於頭寬，上下唇有深色縱紋，瞳孔黑色，但在強光下呈紅色，眼鼻線黑色。背部膚褶排列整齊，兩側各有一條縱行不連續的膚褶。背部顏色及花紋多變，青灰色、褐色或深灰色，有時雜有明顯的紅褐色或綠色，有些個體有背中線，背中線寬細不一，顏色也多變，無背中線的個體兩眼間常有一明顯白點。腹部平時為白色而參雜淡淡的黑色散狀斑，但若受刺激時黑斑會大量明顯出現。前肢上臂有橫紋，指端尖，掌突發達，有內外蹠突。後肢較短，有橫紋，趾間近全蹼，無外蹠突。雄蛙具一對咽下外鳴囊。

▼海蛙後肢趾間近全蹼是辨識的重點。

▲兩側各有一條縱行不連續的長膚褶。

▲雄蛙具一對咽下外鳴囊。

▲無背中線的個體兩眼間常有一明顯白點。

▲有些個體有背中線。

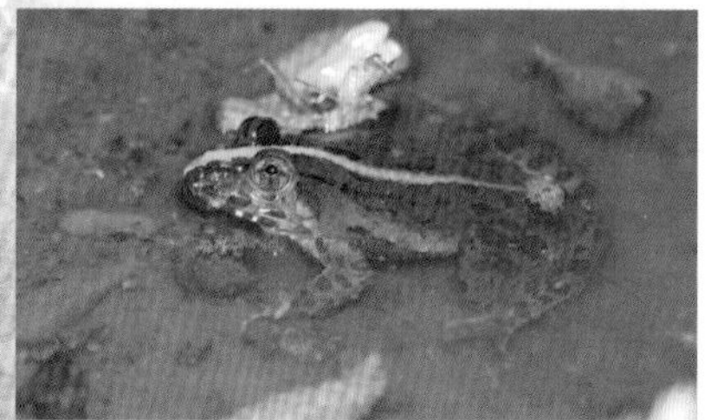

▲甚至有綠色背中線的個體。

相似種比較

澤蛙

- 頭部頭長略等於頭寬。
- 鼓膜較不明顯。
- 眼鼻線較不明顯。
- 後肢為半蹼。
- 體型較小。
- 背部膚褶較細且較不規則。
- 雄蛙為單一咽下外鳴囊。

習性：海蛙因為常棲息於海潮能到的海岸地區，並以紅樹林地區較為常見，耐鹽性較其他的蛙類高，所以又被稱為紅樹林蛙。白天常躲在植物根部，晚上才出來覓食，以無脊椎動物，包括螃蟹為食，因此也有食蟹蛙之稱。常在大雨之後的夜晚，一隻隻單獨藏身在水邊、溝渠或植物的根部鳴叫，叫聲是一連串的「妹、ㄣ、ㄣ、ㄣ」，有點像綿羊的叫聲，近聽又有點像機關槍「得、得、得」的聲音。海蛙產卵是採頭部向下、泄殖孔朝上的動作，一次踢卵可以擠出約200到300粒卵，而整個產卵過程約可產下1600餘顆甚至2000粒以上的卵。海蛙的卵群呈片狀飄浮於水面，卵粒

1 求偶

▲公蛙一發現母蛙立刻上前抱住。

2 抱接

▲抱接後極快速就進入產卵階段。

3 產卵

▲海蛙產卵是採頭部向下、泄殖孔朝上的動作。

4 卵

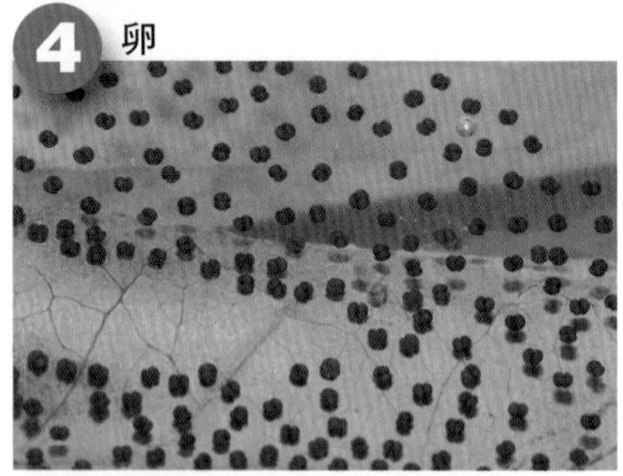

▲約一小時卵就開始有分裂的現象。

5 蝌蚪

▲海蛙蝌蚪。

6 幼蛙

▲海蛙幼蛙。

▲叫聲是一連串的「妹、ㄣ、ㄣ、ㄣ」，有點像綿羊的叫聲。

◀海蛙成蛙非常膽小一見人就趴。

小，卵徑約僅1公釐，產於因下雨造成的暫時性水域，卵孵化速度極快，和水溫有關，水溫高時有時甚至24小時內即可孵化成蝌蚪。蝌蚪為底棲性，體長可達五公分，眼睛周圍有白色條紋，尾端尖長，野外約三週即可變成小蛙。

觀察要領：在台灣目前僅在屏東東港、林邊及佳冬等少數幾個地方有發現海蛙蹤跡，根據當地捕蛙人表示已經捕捉「紅目仔」十幾年了，可見海蛙可能已經存在於台灣很長一段時間，只是一直未被發現而已。牠們在台灣的棲息環境除了紅樹林，還包括積水的檳榔園、運霧園、稻田、排水溝、沼澤濕地、雞舍等潮濕的環境。牠們喜歡於因大雨所產生的暫時性水域產卵，但因為成蛙非常怕人及畏光，經常人還沒靠近就趴，再靠近就噗通跳進水裡或快速跳開，所以要想深入了解牠們的生態行為，最好要挑個雨量足以產生大量積水的時機，這時海蛙們為了把握難得的繁殖機會，也會變得較為大方，不再那麼難以靠近，也只有這時才有機會可以近距離觀察牠們。

澤蛙 *Fejervarya Limmocharis*

俗別名	田雞、田蛙、田蛤仔（台語）、澤陸蛙（大陸）
體長	♂ 3.5 ~ 5 cm ♀4.5~6cm
繁殖期	1 2 3 4 5 6 7 8 9 10 11 12
分布海拔	0 500 1000 1500 2000 2500 3000

◆ **棲地**：分布於海拔1000公尺以下的山區，喜歡池塘、水溝、沼澤或流速較緩之小溪流，是適應能力很強的蛙類。

◆ **特徵**：澤蛙體型中型，頭部長寬略相等，鼓膜及顳褶都很明顯，吻端尖圓，上下唇有深色縱紋，極像陽婆婆的老人斑，是辨識上的最大重點。背部顏色及花紋多變，青灰色、褐色或深灰色，有時雜有明顯的紅褐色或綠色斑紋。兩眼間有深色V型橫斑，肩部有類似W型斑，有些個體有背中線，背中線寬細不一。體側有些延續自肩部的深色斑，背部有許多長短不一、不規則排列的棒狀膚褶，褶間有些小疣粒，體側及體後端有許多小圓疣，四肢背面也有小疣粒分布，腹部光滑乳黃色。前肢上臂有橫紋，指端尖，掌突發達。後肢較短，有橫紋，股部內側有許多白色小顆粒突起，趾端尖，趾間有半蹼，有內外蹠突。雄蛙具單一咽下外鳴囊，但因為鳴囊中間有一個分隔，常被誤認為是一對咽下鳴囊。

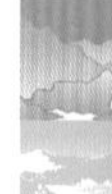

相似種比較

虎皮蛙

- 體型較大。
- 鼓膜較大。
- 無背中線。
- 嘴部縱紋較不明顯。

海蛙

- 體型較大。
- 眼鼻線黑色較明顯。
- 眼後膚褶較長。
- 後腳近全蹼。

▲閃電型背中線的澤蛙。

▲全咖啡色型澤蛙。

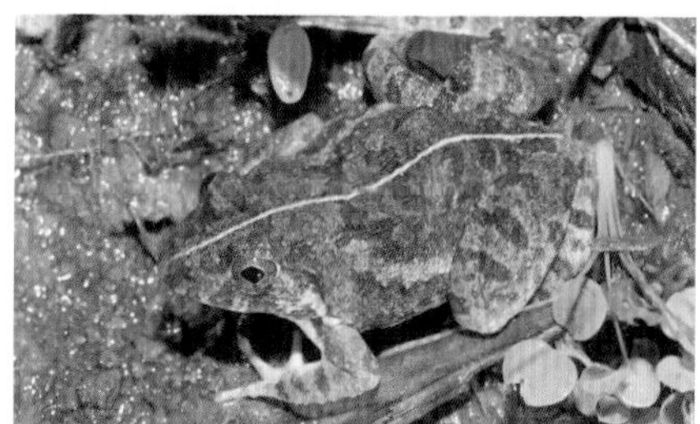

▲有細背中線的澤蛙。

▲綠色為主的澤蛙。

▲有粗背中線的澤蛙。

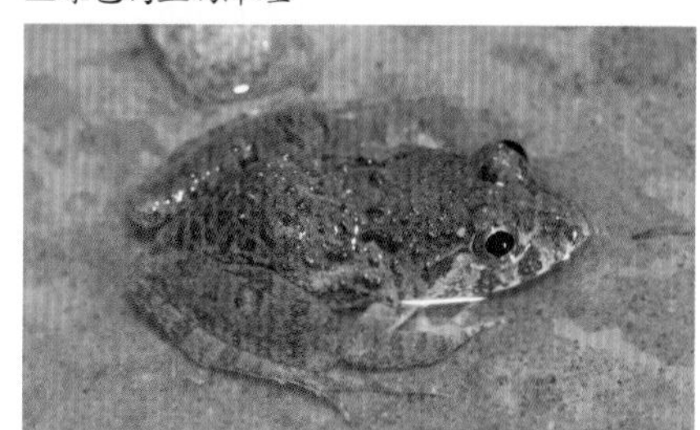

▲雜色型澤蛙。

▲澤蛙產卵動作是頭部向下、泄殖孔朝上。

習性：澤蛙可說是台灣最常見的青蛙，不管是低海拔山區還是平地，甚至隨便的臭水溝都可以輕易的發現牠們，這都是因為牠們對環境的勢應力非常好，繁殖能力也強的原因所致。澤蛙的食量很大，也很貪吃，只要體型比牠小型的動物從面前經過，牠都不會輕易放棄。澤蛙的繁殖期很長，約從3至10月，但以春夏為主。公母蛙配對以後，抱接動作常常會持續非常久，甚至會到清晨天亮左右才下蛋，下蛋動作是頭部向下、泄殖孔朝上。雌蛙一年可多次產卵，每次產卵可達700至1600粒卵，卵粒小，卵塊成一大片漂浮在水面上。蝌蚪小型，背面棕灰色或橄欖綠色，有深棕色斑，尾部細長有深色細斑，尾長為體長兩倍，口小位於吻部下方，唇部亦有深色縱斑為最大辨識重點。

▲澤蛙抱接動作常常會持續非常久。

▲澤蛙已長後腳的蝌蚪。

▲澤蛙小蛙非常可愛。

觀察要領：澤蛙是白天、晚上皆會活動的蛙類，但個性非常膽小，常常本來十幾隻聚在一起，但一看到人影靠近後就四散逃竄，一下子就消失到一隻不剩。所以要想看牠們，也要放輕腳步和放慢動作才行。最適合拜訪澤蛙的時機是在春末與夏季的晚上，特別是在下過雨的夜晚，常可聽到其響亮的鳴叫聲，巡著叫聲就可以發現牠們。澤蛙的叫聲響亮且變化多端，時而高亢時而低沈。單獨一隻鳴叫時，叫聲是連續數十個「嘓、嘓、嘓」；但在兩隻對叫的時候，叫聲則可能變成「嘓嘓、嘓嘓、嘓嘓……」或「嘓ㄎ一、嘓ㄎ一」，有時變成「ㄎ一嘓、ㄎ一嘓」，頗有互相較勁的意味呢。澤蛙的外型也很有看頭，有咖啡色、綠色、雜色的個體，背中線更是有粗有細，有些甚至呈閃電般分岔，也因此常被誤認為是新種蛙類，若有機會可以多注意觀察。

▲澤蛙吻端上下唇有深色縱紋，極像陽婆婆的老人斑。

▲澤蛙後肢為半蹼。

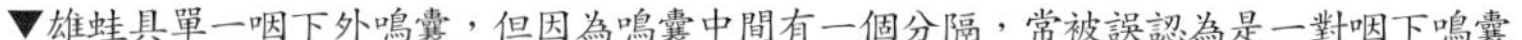

▼雄蛙具單一咽下外鳴囊，但因為鳴囊中間有一個分隔，常被誤認為是一對咽下鳴囊。

虎皮蛙 *Hoplobatrachus rugulosa*

俗別名	水雞（台語）、田雞、虎紋蛙（大陸）
體長	♂ 8 ~ 10 cm ♀10~13cm
繁殖期	1 2 3 4 5 6 7 8 9 10 11 12
分布海拔	0 500 1000 1500 2000 2500 3000

◆ **棲地**：廣泛的分布在全台低海拔山區和平原地帶，喜歡棲息於池塘、水溝、沼澤和水田裡。

◆ **特徵**：虎皮蛙體型大型粗胖，頭部頭長略大於頭寬，吻端尖圓而長。鼓膜大型明顯，但顳褶不顯著。背部主色為黃綠色、灰褐色、暗褐色或灰黑色，幼蛙較常為綠色，但都有一些深色斑點或雲紋，無背中線。體側腹側白色有深色不規則的斑紋，皮膚非常粗糙，背部有許多長短不一、排列整齊的長棒狀膚褶，腹側、背後方及腿部有許多淺色的小疣粒。腹部光滑白色，雜有一些黑色雲紋。前肢粗短，有橫紋，指短而尖圓，關節下瘤大而明顯，無掌突。後肢粗壯，有橫紋，趾間全蹼，內蹠突窄而長，無外蹠突。雄蛙具一對咽側外鳴囊。

▼背部有一些深色斑點或雲紋。

相似種比較

澤蛙

- 體型較小。
- 膚褶比較短且排列不整齊。
- 有些個體有背中線。
- 腹部純白無雲紋。

古氏赤蛙

- 體型較小。
- 背上有M型膚褶。
- 鼓膜隱於皮下。
- 頭部比例較大。

▲小蛙體色略帶綠色，但也有深色斑點或雲紋。

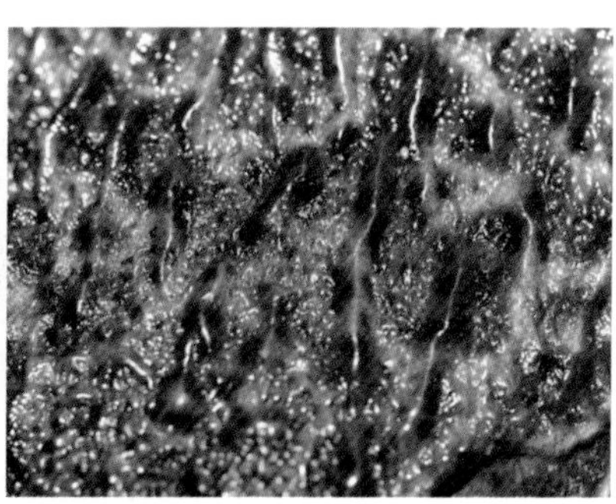

▲背部有許多長短不一的長棒狀膚褶。

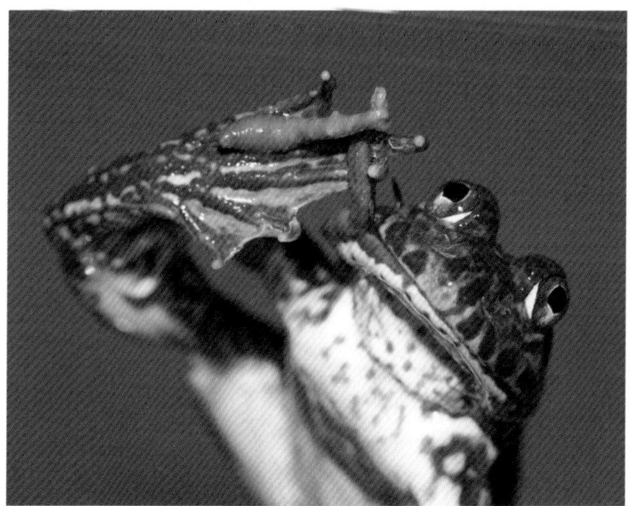

◀虎皮蛙很常被釣起，甚至連無人釣竿都可以騙到牠。

▲雄蛙具一對咽側外鳴囊。

習性：虎皮蛙喜歡躲在水池邊草叢或水草中鳴叫，叫聲是快速連續的「ㄤ、ㄤ、ㄤ」，有點像敲打金屬所發出來的聲音。體型雖大但個性非常機警怕人，一有風吹草動就會馬上利用有力的後腿迅速跳開。虎皮蛙非常貪吃，一口就能吞下一隻澤蛙，因此也非常容易上勾被釣起而成為以往人們加菜的主要食材；而且虎皮蛙食性廣食量大，體型生長快速，也成為目前最普遍的人工飼養蛙類。虎皮蛙的卵粒頗大，直徑約可達1.8mm，為單枚一顆顆浮於水面。蝌蚪大型，全長可達5cm，尾長為體長兩倍，背部綠褐色有些小黑點，眼下及口側有金黃色斑點，上尾鰭有細斑紋，蝌蚪為底棲型，喜歡棲息在靜水域。

觀察要領：虎皮蛙早期在台灣是非常常見於水田裡的蛙類，在食物缺乏的年代裡牠也是人類的食物之一，但也因為被大量補捉、農藥的大量使用和棲地破壞的多重影響下，野外族群數量已經大不如前，想要在野外看見牠們，完全得靠運氣，似乎沒有一個地方去了可以保證看見牠。而虎皮蛙的害羞個性，也加強了觀察的難度，而且是體型越大的個體越膽小，常常是人還沒靠近時就聽見噗通噗通的跳水聲，而本來就在水裡的就會把水弄混濁，然後躲藏其中，有時後看起來還滿搞笑的。筆者提供一個靠近牠們的方法，當發現水池可能有虎皮蛙出現時，最好停下腳步先用燈光仔細尋找四週，真的發現了牠們身影以後，暫時不要將燈光移開牠們的身體，然後腳步放輕慢慢的接近牠們，這樣有時就可以輕易的來到牠們身邊喔！

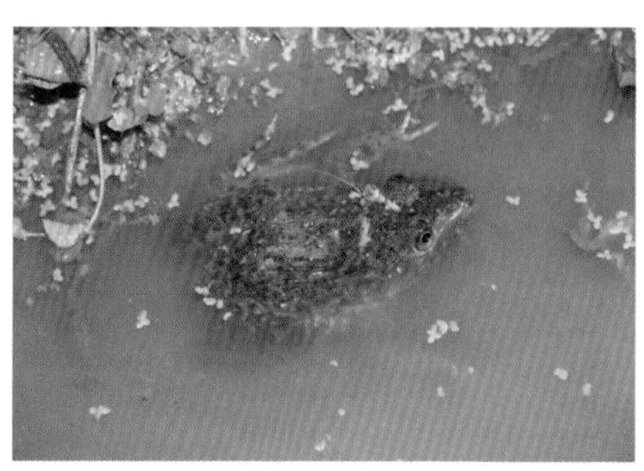

▲把水弄混的虎皮蛙。

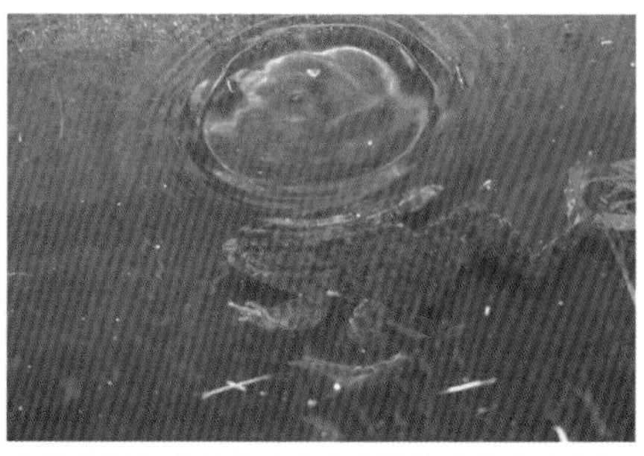

▲常常是人還沒靠近時就聽見噗通噗通的跳水聲。

▼虎皮蛙野外族群數量已經大不如前，想要在野外看見牠們得靠運氣。

古氏赤蛙 *Limnonectes kuhlii*

俗別名	大頭蛙
體長	♂ 5～7 cm ♀5~7cm
繁殖期	1 2 3 4 5 6 7 8 9 10 11 12
分布海拔	0 500 1000 1500 2000 2500 3000

◆ **重要性**：台灣唯一公蛙略大於母蛙的種類。

◆ **棲地**：分布於海拔1000公尺以下的山區，喜歡水溝、沼澤、山澗或流速較緩之小溪流。

◆ **特徵**：古氏赤蛙體型中型，頭部長寬接近，頭部大而扁平，光頭長就幾乎佔了體長的一半，故有大頭蛙之稱。吻端鈍圓，上下頷有黑色縱紋，眼睛瞳孔菱形，在燈光下為明顯紅色，鼓膜小而隱於皮下。眼後方的顳肌發達，顳褶明顯，顳褶下方有黑色斜線紋。下頷有兩個齒狀突起，是台灣蛙類唯一具有此一構造者。背部顏色花紋變化頗大，深褐色、灰棕色、紅棕色或黃棕色皆有可能，兩眼間有深色橫帶，有黑色W或倒V字形黑斑，無背中線，體側腹側及腰部有黃色花斑。皮膚粗糙且散有許多棒狀疣粒，體側及後背部有小圓疣。腹部光滑白色，咽喉部及四肢腹面有許多黑棕色斑點。前肢粗短，有黑橫紋，指細短，指間無蹼，有3個掌突。後肢短而粗壯有黑橫紋，趾間全蹼，內蹠突窄長，無外蹠突。

▲母蛙就顯得秀氣許多。

◀古氏赤蛙後肢具全蹼。

▲古氏赤蛙頭部大而扁平，光頭長就幾乎佔了體長的一半。

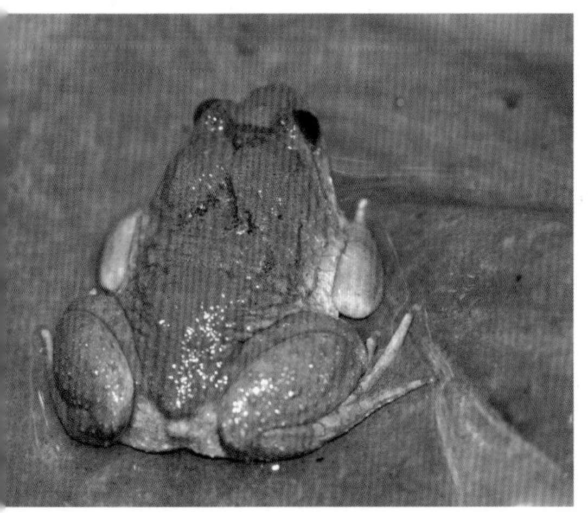

▲很多個體背上有黑色W或倒V字形黑斑。

相似種比較

澤蛙

- 瞳孔非菱形。
- 頭部較小。
- 顳褶較不發達。
- 有些個體有背中線。
- 背上突起多為平行的棍棒狀。

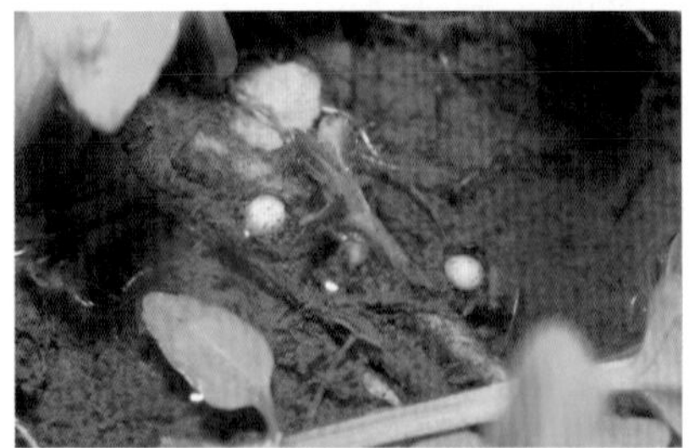
▲古氏赤蛙剛產下的卵粒一顆顆散落水底。

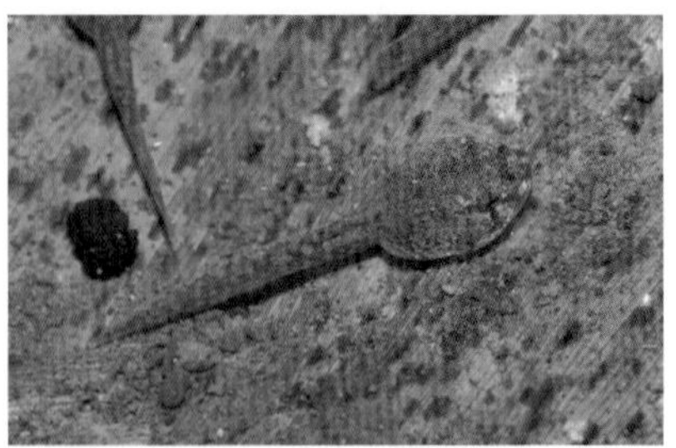
▲蝌蚪兩眼附近和鼻孔間有深褐色橫斑。

習性：古氏赤蛙終年住在遮蔽良好、溝底有落葉或淤泥且流速緩慢的淺水溝或溪澗中，白天也常常看見，但多半躲在落葉底下，僅探出一個頭來。只要氣候溫暖適宜，古氏赤蛙是可以終年繁殖的，但在寒冷的1月及2月繁殖現象會減少。雄蛙的領域性很強，領域叫聲是單音節短促的「嘓」，求偶叫聲則是連續7至20個音節的「咕、咕、咕」。雄蛙有時會先發出一聲領域叫聲，然後再發出求偶叫聲，如此既可以宣告領域又可以吸引雌蛙，屬於多功能的複合叫聲。雌蛙一年可多次生殖，一次產卵20至60粒，卵徑約2mm，卵粒一顆顆散落在水底，具黏性，常沾滿泥沙。蝌蚪身體卵圓型，體色主要為褐色散有黑細點，兩眼附近和鼻孔間有深褐色橫斑，尾長為體長兩倍，尾鰭較低，小蝌蚪的尾部有3至5條橫紋，但大蝌蚪則不明顯。

▲古氏赤蛙鳴叫是連續7至20個音節的「咕、咕、咕」。

▲每次看見古氏赤蛙抱接都有一種大欺小的感覺。

觀察要領：古氏赤蛙是青蛙裡的好戰份子，從牠們強壯的體型就可以看出端倪，在一些族群數量較大的棲地，常常可以看見雄蛙互相驅逐，然後打成一團的行為，牠們的打架是利用下頷的齒狀突起當武器互咬對方，常常打到滿身是傷甚至頭破血流才停止。古氏赤蛙最特別的一點就是公蛙體型比母蛙還要大上一號，每次看見古氏赤蛙抱接，都有一種大欺小、霸王硬上弓的感覺，非常有趣。古氏赤蛙的數量不少，幾乎全台各縣市都有分布，要想在野外看見牠們並不難，牠們的個性不算膽小，也不一定限定在雨天才會出沒，但牠們常躲在掩蔽物下，加上良好的保護色，有時還是會讓人忽略。

▲古氏赤蛙幼蛙。

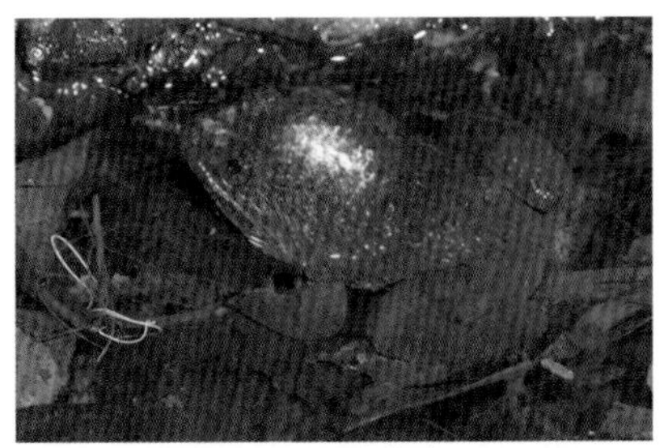
▲雄蛙頭部可能因打鬥造成傷口。

腹斑蛙 *Rana adenopleura*

俗別名	無
體長	♂ 5 ~ 6.5 cm ♀5~7cm
繁殖期	1 2 3 4 5 6 7 8 9 10 11 12
分布海拔	0 500 1000 1500 2000 2500 3000

◆ **棲地**：廣泛分布於全台2500公尺以下的山區草澤及靜水域。

◆ **特徵**：腹斑蛙體型中型肥碩，頭部扁平，頭長約等於頭寬，吻端鈍圓，上唇及頷腺白色，鼓膜明顯，鼓膜周圍有黑色菱形斑，無顳褶。背部灰褐色或棕褐色，有些個體會呈紅褐色，後端散布一些黑色圓斑，多數個體中央有一條淡色不明顯的背中線。體側有一對淺色細長的背側褶，從吻端經眼睛、鼓膜及沿背側褶下方深褐色，腹側灰褐色有許多大黑斑。皮膚光滑，但體側及四肢背面有一些小疣粒，背部後端有數個較大型的圓疣粒，腹部白色光滑。前肢細長有棕色橫帶，指端略膨大成吸盤，有內外掌突。後肢肥碩有棕色寬橫帶，趾端略膨大成吸盤，有圓形的內外蹠突，股部內側有許多黑斑。雄蛙具一對咽下雙鳴囊。

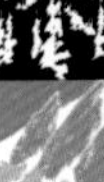

相似種比較

豎琴蛙

- 體型較小。
- 身材較短胖。
- 鳴叫聲為「登、登、登、登、登」。
- 鳴囊較不明顯。

貢德氏赤蛙

- 體型較大。
- 鼓膜外圍有白色圈圈。
- 無背中線。

拉都希氏赤蛙

- 背側褶粗大。
- 具內鳴囊。
- 無背中線。

▲腹斑蛙體色也有可能變紅棕色。

▲有些個體背中線明顯，有些不明顯。

▼雄蛙具一對咽下雙鳴囊。

習性：腹斑蛙喜歡棲息在山區的草澤或水池裡，常成群躲在水草根部或遮蔽物底下鳴叫，叫聲是尾音拉得很長的「給、給、給」，會很有默契你一聲我一聲此起彼落的，鳴聲響亮且可傳遠。雄蛙有強烈領域性，當有其他雄蛙入侵的時候，會發出「嘎」驅趕叫聲，並有主動驅逐的推擠動作，甚至會因此大打出手。公蛙和母蛙的體型差異不大，但雄蛙兩側肩後方各有一塊明顯的扁平黃色三角形隆起，抱接後通常不用等太久即會下蛋。卵是黑白雙色具黏性，一次產卵約可產下300至500顆，卵會三、四顆形成一個聚落，卵塊整體呈球狀，但表面平攤成多層小片狀漂浮在水面上。蝌蚪體型極大，體長可達6公分，身上有許多細小的褐色點，尾鰭高，喜歡棲息

1 抱接

▲腹斑蛙抱接。

2 產卵

▲腹斑蛙產卵非常不容易觀察到。

▼腹斑蛙雄蛙對著母蛙唱情歌，聲音是很特別的「給、給、給」。

在水底，只偶爾浮到水面換氣。

觀察要領：腹斑蛙的繁殖期是3至9月，不到這段時期不會現身。但不用擔心，只要季節對了，腹斑蛙的個性可是非常大方愛現的，而且還是個標準的大聲公，不管是晴天雨天，大老遠就可以聽見牠那響亮且獨特的叫聲，只要聽聲辨位，想要不發現牠們都難。筆者常因為找尋腹斑蛙鳴叫聲的源頭，意外發現許多蛙況很好的水池埤塘，說牠們是引路蛙可真是一點也不誇張。也因為牠們愛叫不怕人的特性，所以想觀察青蛙鳴囊可以牠們為對象，很容易就可達成目的喔！

3 卵

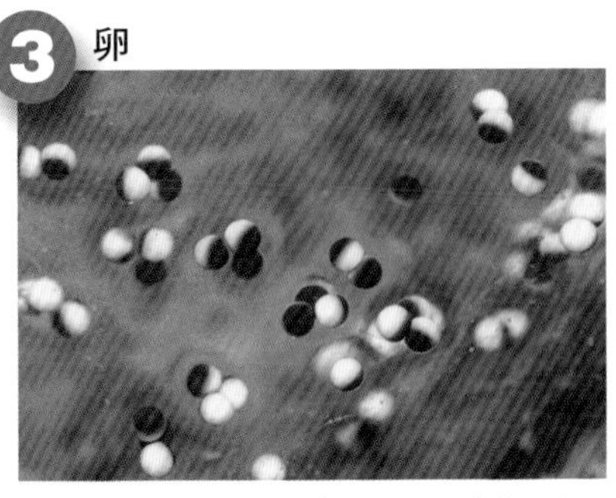

▲腹斑蛙的卵常三、四粒連在一起。

4 有尾小蛙

▲尾巴尚未消失的腹斑蛙小蛙。

5 無尾小蛙

▶尾巴已消失的腹斑蛙小蛙。

牛蛙 *Rana catesbeiana*

俗別名	美國水雞（台語）
體長	♂12 ~ 16 cm ♀13 ~ 20 cm
繁殖期	1 2 **3 4 5 6 7 8 9 10** 11 12
分布海拔	**0 500 1000 1500** 2000 2500 3000

▲牛蛙體型大型肥碩。

◆ **重要性**：外來種，為台灣蛙類中體型最大者。

◆ **棲地**：原產於北美洛杉磯山脈以東地區，四、五十年前引進台灣作為食用養殖蛙類，但因為有些個體從養殖場逃脫，或因人為不當放生行為，使得牛蛙已成為台灣最嚴重的外來物種問題之一。

◆ **特徵**：牛蛙體型大型肥碩，是台灣最大型的蛙種。頭部頭寬遠大於頭長，口大，吻端鈍圓，下唇白色。鼓膜大型明顯，顳褶明顯達肩部上方。背部主色為綠色或褐綠色，個體間顏色變異很大，有許多黑色或棕色斑點，皮膚粗糙，有一些小顆粒。腹部光滑乳白色，有灰色雲狀斑，喉部顏色較深。前肢指端細長，指間無蹼。後肢粗壯，趾端圓鈍，趾間蹼發達滿蹼，內蹠突小而不發達長圓形，無外蹠突，第五趾外側有一條明顯的皮褶。

相似種比較

虎皮蛙

- 體型較小。
- 膚色偏褐色或棕黑。
- 背部有明顯縱向排列的棒狀突起。

習性：牛蛙因叫聲如牛而得名，體型大而且具有強烈的領域性，常坐在池邊淺水區域或浮在水面鳴叫。牠們不是台灣的固有種，可能來自於養殖場逃逸或者放生。由於牛蛙的繁殖力強，成體和蝌蚪都會捕食其他種類的青蛙，對本土蛙類族群的生存有很大的威脅，因此應該加強管理及移除。牛蛙的卵徑長約1.2至1.5mm，每次產卵數量非常多，約可達6000至40000粒，成片狀漂浮在水面上。蝌蚪大型，全長可達10至15公分以上，體色主色褐色，背部及尾部有許多黑斑，蝌蚪期很長，最長可達兩年。

▲牛蛙不是台灣的固有種，可能來自於養殖場逃逸或者放生。

觀察要領：牛蛙不論成體或蝌蚪，皆會捕食台灣原生蛙類和蝌蚪，加上牠食量大又愛吃，對於台灣蛙類的生態造成很大影響，常常是一個原本有很多本土蛙類的池塘，一旦出現一隻牛蛙後，過不久其牠蛙類數量就會大量減少，甚至完全消失。好在牛蛙族群本身的擴散能力還不算太好，除非遭人為棄養或放生，不然牠們不太會自己遷徙或是擴張勢力範圍，加上牛蛙在台灣的天然環境下，生長得並不是很健康，這大概是在野外也不太容易看見牛蛙的原因。

▲筆者曾在台中都會公園看見大量牛蛙幼蛙，推測是遭放生的族群。

▼有看見某些個體被螞蟻攻擊，可能適應環境的狀況也不算太好。

金線蛙 *Rana fukienensis*

俗別名	青葉（台語）
體長	♂ 5～7 cm　♀6～9 cm
繁殖期	1 2 **3 4 5 6 7 8 9** 10 11 12
分布海拔	**0 500 1000** 1500 2000 2500 3000

◆ **重要性**：早期為食用蛙類，現在數量已銳減。

◆ **棲地**：分布於全台海拔1000公尺以下的草澤或池塘裡。

◆ **特徵**：金線蛙體型大型肥碩，頭部頭長約等於頭寬，吻端鈍圓，鼓膜大而明顯，為棕黃色或紅褐色，顳褶不顯著。背部綠色雜有一些黑色斑點，有兩長條褐色斑，從吻端一直延伸到泄殖腔口，形成粗而明顯的綠色背中線，也有整隻綠色的個體。體側多為綠色有些黑斑，兩側各有一條粗大的褐色、白色或淺綠色的背側褶。皮膚光滑，但在背部及體側有些疣粒。腹部光滑，黃白色帶有一些棕色點。前肢指細長無蹼。後肢粗短有黑色橫帶，趾間蹼發達為全蹼，股部內側黑色有許多小白斑。雄蛙具一對咽側內鳴囊。

相似種比較

台北赤蛙

- 體型較小且瘦長。
- 無背中線。
- 背側褶為銀白色。
- 背上綠色的部分僅限於兩背側褶之間。

▶後肢粗短有黑色橫帶，趾間蹼發達為全蹼。

◀也有整隻都綠色的金線蛙個體。

▼鼓膜大而明顯。

習性：金線蛙為水棲性的蛙類，特別喜歡藏身在長有水草的蓄水池或者遮蔽良好的農地，例如飄著浮萍的稻田、芋田、菱角田、荷花池或者茭白筍田等。繁殖期以春天及夏天為主。生性隱密機警，多半藏身在水生植物的葉片下，僅露出頭來觀察四周的動靜，若受到干擾會馬上跳入水中。雄蛙叫聲很小，大部分是很短促的一聲「啾」，不容易聽到，但在族群密度較高的時候，也會有競爭的叫聲。金線蛙的卵粒小，卵徑約僅1mm，每次產卵約850粒，聚成塊狀。蝌蚪褐綠色，有許多深褐色斑點，長大後的蝌蚪會轉綠色，並出現淺綠色背中線。

觀察要領：金線蛙也是膽小一族，就算到了牠們的棲地，常常也只能聽見

▼金線蛙特別喜歡藏身在長有水草的蓄水池或者遮蔽良好的農地，喜歡藏身在水生植物的葉片下。

▼長大後的蝌蚪會轉綠色，並出現淺綠色背中線。

牠們噗通的跳水聲，而看不見牠們的身影，更有趣的是牠們的膽量和體型是成反比的，看到人的反應是體型越大的個體逃得越快，反而是小蛙比較大方，容易接近觀察。金線蛙喜歡的環境通常是水面有覆蓋植物的靜水池，其實也是方便牠們跳水後，天敵就很難追蹤到牠們的實際所在。早期金線蛙常見於一般平地，加上體型不小，在食物和營養尚不足的農業時代，牠們也曾是食用蛙類之一，是當時人們補充蛋白質的重要來源，但近來因為農藥的大量使用，一般平原稻田已很難見到金線蛙了，當然也很少再以牠們為食。當我們要觀察金線蛙時，常常需要下水才能較近距離的接觸牠們，因此最好能準備及胸的涉水衣，才不會只能在池塘岸邊遠遠的望著牠們而無法就近觀察。

▲金線蛙脫皮。

▲小蛙反而比較大方，容易接近觀察。

▲早期金線蛙常見於一般平地，因為體型夠大而成為食用蛙。

貢德氏赤蛙 *Rana guentheri*

俗別名	狗蛙、沼水蛙（大陸）、沼蛙（大陸）、石降（台語）
體長	♂ 6 ~ 10 cm ♀8~12cm
繁殖期	1 2 3 **4 5 6 7 8 9** 10 11 12
分布海拔	**0 500 1000** 1500 2000 2500 3000

◆ **棲地**：廣泛的分布在全台低海拔山區和平原地帶，喜歡棲息於池塘、水溝、沼澤和水田裡。

◆ **特徵**：貢德氏赤蛙為大型蛙類，體型修長。頭部平扁，頭長大於頭寬，吻端尖圓，上下唇皆白色。鼓膜大而明顯，周圍白圈為最大特徵。背部棕色或淺褐色，無背中線，體側兩側各有一條明顯的背側褶，沿背側褶有黑縱紋，有不規則的黑斑。皮膚光滑，僅後端有些小顆粒，腹部白色光滑。前肢指端鈍圓，內掌突發達。後肢細長，全蹼，趾端鈍圓，內蹠突卵圓形，外蹠突不明顯，後腿部背面有黑色橫帶，股部內側有黑色花斑。雄蛙具一對咽側外鳴囊。

▲貢德氏赤蛙小蛙時期就可以看到一點點白色耳環。

▶貢德氏赤蛙鼓氣起來時，體型從修長變圓胖，也有蛙友戲稱牠為「貢丸」。

◀貢德氏赤蛙是大型赤蛙，身體修長。

▲鼓膜周圍白色是貢德氏赤蛙的最大特徵。

相似種比較

腹斑蛙

- 鼓膜周圍無白圈。
- 體型較小。
- 大部分個體有背中線。

習性：貢德氏赤蛙生性機警隱密，平時會把自己的行蹤隱藏得很好，非常不容易發現，繁殖期時才會成群遷移到水域附近活動，但也是各自分散躲在水草間或掩蔽物下，僅露出頭來鳴叫，叫聲是如同狗叫般的「苟、苟、苟」，低濁而且大聲，日夜都能聽到，但就算聽見叫聲，想要找到牠們還是很難。貢德氏赤蛙的卵呈片狀飄浮在水面上或者黏在水草間，卵團常可見到白色泡泡圍繞，卵粒小，顏色也為黑白雙色，一次產卵可多達2000至3000粒之多。蝌蚪大型，全長約可達5cm，體灰綠色且有暗褐色細斑點，尾棕色有或深或淺的雲斑。

▲貢德氏赤蛙生性機警隱密，很會躲藏。

觀察要領：貢德氏赤蛙雖然有著龐大體型，但是膽小一族，一有人靠近，就會發出「吱」的驚擾叫聲，然後噗通一聲跳進水裡躲藏。後腳長且粗壯，長距離跳躍正是牠逃避天敵的最佳利器。很多人容易把貢德氏赤蛙誤認為別的赤蛙，其實只要認明鼓膜周圍的白色耳環就不會搞錯了。觀察牠們的最好方式，就是利用牠們繁殖的高峰期，也就是每年的6至8月，天氣不一定要挑下雨天，這個時期在一些貢德氏赤蛙聚集密度較高的棲地，公蛙偶爾會一改害羞的個性，忽然變得大方而有領域性，會驅趕進入牠們勢力範圍的其牠蛙類，甚至是大如人類般的動物靠近，牠也會嘗試著鳴叫示威，這時要看見牠們整隻現身鳴叫的機會就大增，可是一旦就發現示威無效，就會忽然快閃逃離，常常就這樣示威逃離、示威逃離的連續搞笑演出，非常有趣。

▲貢德氏赤蛙生性膽小，有人靠近就會發出「吱」的驚擾叫聲，然後噗通跳到水裡。

▲繁殖高峰期時公蛙偶爾會變得大方而有領域性，甚至是大如人類般的動物靠近，牠也會嘗試著鳴叫示威。

◀叫聲是如同狗叫般的「苟、苟、苟」，因此素有「狗蛙」之稱。

拉都希氏赤蛙 *Rana latouchii*

俗別名	闊褶蛙、闊褶水蛙（大陸）
體長	♂3.5 ~ 5 cm ♀5.5~6.1cm
繁殖期	1 2 3 4 5 6 7 8 9 10 11 12
分布海拔	0 500 1000 1500 2000 2500 3000

◆ **棲地**：廣泛的分布在全台中低海拔山區和平原地帶，喜歡聚集於水池、水溝、山澗、水田裡。

◆ **特徵**：拉都希氏赤蛙體型中型，略呈扁平，頭部長大於寬，吻端鈍短，上唇白色，嘴角後的兩團白色頷腺顯著。背部紅棕色或棕灰色，有些個體背上有黑色或灰色斑分布。拉都希氏赤蛙最大的特徵就是背側褶非常發達，中央部分最粗厚，後段則斷成小疣粒狀。從吻端沿鼻孔、背側褶下方有黑色縱紋，腹側有許多大大小小的黑斑。皮膚粗糙，有許多小顆粒，顆粒上有小白刺。腹部光滑，顏色為淡黃色或白色。前肢粗短，背面有黑色橫紋，指端鈍圓，指間無蹼，掌突發達。後肢細長，黑色橫紋明顯，股部內側有黑色斑點及雲斑，趾端略膨大成小吸盤，具半蹼，有內外蹠突。雄蛙具一對咽下內鳴囊。

▲拉都希氏赤蛙的背側褶和四肢都很粗壯，活像個大力士。

◀雄蛙具一對咽下內鳴囊。

相似種比較

腹斑蛙

- 背側褶較細。
- 多有背中線。
- 雄蛙有大型外鳴囊。
- 體型較大。

貢德氏赤蛙

- 體型較大。
- 背側褶較細。
- 雄蛙有咽側雙外鳴囊。
- 鼓膜有白色環紋。
- 體型較大。

習性：拉都希氏赤蛙除了碰到太冷或太乾熱的日子之外，牠們幾乎是整年都在繁殖，但主要還是集中在春、秋兩季。但就算非繁殖期時，牠們也常常出現在步道、馬路或住宅附近覓食；繁殖期時，則會成群結伴遷移到水池、稻田、沼澤、流動緩慢的溝渠或溪流邊，躲在草根、石縫或者水草底下鳴叫。公母蛙成功抱接配對後，會選擇流速不快的水域來產卵，每次產卵可以產下900至1500粒，卵徑約1.3至1.5 mm，顏色為黑白雙色，具黏性，常呈團狀或長條狀纏繞在水中植物體上，有時許多對公母蛙都會選擇相同的位置產卵，此時數十個卵塊聚成一大團，感覺黑鴉鴉一大片隨水流飄動，可能對想來偷吃卵的天敵產生威嚇作用。拉都希氏赤蛙的蝌蚪背部棕綠色，有深棕色細點，尾鰭透明發達，尾端尖圓，有細棕色點。

▲拉都希氏赤蛙鳴叫。

▲拉都希氏赤蛙抱接。

▲拉都希氏赤蛙卵為黑白雙色，具黏性。

▲剛上岸的小蛙尾部尚未完全消失。

▲拉都希氏赤蛙脫皮。

▲競爭激烈下難免有打架衝突產生。

觀察要領：拉都希氏赤蛙對於賞蛙新手來說，辨識上常會和其他赤蛙科的成員搞混，但只要認得牠那超粗背側褶的特徵就不會再搞錯了。拉都希氏赤蛙環境的適應力非常好，可以說是台灣最常見、分布最廣的蛙類之一，要觀察牠們並不需要刻意去找，通常在觀察其他蛙類時就可以順便看到牠們了。牠的叫聲聽起來是細弱、斷續的「嗯、嗯、葛、ㄜ」，有如食物含在嘴裡發不出聲來，又好像是在廁所裡方便，所以有人笑稱它們為「拉肚子吃西瓜」，這外號還真是符合牠們的名字呢！大概是因為拉都希氏赤蛙的族群密度太高，常常可見數十隻聚在一起鳴叫求偶，競爭激烈下難免有打架衝突產生。而公蛙可能為了不想讓好不容易抱到的雌蛙被搶走，前臂肌肉特別發達，以方便抱得更緊，但是又為了不錯過任何可以交配的機會，公蛙可以說看見黑影就亂抱，因此錯抱的機會很多，甚至連不同種的蛙類也常成為錯抱的受害者，甚至因為無法掙脫而慘遭勒斃的狀況也是屢見不鮮。

長腳赤蛙 *Rana Longicrus*

俗別名	長肢林蛙（大陸）
體長	♂ 4～6 cm ♀5.5～6.5 cm
繁殖期	1 2 3 4 5 6 7 8 9 10 11 12
分布海拔	0 500 1000 1500 2000 2500 3000

◆ **棲地**：分布於台灣北部海拔1000公尺以下的平原、丘陵地，以平原為主，特別喜歡山邊的小菜園等輕微人為開發過的地方。

◆ **特徵**：長腳赤蛙體型中型修長，頭部頭長大於頭寬，吻端尖，兩鼻孔間距離小於眼睛到鼻孔的距離。上下唇白色，有黑色斑點，從吻端經眼睛、鼓膜沿顳褶到肩上方有一塊黑褐色的菱型斑，形成一個黑眼罩。背部主色紅褐色、褐色或灰褐色，兩眼間有不明顯的黑色橫帶，背部有一個八字形黑斑及一些小褐斑。背側褶細長明顯，腹側散布一些深褐色的小斑點，皮膚光滑，但有一些小顆粒性突起，腹部白色光滑。前肢有深褐色橫紋，指細長，指間無蹼。後肢非常細長，最長可達體長兩倍半，後腿有深褐色寬橫紋，腳趾極為細長，趾間有半蹼。雄蛙不具鳴囊，僅可發出細小的聲響。

◀具有一雙超修長的後腿。

▼長腳赤蛙剛吞下脫下的皮。

相似種比較

梭德氏赤蛙

- 吻端略短鈍。
- 後腳略短。
- 趾端有吸盤。
- 喜歡出現在流動的溪流邊。

▲長腳赤蛙的母蛙體色常偏紅。

▶雄蛙甚至有豹紋的個體。

▲長腳赤蛙搶親秀。

習性：長腳赤蛙平常偶爾會在草叢或樹林底層看到零星的個體出沒，但是並不常見。長腳赤蛙蛙如其名，具有一雙超修長的後腿，因此長距離的彈跳就成為牠們躲避天敵的最得力武器。繁殖期時，雄蛙及雌蛙會突然大量出現在水域附近，雄蛙在淺水域或暫時性水域附近鳴叫，有時也會在菜園裡或水田中聚集。雄蛙會主動尋找雌蛙形成配對，然後雌蛙會帶著雄蛙到10公分左右的淺水域準備產卵，經常好幾對公母蛙都選擇相同的地點產卵，而形成黑壓壓的一大片。卵塊成球狀不具有黏性，一次產卵約350至450粒，卵粒黑白不甚分明，以黑色為主，但仍會有一點灰白色的部分，

1 抱接

▼長腳赤蛙抱接。

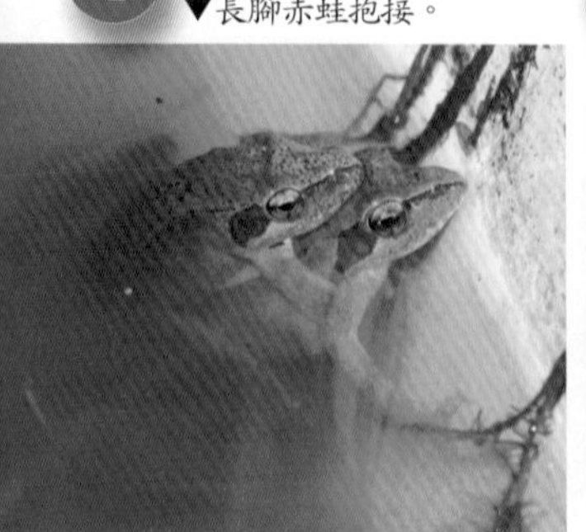

2 產卵

▼正在產卵的長腳赤蛙。

3 卵

▼快孵化的卵。

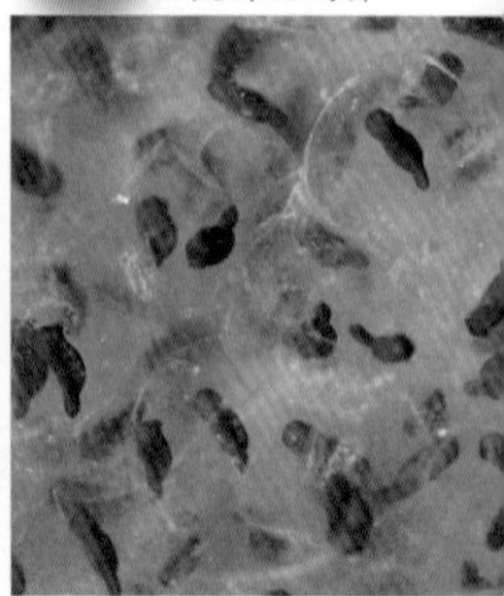

▲長腳赤蛙沒有鳴囊，僅能由水波震動感覺出來牠在鳴叫。

產下後不久就會變成全黑。蝌蚪頭部較尖長，顏色多為淺褐色，背部有一V型的淺色斑但有些個體不明顯，在尾部和身體相接處左右各有一個深色斑點，尾部細長約為身體長兩倍。

觀察要領：長腳赤蛙零散分布於台灣中北部，南部很難看見牠們，就算在北部的族群數量也在快速減少中，加上雄蛙的叫聲是小聲「波、波、波」或「揪」的聲音，音量細小不明顯又無法傳遠，通常要很靠近時才可以聽得到，因此想靠聽聲辨位來找到長腳赤蛙也是行不通的，不管是習性還是數量問題都讓觀察牠們的難度提高很多。因此想要好好觀察長腳赤蛙只有利用牠們的繁殖期，也就是12月及1月，在這時期原本害羞的長腳赤蛙，會變得比較大方，並有群鳴求偶的競爭場面，甚至大演摔角秀、搶親秀、3P秀等，有趣的畫面會不斷上演，讓人目不暇給；這時期只要密集的來到牠們的棲地，再配合一點運氣就有機會碰上繁殖爆發的盛況。

蝌蚪

▼剛孵化的長腳赤蛙蝌蚪。

長大後的蝌蚪

▼長腳赤蛙蝌蚪。

豎琴蛙 *Rana okinavana*

俗別名	無
體長	♂ 5 ~ 6.5 cm ♀5~7cm
繁殖期	1 2 3 **4 5 6 7 8 9** 10 11 12
分布海拔	0 **500 1000** 1500 2000 2500 3000

◆ **重要性**：台灣分布最局限的蛙類，數量極為稀少，亟待保育。

◆ **棲地**：目前僅在南投魚池鄉蓮華池有發現的紀錄，喜歡棲息在草澤周邊的泥濘地。

◆ **特徵**：豎琴蛙屬中小型赤蛙，體型短胖肥碩。頭寬略大於頭長，吻端鈍圓，上唇白色。鼓膜圓形透明明顯，周圍有黑色菱形斑。背部主色灰褐色或深褐色，有一條明顯的淺色背中線直達吻端，後端有一些小黑點。體側有一對淺色細長的背側褶，腹部光滑白色。皮膚光滑，體側及四肢背面有一些不明顯的小疣粒，背部後端的圓疣粒較明顯大型。前肢細長有細棕色橫帶，指端略膨大成吸盤，有內外掌突。後肢肥碩有細棕色寬橫帶，趾端有吸盤，有圓形的內外蹠突，股部內側僅些許小黑斑。

◀雄蛙體側近前肢附近具有肩腺。

◀也有歪曲背中線的個體。

▲豎琴蛙和腹斑蛙的體型差很多。

相似種比較

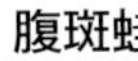

腹斑蛙

- 體型較大。
- 身材較為修長。
- 鳴叫聲較大。
- 不會挖洞築窩。

▼豎琴蛙常具有明顯的淺色背中線直達吻端。

▲豎琴蛙的蝌蚪體背部淡褐色，有明顯深褐色斑點。

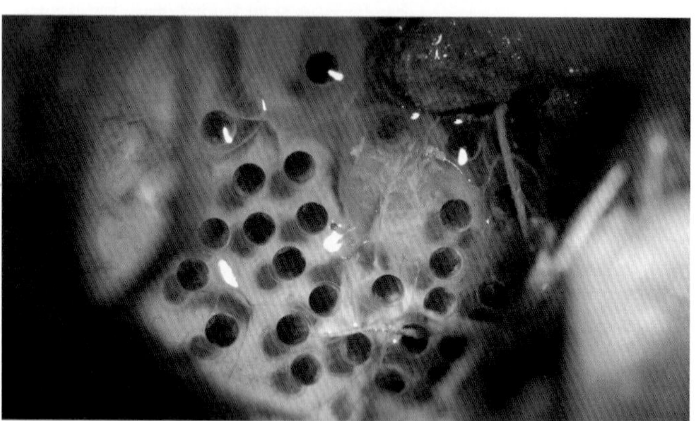

▲豎琴蛙的卵呈團狀，每窩約40至50粒卵。

▲卵粒放大來看，有深淺雙色。

習性：豎琴蛙雄蛙通常會各自分散在水池草澤旁的泥濘地挖洞築巢，巢中會保持積水，然後雄蛙就藏身於洞中鳴叫以吸引雌蛙前來，叫聲類似撥弄琴弦的聲音「登、登、登、登、登」，細膩悠揚，非常特殊而好聽。公母蛙配對成功以後就會在泥窩中產卵，卵呈團狀，每窩約40至50粒卵，卵粒黑白雙色具黏性。蝌蚪身體背部淡褐色，有明顯深褐色斑點，尾長且尾鰭低。

▲豎琴蛙小蛙，背上剛好停一隻蚊子可看出體型有多小。

觀察要領：豎琴蛙應該是台灣蛙類最難以觀察的一種，不但分布局限，數量稀少，而且繁殖期短，大概是4至8月，對於棲地的要求又非常嚴格，個性上又比腹斑蛙來得害羞，要想觀察牠們的生態行為甚至想見牠們一面，都不是件容易的事。由於豎琴蛙有挖洞築巢的習性，因此只能挑選沒有污染又柔軟溼潤的泥濘地區來當作棲地，這樣的地方常常讓人難以靠近；牠們會選擇植物或雜草的基部來做為築巢的地點，挖好泥洞後有時還會蓋上薄土或落葉，然後再躲在裡面鳴叫，所以就算聽到聲音也不太容易找到牠們的實際位置，加上牠們警覺性很高，通常有東西靠近就會馬上停止鳴叫，這也增加發現牠們的難度。根據筆者的經驗，當牠因為你接近的騷動而噤聲時，只要停下動作，並耐心等上一陣子，常可騙過牠以為你已遠離而再次開始鳴叫，這時候要發現牠們的機會就會升高許多了。

梭德氏赤蛙 *Rana sauteri*

俗別名	無
體長	♂ 4 ~ 5 cm ♀5 ~ 6 cm
繁殖期	1 2 3 4 5 6 7 8 9 10 11 12
分布海拔	0 500 1000 1500 2000 2500 3000

◆ **棲地**：梭德氏赤蛙廣泛分布於全島各地，從海拔200公尺以上的低海拔山區，一直到海拔高達3300公尺的山區都可以發現牠們。

◆ **特徵**：梭德氏赤蛙是中型赤蛙，頭部頭長略等於頭寬，吻端尖圓，兩鼻孔間距離略大於眼睛到鼻孔的距離。上下唇白色，有黑色斑點，從吻端經眼睛、鼓膜沿顳褶到肩上方有一塊黑褐色的菱型斑，形成一個黑眼罩。背部褐色或灰褐色，兩眼間有黑色橫帶背部有一個八字形黑斑及一些小褐斑。體側背側褶細長明顯，腹側散布一些深褐色的小斑點。皮膚光滑，但有一些小顆粒性突起，腹部白色光滑。 四肢細長有深褐色橫紋，趾端擴大成小吸盤，前指間無蹼，後趾間有半蹼。雄蛙有一對不明顯的咽側內鳴囊。

▲背部有些小黑斑，有些個體黑斑很明顯。

▲梭德氏赤蛙脫皮。

▲雄蛙有一對不明顯的咽側內鳴囊，鳴叫時僅微微鼓起。

相似種比較

長腳赤蛙

- 頭部至吻端較細長。
- 吸盤較不發達。
- 喜歡出現在墾地、菜園，繁殖和產卵場所會選澤靜水域。

1 抱接

▲梭德氏赤蛙配對抱接後，母蛙會背著公蛙找尋適合產卵的地點。

2 產卵

▲梭德氏赤蛙會選擇在水底的石頭下產卵，蛙友戲稱為「深水炸蛋」。

3 卵

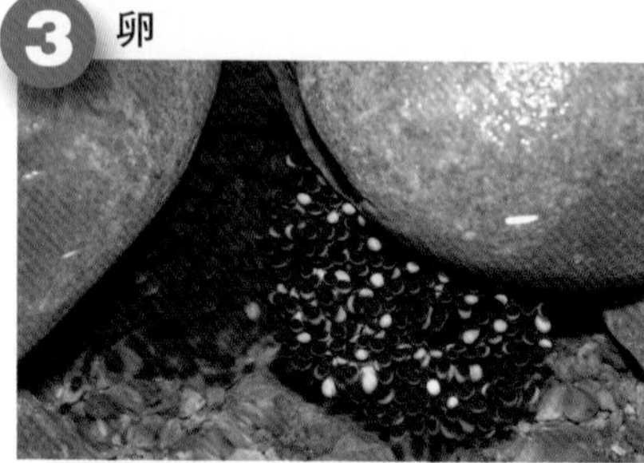

▲經常多對公母蛙都選擇同一產卵地點，新舊卵顏色差異大。

4 蝌蚪

▲剛孵化的蝌蚪，還具有外鰓。

習性：梭德氏赤蛙由於體型不大，又生性隱密，平常並不容易看到牠們，只有在繁殖季的時候，牠們才會成群結隊，一起遷移到溪流裡進行生殖活動，這時是觀察牠們行為的最好時候。梭德氏赤蛙的繁殖季在各個棲地會有差異，基本上是和牠們所處的海拔高度有關，低海拔的族群大概是在每年的9月到10月，而中、高海拔的族群則可能是在4至5月或是9至11月的時候。梭德氏赤蛙配對抱接後，母蛙會背著公蛙到處跳，找尋適合產卵的地點，牠們多半喜歡溪流流速較緩的地方，並會選擇石頭底下來產卵，而且經常多對公母蛙都選擇同一產卵地點，而變成一大團卵團的壯觀景象。梭德氏赤蛙的卵具黏性，每次約可產下300至450粒左右。蝌蚪為褐色，有些個體背上有Y字型白色淺紋，口部腹側扁平且具有吸盤，可吸附在石頭上，角質齒列特別多，可達5列以上，尾部細長，無明顯花紋。

觀察要領：梭德氏赤蛙是在溪流繁殖的蛙類，流水聲會蓋住牠們的叫聲，所以雄蛙乾脆直接放棄用叫聲來吸引雌蛙接近，改採主動出擊的方式，去抱身邊大小看起來像雌蛙的物體，然後僅利用一絲絲的求偶叫聲「嘖、嘖、嘖」來傳達心意，可是雌蛙數量在比例上還是算較少，經常有上百隻雄蛙搶不到十隻雌蛙的狀況，所以心急的雄蛙常常會判斷錯誤而抱到隔壁的雄蛙，所以錯抱的事件會不斷上演，更爆笑的是只要有一隻雄蛙錯抱，周圍的雄蛙馬上會跟進，因此常看到一堆雄蛙莫名其妙的抱成一團，直到被抱錯的雄蛙發出「唧」的釋放叫聲時真象才大白，大伙兒此時才會一哄而散，繼續尋找下一個目標。梭德氏赤蛙繁殖季不長，所以牠們必須把握時間，不論白天或晚上，牠們都是這般的緊張、積極、忙碌，深怕錯過繁殖的機會，那可是還要再等上一年呢。

5 小蛙

▲背上有Y字型白色淺紋的梭德氏赤蛙蝌蚪。

◀梭德氏赤蛙幼蛙。

斯文豪氏赤蛙 *Rana swinhoana*

俗別名	鳥蛙、棕背臭蛙（大陸）
體長	♂ 5～7.5 cm ♀7.5～9 cm
繁殖期	1 2 3 4 5 6 7 8 9 10 11 12
分布海拔	0 500 1000 1500 2000 2500 3000

◆ **棲地**：分布於台灣全島海拔2000公尺以下的山澗、溪流裡。

◆ **特徵**：斯文豪氏赤蛙是大型赤蛙，體型修長平扁。頭部頭長比頭寬略長，吻端尖圓，上唇白色，口角後有白色的頷腺。鼓膜黑色，顳褶不明顯。背部顏色變化頗大，有時是一致的綠色或褐色，有時是綠色雜夾一些褐色斑，或者褐色帶有綠色斑，幾乎每一隻都長得不一樣。皮膚光滑，但有些疣粒及小顆粒，尤其後背部及體側的疣粒特別大而突出。體側則為淺褐色或淺綠色，散布著許多黑斑。背側褶不明顯，由斷斷續續的顆粒相接而成。從吻端經眼鼻線到顳褶有一條黑色縱紋，有時黑色縱紋往後延伸直到背側褶末端。腹部白色光滑，四肢細長，有深色橫紋，指（趾）端膨大成明顯的吸盤，後肢蹼發達，為全蹼，內蹠突卵圓形，外蹠突小或退化。雄蛙具咽側雙外鳴囊。

▶褐色雜綠色斑的個體。

相似種比較

台北赤蛙

- 體型較小。
- 鼓膜較大。
- 有金色背側摺。
- 無鳴囊，叫聲細小。

▲全棕色的個體。

▶綠色雜褐色斑的個體。

▲全綠色的個體。

▲灰白色的個體。

▲斯文豪氏赤蛙叫聲像鳥，素有鳥蛙之稱。

習性：斯文豪氏赤蛙的獨立性很高，喜歡單獨出現在水邊草叢或石頭上，常各自分散，保持距離，很少見到兩隻蛙靠很近的狀況。叫聲是牠們彼此溝通、較勁的唯一管道，所以牠們雖然不是很常叫，但只要一隻公蛙領頭開始叫，其他雄蛙就會不甘示弱的一隻跟著一隻叫，叫聲高而尖，是如同鳥鳴一般的「啾」單音，可以傳得非常遠，常讓人誤會是鳥卻又找不到鳥影，所以素有「鳥蛙」之稱。斯文豪氏赤蛙公母蛙配對完成抱接以後會躲藏起來，非常難以發現，產卵地點也非常隱密，通常會選在陽光無法照射到的地方。卵粒白色大型，卵徑可達0.3公分，一次產卵約40至50顆，會

▲斯文豪氏赤蛙卵粒白色大型，一次產卵約40至50顆，會聚成小團狀。

▲斯文豪氏赤蛙小蛙。

聚成小團狀。蝌蚪體型大型，主色為黑褐色，尾巴約可達身體長的兩倍，口部腹側稍凹陷，可協助吸附在石頭上，以應付流速較快的水域。

觀察要領：斯文豪氏赤蛙喜歡棲息在溪澗附近，白天躲在石縫或溪邊草叢裡，晚上則會大方的出現在溪裡的石頭上，腳上的吸盤非常發達，也方便牠在激流間的石頭上活動。斯文豪氏赤蛙的顏色千變萬化，有整隻咖啡色、綠色的個體，也有呈雜色的個體，甚至筆者也曾紀錄到灰白色的個體。不過這種體色的變化，是牠們個體之間的差異，而不是類似艾氏樹蛙、面天樹蛙或日本樹蛙那種同一個體本身所具有的變色能力。相較於其他膽小的赤蛙類，斯文豪氏赤蛙大方的個性相對起來較好接近觀察，通常只要找對棲地，並聽聲辨位，不必刻意選擇雨天也可以有所發現。不過因為牠喜歡出沒的地點通常是山澗、激流，石頭若長有青苔會較濕滑，在觀察時須要特別注意安全，最好穿著防滑的溯溪鞋或雨鞋，以免滑倒。

▼斯文豪氏赤蛙正在排泄。

◀斯文豪氏赤蛙喜歡出沒的地點通常是山澗溪流處。

▼雄蛙具咽側雙外鳴囊。

台北赤蛙 *Rana taipehensis*

俗別名	神蛙、雷公蛙、台北纖蛙（大陸）
體長	♂2.7 ~ 3.5 cm ♀3.5~4.5cm
繁殖期	1 2 3 4 5 6 7 8 9 10 11 12
分布海拔	0 500 1000 1500 2000 2500 3000

◆ **棲地**：以往廣泛分布於台灣西部及北部平原或低海拔地區，喜歡棲息於草澤區、水池、埤塘或水田、菱角田。近年來因為農藥濫用和棲地受到破壞，數量已經大幅減少，目前仍有發現的地點有：台北縣的三芝、石門、桃園楊梅、苗栗、台南官田、屏東屏科大後山、穎達農場。

◆ **特徵**：台北赤蛙體型纖細修長，頭長明顯大於頭寬，吻長而尖。上唇白色，有明顯的白色頷腺。鼓膜大而顯著，深褐色透明，從吻端經眼鼻線到鼓膜都是黑色，形成一個黑眼罩。背部黃綠色或綠色，白色背側褶極為醒目，背側褶內外側各有一條黑色縱帶，腹側另有一條白線，因此側面看起來是兩條黑線和兩條白線交錯排列，顏色對比極為鮮明特殊。皮膚光滑，但體側略有些許小疣粒分布，腹部白色有一些灰色雲斑。前肢細長，背面淺褐色，腹面基部有一塊褐色斜斑，指末端略膨大成窄長的吸盤。後肢細長，背面淺褐色有深色橫紋，趾末端也具吸盤，趾間有半蹼。雄蛙不具鳴囊。

相似種比較

斯文豪氏赤蛙

- 體型大。
- 背側褶非明顯白色。
- 背部顏色變化較多。

1 配對

▲從台北赤蛙抱接圖片可以看出來公母蛙鼓膜大小不同。

▲台北赤蛙雄蛙不具鳴囊。

▲台北赤蛙母蛙。

▲台北赤蛙背部綠色，背側褶金色或白色。

3 卵

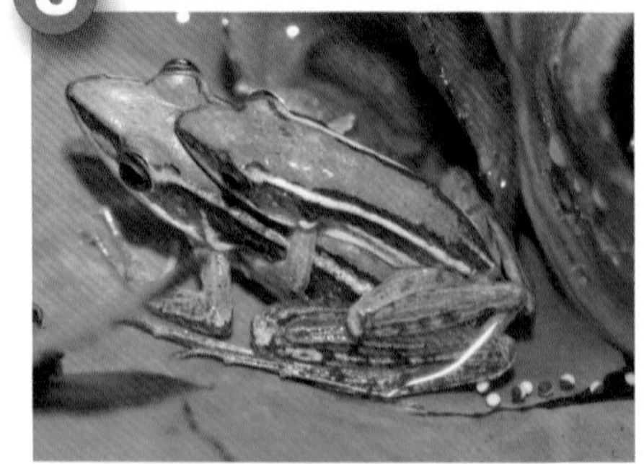

▲卵粒黑白分明。
▼台北赤蛙產卵是往下，卵粒一產下即會往下沉。

習性：台北赤蛙的身體及四肢修長，善於跳躍，雖然個性不致於太害羞，但若碰到驚擾，也常會利用長距離跳躍來逃離險境。平常喜歡躲在水池旁草叢、水生植物基部或菱角、荷葉上鳴叫，叫聲是單音細小的「啾、啾、啾」，不太容易聽到，也不太會形成嘈雜的大合唱，但碰上族群密度高的時候，仍可以聽到此起彼落的效果。台北赤蛙的卵為黑白兩色，卵徑約

2 產卵

1.2mm，公母蛙配對後，通常會維持許久才下蛋，下蛋的姿勢是採頭向上泄殖孔朝下的姿勢，卵產下後會迅速沉入水底，一次約可產下300多粒的卵。蝌蚪吻端尖圓，眼睛位於兩側略朝上，背部有兩條不明顯淡色縱線，上下尾鰭邊緣有細黑點密集成的雲斑，蝌蚪長後腳後會出現背中線，但在前腳長出後，隨著尾巴萎縮，背中線也會慢慢消失。

4 小蛙

▲尾巴未消失的台北赤蛙小蛙，背中線還未消失。

5 尾巴消失的小蛙

▲尾巴已消失的台北赤蛙小蛙，背中線已不明顯。

觀察要領：台北赤蛙的棲地和人類的活動區域有高度重疊，因此也發展出一套配合人類農業週期的繁殖方式。以官田水雉復育區附近的菱角田為例，那邊有著為數不少的台北赤蛙族群，但因為當地的菱角田是大約五月底、六月初第一期稻作收成後，農民才會開始引水栽種，因此台北赤蛙也會把握這段時間來繁殖，並趕在九月底菱角採收完畢前，結束牠們的繁殖行為，與當地農民的作息結合得非常緊密。由此可見，台北赤蛙的保育和維持農業發展是息息相關的。

樹蛙科 Rhacophoridae

樹蛙是台灣蛙類裡最具觀賞價值的一群，全世界樹蛙約有12屬297種，而台灣產的32種蛙類中，樹蛙佔了10種，其中5種為綠色，5種為褐色。並不是所有樹蛙都生活在樹上，也有以溪流為主要棲地的種類。牠們四肢的指（趾）端皆膨大成吸盤狀，方便牠們攀爬於樹上或吸附於溪流的岩石上。

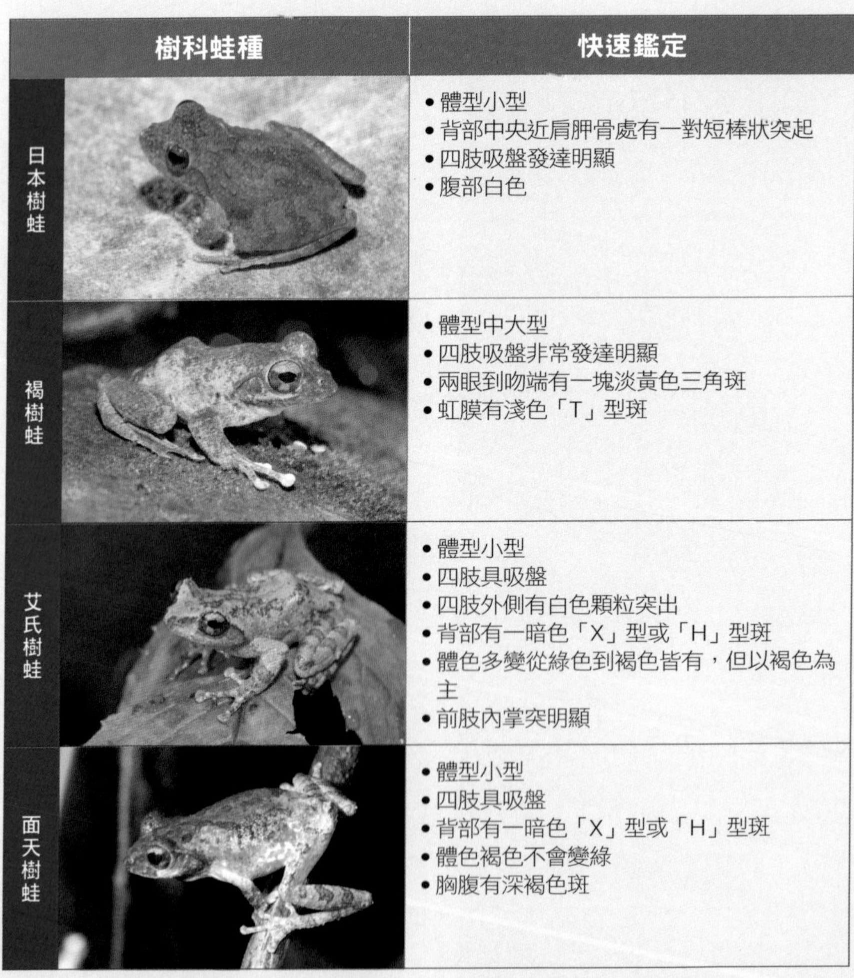

樹科蛙種	快速鑑定
日本樹蛙	• 體型小型 • 背部中央近肩胛骨處有一對短棒狀突起 • 四肢吸盤發達明顯 • 腹部白色
褐樹蛙	• 體型中大型 • 四肢吸盤非常發達明顯 • 兩眼到吻端有一塊淡黃色三角斑 • 虹膜有淺色「T」型斑
艾氏樹蛙	• 體型小型 • 四肢具吸盤 • 四肢外側有白色顆粒突出 • 背部有一暗色「X」型或「H」型斑 • 體色多變從綠色到褐色皆有，但以褐色為主 • 前肢內掌突明顯
面天樹蛙	• 體型小型 • 四肢具吸盤 • 背部有一暗色「X」型或「H」型斑 • 體色褐色不會變綠 • 胸腹有深褐色斑

樹科蛙種	快速鑑定
白頷樹蛙	 • 體型中大型 • 四肢具吸盤 • 背部有多條縱向深色斑、花紋或斑點 • 上唇白色 • 大腿內側和體側有網狀花紋
諸羅樹蛙	 • 體型中小型 • 四肢具吸盤 • 背部青綠色 • 吻端到體側有一條明顯白線 • 腹部到體側沒有斑點
橙腹樹蛙	 • 體型大型 • 四肢具吸盤 • 腹部橙紅色沒有斑點 • 背部墨綠色 • 眼睛虹膜金色
莫氏樹蛙	 • 體型中型 • 四肢具吸盤 • 背部墨綠色 • 眼睛虹膜和大腿內側紅色 • 體側和四肢內側有黑色斑
翡翠樹蛙	 • 體型中大型 • 四肢具吸盤 • 背部綠色 • 眼鼻線、顳褶金黃色 • 體側和四肢內側有許多黑斑
台北樹蛙	 • 體型中小型 • 四肢具吸盤 • 背部綠色、墨綠色或咖啡色 • 眼睛虹膜及腹部黃色

日本樹蛙 *Buergeria japonica*

俗別名	日本溪樹蛙（大陸）、溫泉蛙
體長	♂ 2.5 ~ 3cm ♀3~3.5cm
繁殖期	1 2 **3 4 5 6 7 8 9 10** 11 12
分布海拔	**0 500 1000 1500** 2000 2500 3000

◆ **重要性**：僅出現於琉球群島和台灣。

◆ **棲地**：廣泛的分布在全台海拔1500公尺以下的低海拔山區和平地，以山區為主，棲地以溪流或水溝等流動性水域為主，也常在溫泉區見到。

◆ **特徵**：日本樹蛙體型小而纖細，吻端鈍圓，頭長約等於頭寬，上下唇有黑色橫帶，鼓膜及顳褶明顯。背部顏色變異很大，常隨環境而變成鉛灰色、淡褐色或黃褐色，白天甚至可能變成白色，但不會變翠綠。兩眼間有一條深色橫帶，背部有 ）（ 型深色花紋，背中央近肩胛處有一對短棒狀突起為最大特徵。體側灰黑色或深咖啡色，皮膚粗糙並有許多顆粒性突起。腹部白色或淡黃色，光滑，有些圓形小顆粒。前肢細長，有深褐色橫帶，指間無蹼，指端吸盤明顯，內掌突橢圓形發達。後肢細長，有深褐色橫帶，趾間蹼發達，趾端吸盤明顯，有內蹠突，無外蹠突。雄蛙具單一咽下外鳴囊。

▲背部有 ）（ 型深色花紋，背中央近肩胛處有一對短棒狀突起為最大特徵。

▲雄蛙具單一咽下外鳴囊。

相似種比較

面天樹蛙

- 喜歡出現在小灌叢或草叢區。
- 背上X型H型花紋顏色更深更明顯。
- 背上無明顯一對短棒狀突起。

習性：日本樹蛙雖然是樹蛙科，但是牠們很少出現在樹上，反而常成群出現在水溝底部、溝壁、小溪流及石頭上鳴叫，非常活潑善於跳躍，加上體型小且動作靈活，常常一跳就讓人找不到蹤影。叫聲高亢而響亮如同蟲鳴，近聽嘈雜且刺耳，聲音可以傳遠，是全省中、低海拔山區，夏夜裡常聽到的蛙鳴聲。牠們最特別的一點就是喜歡在溫泉裡活動，據說日本樹蛙可以忍受43度的高水溫，故有溫泉蛙之稱。日本樹蛙抱接並選定產卵地點後，雌蛙會分批慢慢產卵，以頭部上揚公蛙後腿擠壓的方式產卵。卵小粒，卵徑約1至1.4mm，顏色為黑白雙色，會分散黏在水底的植物體上，卵孵化速度極快，約24至36小時即可變成蝌蚪。日本樹蛙的蝌蚪是底棲性，身體卵圓形，尾細長，長度為身體的兩倍以上，甚至最長可達三倍，尾上有數條黑色橫紋。

▶日本樹蛙叫聲高亢而響亮如同蟲鳴。

▼日本樹蛙雖然是樹蛙科，但牠們反而常出現在水邊。

▲以頭部上揚雄蛙後腿擠壓的方式產卵。

▲日本樹蛙的蝌蚪。

▲長出前後腳的日本樹蛙蝌蚪。

觀察要領：日本樹蛙雖然以日本為名，但是日本本島並無族群分布，僅於琉球群島和台灣有分布而已。在台灣要發現牠們難度並不高，只要來到山區有積水的地方，不管是山溝裡小溪邊，都很容易聽到牠們如吹口哨般的高音叫聲，尋著聲音找尋有時還可以發現大量的日本樹蛙聚集，甚至公蛙還因為競爭激烈而大打出手呢。日本樹蛙的變色能力非常好，身體會隨環境而變色，在繁殖期時公蛙有時還會變成黃色，白天有時變成如鳥糞般的顏色，藉以欺騙天敵，非常特別。而日本樹蛙的移動方式多以跳躍為主，這點也和其他樹蛙多以爬行為主的方式有所不同，真是台灣樹蛙科裡的異類。

▲日本樹蛙的變色能力非常好，白天有時變成如鳥糞般的鐵灰色。

褐樹蛙 *Buergeria robusta*

俗別名	壯溪樹蛙（大陸）
體長	♂ 4 ~ 5.5cm ♀7~8.5cm
繁殖期	1 2 3 4 5 6 7 8 9 10 11 12
分布海拔	0 500 1000 1500 2000 2500 3000

▲褐樹蛙虹膜有白色及褐色兩色，白色部分呈「T」型。

◆ **棲地**：廣泛的分布在全台海拔1500公尺以下的低海拔山區和平地，以低海拔山區為主，棲地以溪流或水溝等流動性水域為主。

◆ **特徵**：褐樹蛙體型大型平扁，頭部頭寬小於頭長，吻端鈍圓，上下唇有黑白相間的橫紋。眼睛大而突出，虹膜有白色及褐色兩色，白色部分呈「T」型，鼓膜及顳褶明顯。背部顏色以褐色調為主，從淡褐色、褐色到黑褐色，會隨環境而變，公蛙在繁殖期時會變成黃色。吻端到兩眼間有一塊淺色的三角形斑，而從兩眼間到背部另有一塊深色倒三角形斑，背部有些個體有不規則的深色斑紋。體側顏色較淡，偶爾散布一些小黑點。皮膚光滑，但有許多小顆粒細突起，腹部白色，有圓形顆粒性突起。前肢粗壯，有橫帶，指間有微蹼，指端吸盤大而明顯，和鼓膜大小相當。後肢細長，有橫帶，趾間蹼及趾端吸盤都很發達。雄蛙具單一咽下內鳴囊。

相似種比較

日本樹蛙

- 體型小。
- 背部有 ）（ 型深色花紋。

白頷樹蛙

- 無「T」型虹膜。
- 上唇白色。
- 過眼皮褶下方有一道黑色。

▲公蛙在繁殖期時常會整隻變成黃色的。

▲雄蛙具單一咽下內鳴囊。

▶褐樹蛙白天體色可能轉白。

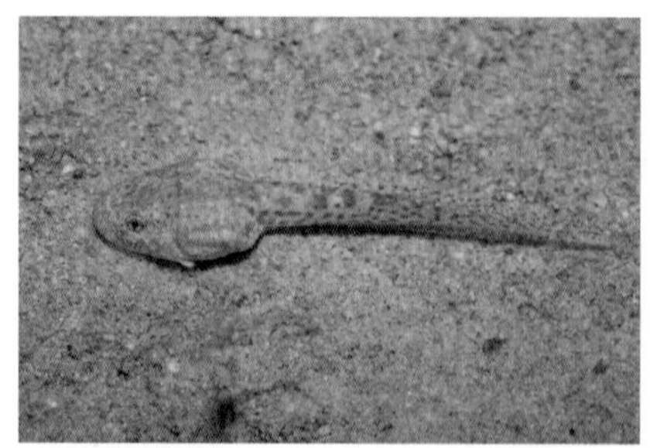

▲褐樹蛙的蝌蚪。

▲長後腳的褐樹蛙蝌蚪。

▲尾部未完全消失的小蛙，可以見到尾部具有特殊花紋。

▲小蛙頭部已經開始出現三角形斑。

習性：褐樹蛙白天會躲在溪邊的樹上或石縫休息，然後黃昏的時候，才一隻一隻的跳到岸邊水流較緩的地方進行生殖活動。雄蛙經常聚成小群在石頭上鳴叫，叫聲是細碎的「嘓、嘓」，偶爾發出幾聲粗粗的「嘎」。雌蛙體型很大，產卵前，雌蛙會先伸腿交互踢幾下，然後產一小團卵粒，雄蛙也會配合雌蛙動作伸長身體，以提高授精的機率。褐樹蛙的卵小型，具很強的黏性，顏色為黑白雙色，每次產卵300至400粒，卵一粒粒分離黏在石頭底下，通常聚成一堆。褐樹蛙的蝌蚪大型，

◀雄蛙經常聚成小群在石頭上鳴叫。

▲褐樹蛙抱接配對。
▶褐樹蛙母蛙體型很大。

頭部吻端鈍圓，尾長而健壯，上面布有深褐色細斑點，口腹部呈吸盤狀，可吸附於石頭上，多半出現於溪邊水流較緩的地方，以底棲為主。

觀察要領：褐樹蛙是非常可愛的蛙種，牠們有大大的眼睛，大大的吸盤，外加T型的瞳孔，有點像機器蛙蛙的感覺。褐樹蛙又喜歡在夏夜裡，一隻隻出現在溪裡石頭形成的制高點，一個石頭一隻蛙的景象有時還頗為壯觀。公蛙在繁殖期時會整隻變成黃色的，而雌蛙卻還是維持原來褐色為主的花色，加上母蛙體型比公蛙大很多，當牠們抱接起來給人感覺就像是兩種不同的蛙種錯抱一般。褐樹蛙公蛙的叫聲細小，因為牠們出現在溪流環境，水流聲很大，如果要靠聲音來吸引母蛙會非常吃力，所以公蛙改採主動出擊的亂抱方式，這也讓牠們感覺起來特別神經質，看見什麼東西第一個反應都是抱上去，有抱石頭的、木頭的，甚至抱錯蛙種也是常見的現象，更誇張的是有一次竟然抱到筆者的腳趾，真的是非常搞笑，夏天的晚上來到溪邊，可以多多觀察一下牠們喔！

艾氏樹蛙 *Kurixalus eiffingeri*

俗別名	無
體長	♂ 2.5 ~ 4.5cm　♀ 3.5 ~ 4.5cm
繁殖期	1 2 3 4 5 6 7 8 9 10 11 12
分布海拔	0 500 1000 1500 2000 2500 3000

◆ **重要性**：台灣唯一公蛙會護卵、母蛙會產卵給蝌蚪吃的蛙種。

◆ **棲地**：廣泛的分布在全台海拔100公尺以上2500公尺以下的中低海拔山區和丘陵。

◆ **特徵**：艾氏樹蛙體型小型纖細，頭部頭長略小於頭寬，吻端鈍圓，鼓膜及顳褶不明顯。體色多變，從淺褐色到綠色都有，但以褐色為主。兩眼間有深色橫帶，背部有一個X或H型的深色斑。皮膚粗糙，有許多顆粒性突起，腹部黃或白色，有許多圓形小顆粒。前肢上臂及手部外側散布一些白色顆粒突出，有黑色橫帶，指間有微蹼，指端有吸盤，內掌突大而明顯，從背面就可以看出來拇指基部膨大。後肢細長，有黑色橫帶，小腿及足部外側散布一排白色顆粒突出，以小腿和足部相接的關節處的白點特別大。趾間蹼及趾端吸盤發達，無外蹠突。公蛙具咽下單一外鳴囊。

▼南部和東部的純綠色型的艾氏樹蛙，有些連瞳孔都是綠色的。

▲也有體色是咖啡色，但瞳孔是綠色的個體。

▲艾氏樹蛙體色多變，但以咖啡色為主。

相似種比較

面天樹蛙

- 體型略小。
- 體色不帶任何綠色。
- 胸腹有黑斑。
- 內掌突不明顯。

習性：艾氏樹蛙的習性非常特別，不論雄蛙和雌蛙都會有護幼的習性，雄蛙在卵產下之後會繼續留在原地照顧卵粒，牠會不停的在卵的四周上上下下活動，以維持卵粒的濕潤和避免發霉；雌蛙則會定期回來產下未受精的卵粒餵食在洞中積水處生活的蝌蚪。餵食的時候，雌蛙將身體下半部浸在水裡，蝌蚪主動聚集在雌蛙肛門附近並刺激雌蛙排卵。蝌蚪食卵的時候，先將卵的膠質囊咬破後，再吸食卵粒。當食物不夠的時候，也會發生大蝌蚪吃小蝌蚪的自相殘殺現象。艾氏樹蛙的卵粒直徑約0.2公分，一粒粒分開黏在竹筒壁上，雌蛙可多次產卵，但每次產卵不超過200顆。蝌蚪口位於吻端，角質齒退化上下僅各有兩排，兩眼距離很近，位於頭頂，身體呈五角型，尾部細長。

▼正在護卵的艾氏樹蛙雄蛙。

▼艾氏樹蛙的卵粒是一粒粒分開的黏在竹筒壁上。

▼在水筒裡的艾氏樹蛙的蝌蚪可能因為缺乏母蛙產卵的食物來源，竟互咬尾巴。

▼艾氏樹蛙的小蛙。

▲艾氏樹蛙雄蛙叫聲是圓潤、清脆，而且有規率、不疾不徐的「嗶、嗶、嗶」單音。

◀公蛙具咽下單一外鳴囊。

▲艾氏樹蛙趾端有吸盤，內掌突大而明顯。

觀察要領：艾氏樹蛙雄蛙叫聲是圓潤、清脆，而且有規率、不疾不徐的「嗶、嗶、嗶」單音，但偶爾在跟別的公蛙比拼時，也會有連續不斷的「嗶嗶嗶嗶嗶……」連叫聲，有時可以長達半分鐘以上。雄蛙不一定都得到竹筒裡鳴叫，有時也在竹筒外或附近的草叢鳴叫，獲得交配之後才到竹筒產卵。除了竹筒，筆者也看過在牆洞、鐵柱洞、石洞、積水的樹洞，甚至遊樂區廁所馬桶水箱裡也可能找到艾氏樹蛙。另外，竹筒是可以重覆使用的，因此可能在同一個竹筒壁上，發現不同發育時期的卵塊。艾氏樹蛙在北部、中南部和東部的族群，在體色上和叫聲上略有不同，有些個體虹膜是美麗的綠色，非常特殊，但至於是不是該區分成新的品種，目前學術界尚無定論，因此本書目前還是認定牠們為同一品種。

面天樹蛙 *Kurixalus idiootocus*

俗別名	無
體長	♂ 2.5 ~ 3.5cm ♀3.5 ~ 4cm
繁殖期	1 2 3 4 5 6 7 8 9 10 11 12
分布海拔	0 500 1000 1500 2000 2500 3000

◆ **棲地**：除花蓮台東外，廣泛的分布在海拔1500公尺以下的低海拔山區和丘陵。

◆ **特徵**：面天樹蛙體型小型纖細，頭部頭長略等於頭寬，吻端尖，鼓膜及顳褶不明顯。體色會隨環境變成淡褐色或深褐色，兩眼間有深色橫帶，背部有一個X或H型的深色斑。皮膚粗糙，有許多顆粒性小突起，腹部白色，散布一些灰黑色斑點。 前肢上臂及手部外側散布一些白色顆粒性突出，有黑色橫帶，指間有微蹼，指端有吸盤，內掌突不特別明顯。後肢細長，有黑色橫帶，小腿及足部外側散布一排白色鋸齒般的顆粒性突起，以小腿和足部相接的關節處的白點特別大，趾間蹼及趾端吸盤發達，無外蹠突。公蛙具單一咽下外鳴囊。

▲背部有一個X或H型的深色斑。

▼體色會隨環境變成淡褐色或深褐色，但不會變綠色。

▶面天樹蛙的母蛙體型比公蛙大上不少。

◀公蛙具單一咽下外鳴囊。

相似種比較

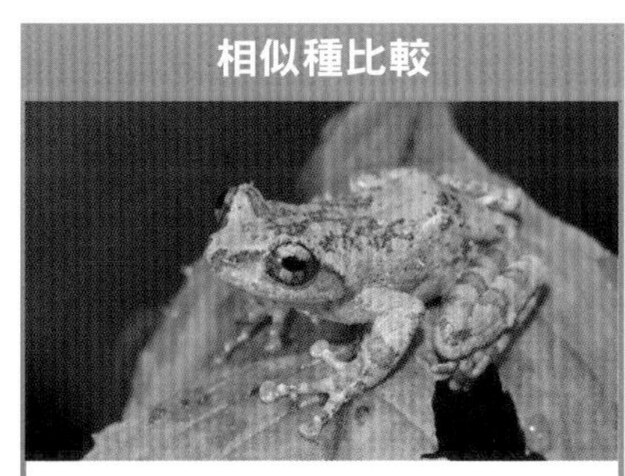

艾氏樹蛙

- 體型略大。
- 體色會變綠色。
- 胸腹無黑斑。
- 內掌突非常明顯。

2 卵

▲面天樹蛙的卵團。

3 蝌蚪

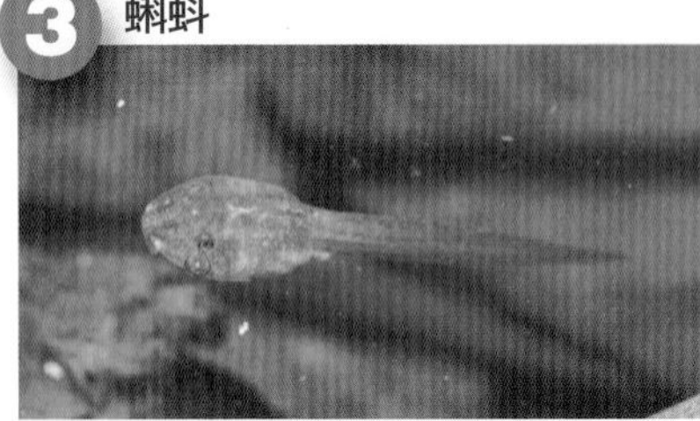

▲面天樹蛙的蝌蚪。

4 長後腳蝌蚪

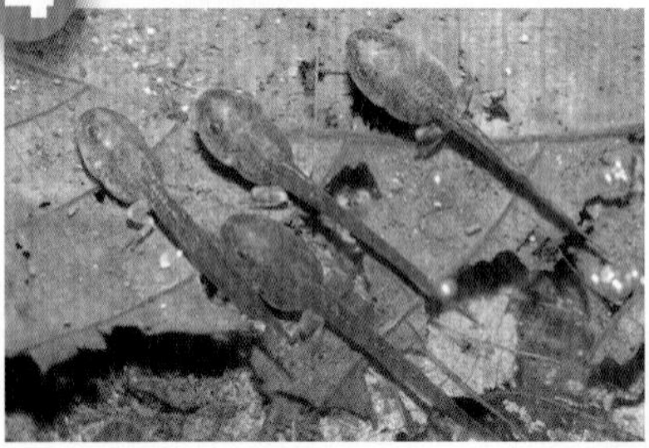

▲長後腳的面天樹蛙的蝌蚪。

▶四肢都長好，正要上岸的面天樹蛙小蛙。

習性：面天樹蛙的繁殖期並不會特別和下雨有關，公蛙不管是晴天還是雨天都會求偶，牠們喜歡爬在小草上面或者躲在樹林底層、土堆中鳴叫，也會積極四處遊走主動尋找雌蛙交配。交配之後雌蛙會帶著雄蛙到落葉堆底下或泥縫中產卵，而非把卵產在水裡。面天樹蛙的卵十分特別，是一粒粒分散在土裡，通常上面會覆蓋一些落葉或枯枝，卵粒白色，但因為卵的膠質膜常沾附泥巴而看起來呈褐色。面天樹蛙每次產卵約100至300顆，一次產完，但常常有好幾對配對在同一個地方產卵，形成一大片，好像不小心翻倒、散落一地的青蛙下蛋粉圓冰。這些卵不用產在水裡卻能長期的保溼的原因在於防水的膠質膜，膠

5 有尾巴小蛙

質膜內包有供卵生存所需的水份，卵在膠質膜內就好像躺在遊泳池中一般可以安心成長，等待下雨天的到來蝌蚪才會孵化，再跟著雨水進入水中成長。面天樹蛙的蝌蚪小型，褐色雜有金黃色細斑點，口位於腹面，身體呈長橢圓形，尾部細長。

觀察要領：面天樹蛙白天喜歡靜靜的平貼在芒草葉上，此時身體顏色會變成很淡的灰白色，雖然很容易被天敵鳥類看見，但也容易被鳥類誤認為是鳥糞而躲過攻擊。面天樹蛙的叫聲乍聽之下和艾氏樹蛙很像，都是「嗶」聲，但比較高亢響亮，而且通常都是連續的好幾個急促的「嗶、嗶、嗶」，然後越來越高的音調，近聽有時會有刺耳的感覺，和吹口哨的聲音非常像，和艾氏樹蛙的單音「嗶」還是可以聽出差異。面天樹蛙的命名是採用牠的發現地，但是其實牠的分布非常廣，台灣除了東部沒有紀錄以外，其他地區都有面天樹蛙，每年的2至9月是牠們的繁殖期，在這個季節來到中低海拔山區，不管有沒有下雨，幾乎都可以聽到牠們的叫聲，算是非常容易觀察的蛙種，賞蛙新手不妨可以先從找面天樹蛙開始踏出賞蛙的第一步。

1 抱接

▲面天樹蛙配對。　▼面天樹蛙幼蛙。

6 幼蛙

白頜樹蛙 *Polypedates megacephalus*

俗別名	斑腿樹蛙（大陸）、大頭樹蛙、布氏樹蛙
體長	♂ 4.5 ~ 6.5cm ♀6 ~ 7.5cm
繁殖期	1 2 **3 4 5 6 7 8 9 10** 11 12
分布海拔	**0 500 1000 1500** 2000 2500 3000

◆ **棲地**：廣泛的分布在全台海拔1500公尺以下的中、低海拔山區和丘陵，以低海拔為主。

◆ **特徵**：白頜樹蛙體型大型修長，頭部頭寬小於頭長，吻端尖，上唇白色為其特徵，顳褶橘紅色，從吻端經眼鼻線及顳褶下方有一條黑線。背部深褐色或褐色，許多個體有4至6條深褐色縱帶，間雜一些斑點，或僅有一些斑點沒有縱帶，也有些個體有「X」或「又」型黑斑，體側腹側白色有黑白相間的網狀花紋。皮膚光滑沒有顆粒，腹部白色，有圓形顆粒。前肢細長，有黑色橫帶，指間有微蹼，吸盤發達。後肢細長，有黑色橫帶，趾間有蹼，趾吸盤略小於指吸盤，無外蹠突，股部內側有黑白相間的網狀花紋為其最大特徵。雄蛙具單一咽下外鳴囊。

▲雄蛙具單一咽下外鳴囊。

◀白頷樹蛙的上唇白色。

相似種比較

褐樹蛙

- 吻端到兩眼間有淺色三角斑塊。
- 過眼皮褶下方無黑線。
- 虹膜有「T」型斑。
- 後腿無網紋斑

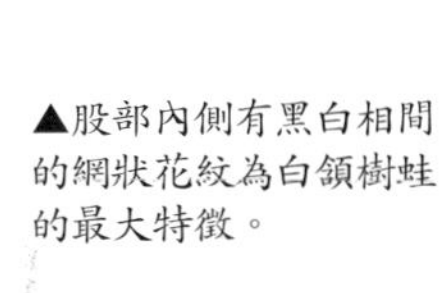

▲股部內側有黑白相間的網狀花紋為白頷樹蛙的最大特徵。

1 抱接

▼正在踢打卵泡的白頜樹蛙。

2 卵泡

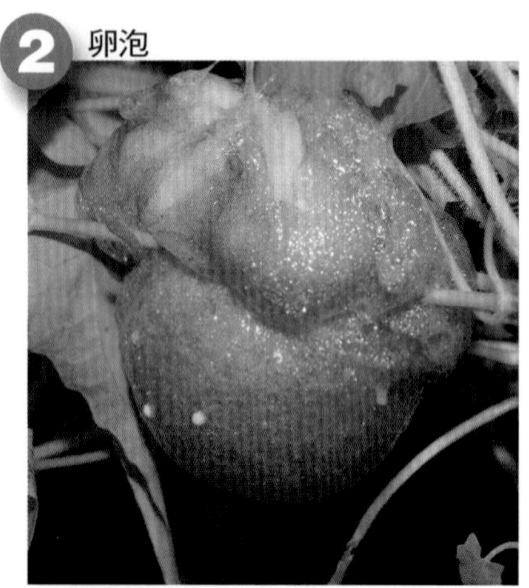

▲白頜樹蛙的卵泡為棕黃色，很像金屬生鏽的質感。

習性：白頜樹蛙平常棲息在樹上，繁殖期時若碰上下雨就會大量聚集在水邊的植物體上或者地面遮蔽物底下鳴叫，由於它們的叫聲有如連珠炮般的「搭、搭、搭」，一旦數量多起來其震憾的感覺常讓人有置身靶場的錯覺。在雌雄數目懸殊的情況下，偶爾會出現一隻雌蛙和多隻雄蛙交配、或多隻雄蛙對多隻母蛙的共同產卵的現象，並產生同母異父的子代，藉此可以提高雄蛙交配的機會和子代基因的歧異度。白頜樹蛙的卵泡為棕黃色，

3 蝌蚪

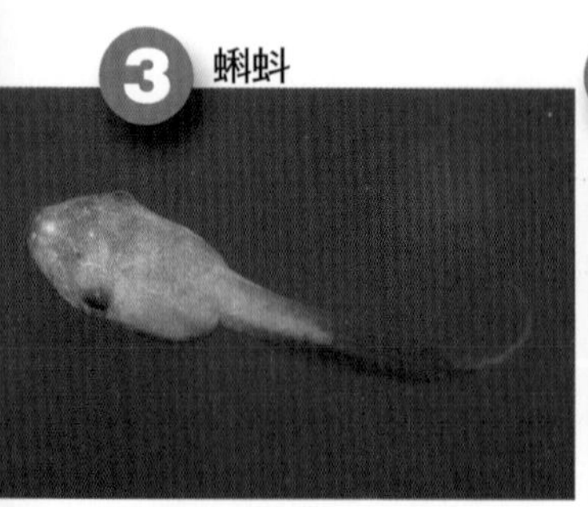

▲蝌蚪吻端上方有白色斑點。

4 有尾巴小蛙

▲已長出後腳的蝌蚪。

5 離水小蛙

▲剛離水，尾部未完全消失的白頜樹蛙。

▲白頜樹蛙繁殖期時若碰上下雨會大量聚集在水邊的植物體上或者地面遮蔽物底下鳴叫。

▲偶爾可見到多對已抱接的白頜樹蛙共同產卵現象。

很像金屬生繡的質感，也很像是修補破洞的發泡劑。因為母蛙常會選到相同的產卵地點，造成好幾個卵塊聚成一大團的壯觀景象。每個卵塊內約有400至500顆白色的卵粒，卵塊經常被蒼蠅產卵寄生並長蛆，而無法發育成蝌蚪。白頜樹蛙的蝌蚪大型，體色黑褐色，尾鰭高而薄，吻端上方有一顆白色斑點為其最大特徵，若再仔細看可以發現白點兩邊有兩道白線。

觀察要領：白頜樹蛙是容易觀察的蛙種，因為個性不害羞，只要能夠順利找到牠們，通常會大方的讓你拍個夠。而想找白頜樹蛙其實也不難，只要抓準雨後的夏夜，來到中低海拔的山區，就很容易可以聽見牠們響亮的叫聲。牠們除了喜歡利用天然的積水場所繁殖，也常利用人造的儲水容器如水井、水桶或廢棄浴缸等。白頜樹蛙最早的學名是*Polypedates leucomystax*，意思是「白色的頜」，後來又改成*Polypedates megacephalus*，意思是「大頭樹蛙」，不過因為「白頜樹蛙」這個中文名稱已經沿用很久，且和特徵吻合，因此並未跟著學名而變。之後又有學者認為台灣的白頜樹蛙應該不是*Polypedates megacephalus*，而是另一種*Rhacophorus braueri*布氏樹蛙，但目前大多數蛙友似乎還是習慣叫白頜樹蛙，因此本書仍沿用原來「白頜樹蛙」的中文名稱。

6 幼蛙

▲白頜樹蛙幼蛙。

諸羅樹蛙 *Rhacophorus arvalis*

俗別名	雨怪、青葉（台語）
體長	♂ 4 ~ 5cm ♀5.5 ~ 7cm
繁殖期	1 2 **3 4 5 6 7 8 9** 10 11 12
分布海拔	**0 500** 1000 1500 2000 2500 3000

◆ **棲地**：僅分布於雲林、嘉義、台南一帶海拔500公尺以下的地區，以平原為主，近年來因有人將其放生在台北、宜蘭等幾個低海拔山區，但族群能否延續和對該棲地原生物種的影響尚不可知。

◆ **特徵**：諸羅樹蛙體型中型，頭部頭長約等於頭寬，吻端尖圓，上唇白色，眼睛虹彩顏色金黃中略帶草綠色，顳褶清晰。背部草綠色，皮膚稍粗糙，有許多細小顆粒。體側兩側各有一條明顯白線從口角延伸到股部，這是諸羅樹蛙的最大特徵。大部分個體腹部為純白色沒有斑點，少部分在台南三崁店一帶發現的個體有淡橙色的腹部。前肢前臂及上臂都是綠色，指間有微蹼，吸盤發達，內掌瘤明顯。後肢背面綠色，趾間有蹼，吸盤發達。雄蛙具單一咽下外鳴囊。

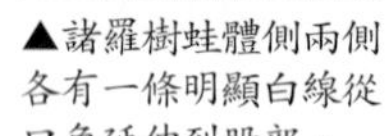
▲諸羅樹蛙體側兩側各有一條明顯白線從口角延伸到股部。

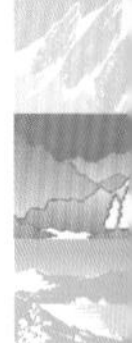

◀雄蛙具單一咽下外鳴囊。

▼諸羅樹蛙身體的綠色很特別，非常美麗。

相似種比較

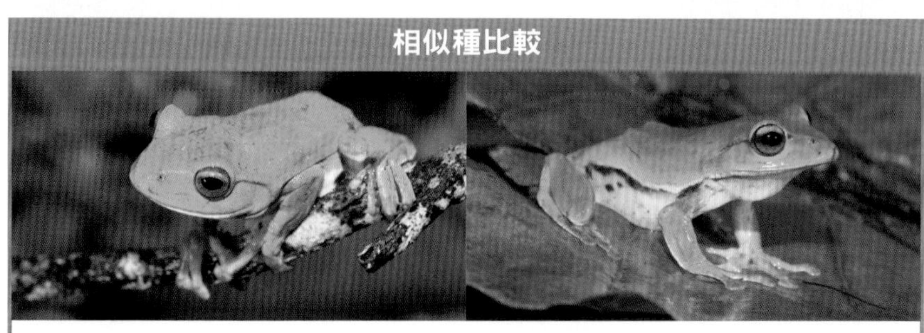

莫氏樹蛙

- 顏色較深綠。
- 體側無白線。
- 後肢內側紅色。
- 虹膜紅色。

翡翠樹蛙

- 有過眼金線。
- 體型較大。
- 體側、大腿附近有黑斑。
- 雲林、嘉義、台南沒有族群分布。

習性：諸羅樹蛙特別喜歡在雨夜或大雨過後的夜晚鳴叫，叫聲是高而清脆的一連串「迪哩、迪哩、迪哩」，有時還會帶「豆、豆、豆」的尾音，聲音可以隨風傳非常遠，公蛙常常上百隻一起出現大方展歌喉，有時還因為競爭過於激烈而起衝突。諸羅樹蛙母蛙卻非常害羞且難以發現，通常現身就是準備找對象繁殖。雄蛙鳴叫吸引母蛙主動前來配對之後，母蛙會帶著雄蛙到水邊落葉底下產卵。諸羅樹蛙的卵粒為白色，會在白色的卵泡中孵化成蝌蚪，再隨雨水的幫助沖入積水中。蝌蚪身體扁平，尾巴尖細，身體深褐色，散布著不規則的黑點。

觀察要領：諸羅樹蛙雖然是生活在平地的蛙類，卻反而是台灣最晚被學術界發現且命名的一種綠色樹蛙，最早發現的地點是在嘉義，因此中文名以嘉義的古地名「諸羅」來命名。諸羅樹蛙的棲息處以竹林和果園為主，在沒有下雨的時候會棲息在植物體的較高層，碰上下雨或濕度高的時候才會下到比較低的地方，這時才是觀察牠們的好時機。諸羅樹蛙個性

▼諸羅樹蛙的叫聲是高而清脆的一連串「迪哩、迪哩、迪哩」，有時還會帶「豆、豆、豆」的尾音。

▲諸羅樹蛙抱接配對。

▲母蛙會帶著雄蛙到水邊落葉底下產卵。

▲諸羅樹蛙的蝌蚪。

▲尾巴未消失的諸羅樹蛙小蛙。

▲尾巴已完全消失的諸羅樹蛙小蛙。

▲諸羅樹蛙母蛙非常害羞，難以發現。

▼雨後諸羅樹蛙公蛙會大量出現在竹林中。

頗為大方，在鏡頭前鳴叫的機會也頗多，也是挑戰拍攝青蛙鳴囊的理想蛙種。諸羅樹蛙的棲地和人類主要活動範圍重疊性很高，加上棲地被嚴重切割破壞，族群數量在近幾年來有大量下降的趨勢；但2006年在北台灣的四崁水、宜蘭的仁山植物園、新寮溪一帶，也發現諸羅樹蛙的族群出現，但這種發現並不值得慶幸，因為這應該是遭人為野放所造成，雖然目前對當地生態的影響程度尚不清楚，但這種野放行為常會造成外來種危害原生物種等的生態問題，實應嚴格禁止。

橙腹樹蛙 *Rhacophorus aurantiventris*

俗別名	無
體長	♂ 5 ~ 6.5cm ♀6 ~ 7.5cm
繁殖期	1 2 3 4 5 6 7 8 9 10 11 12
分布海拔	0 500 1000 1500 2000 2500 3000

◆ **棲地**：零散分布在海拔1500公尺以下的中低海拔原始闊葉林中，發現地點包括宜蘭福山植物園、烏來、三峽、北橫明池、東眼山、台中烏石坑、高雄扇平森林遊樂區、屏東太漢山、墾丁國家公園南仁山保護區、台東知本、多良、依麻林道及利嘉等地。

▲腹面橙紅色。

◆ **特徵**：橙腹樹蛙體型中型，身體及四肢修長，頭部吻端尖，上唇白色，鼓膜及顳褶明顯，下唇也有白線，但於吻端處中斷為一大特徵。背部光滑，墨綠色，散布一些白色或黃色的斑點。體側從吻端到股部有一條白線，白線下方鑲有細黑邊，腹側橙紅色，腹部橙紅色沒有黑斑。前肢背面綠色，腹面橙紅色，手臂外側白色皮瓣明顯，指間有微蹼，指端吸盤橙紅色。後肢背面綠色，腹面橙紅色，腿部外側白色皮瓣明顯，趾間蹼發達，趾端吸盤橙紅色。雄蛙具咽下單一外鳴囊。

相似種比較

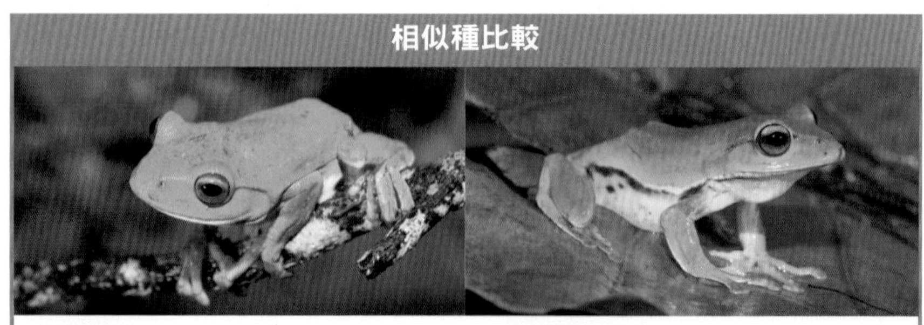

莫氏樹蛙
- 體型略小。
- 體側無白線。
- 後肢內側血紅色且有黑斑。
- 虹膜紅色。

翡翠樹蛙
- 有過眼金線。
- 腹部白色。

▶橙腹樹蛙下唇有白線但於吻端處中斷，看起來好像嘟嘴巴要親人的樣子。

◢ 雄蛙具咽下單一外鳴囊。

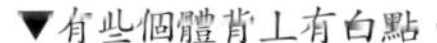

▼有些個體背上有白點。

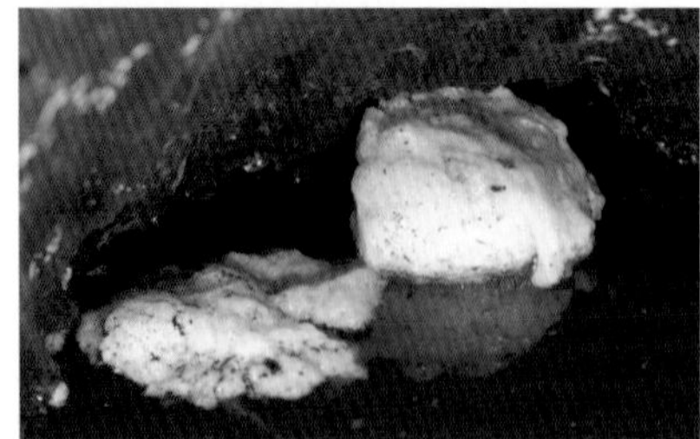

▲橙腹樹蛙的卵泡。

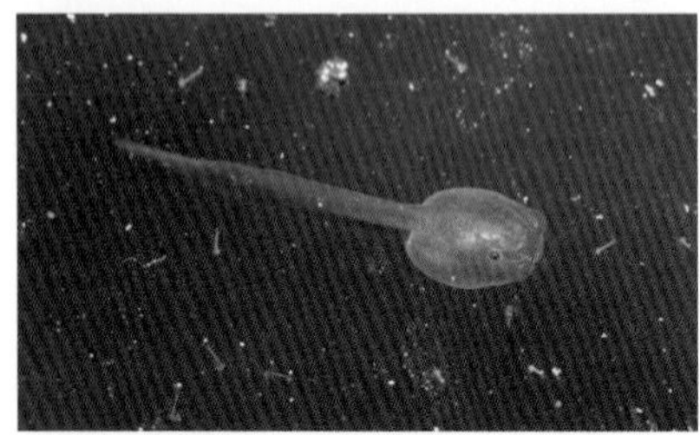

▲橙腹樹蛙的蝌蚪。

▲橙腹樹蛙的小蛙。

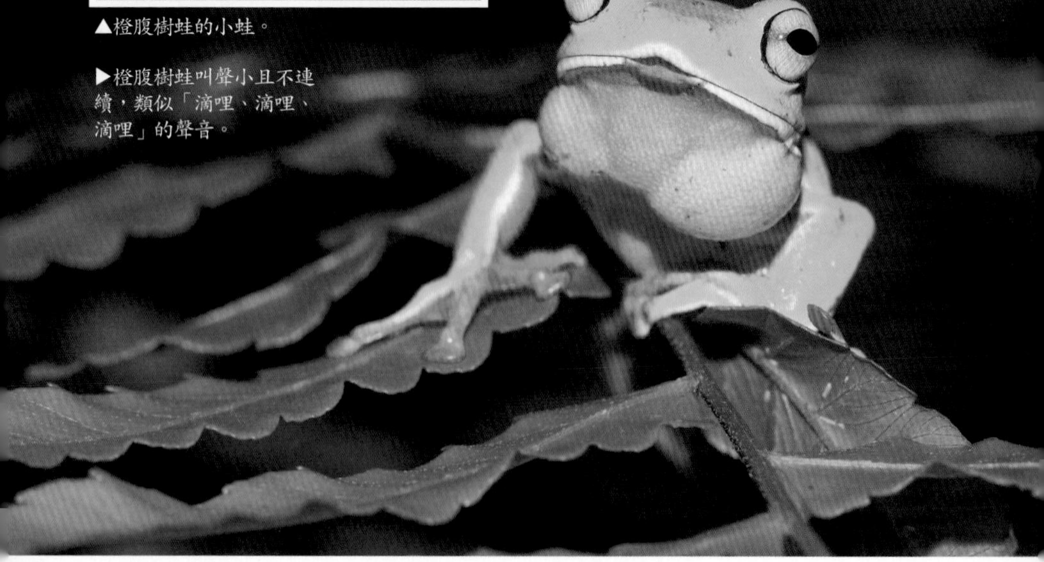

▶橙腹樹蛙叫聲小且不連續，類似「滴哩、滴哩、滴哩」的聲音。

習性：橙腹樹蛙生性隱密，喜歡出現在濃密的喬木森林深處，叫聲小且不連續，類似「滴哩、滴哩、滴哩」的聲音，乍聽之下和翡翠樹蛙很像，但聲音更小更短促。橙腹樹蛙喜歡產卵於樹林底層的靜水域，尤其喜歡天然形成的樹洞積水。橙腹樹蛙幾乎整年都會繁殖，但以春夏兩季為主，卵為泡沫型卵塊，卵粒白色大型，卵徑約3.5至4mm。蝌蚪大型黑色，有些個體背上白色鑰匙狀花紋明顯，底棲型，口位於腹側，眼睛位於頭部上方，尾部修長尾鰭高。

觀察要領：說到橙腹樹蛙的外型，亮眼的綠色美背配上橙紅色的腹部，常

▲蛙友戲稱橙腹樹蛙為「剖成一半的紅心芭樂」。

被蛙友戲稱為「頗成一半的紅心芭樂」；而下唇白線剛好在吻端中斷的造型，看起來又好像嘟起嘴巴要親人的樣子，因此也有「性感小紅唇」的外號。不過，想要一睹橙腹樹蛙的真面目可不簡單，牠應該算是台灣蛙類中最為神秘的一種，原因是牠們對環境非常挑剔，完全無法接受有人為干擾的地區，所以僅分布在幾個非常偏遠的山區，而且甚少出現在步道、林道邊，通常都需要離開道路深入樹林才能看見牠們；加上橙腹樹蛙的叫聲小，一有騷動靠近時又常馬上噤聲不叫，讓找尋牠們的難度大幅提高；記得筆者第一次和幾個蛙友到台東利嘉林道，整整在原始森林裡上上下下找了好幾個小時，身上被帶刺的藤蔓還有水蛭的吸血攻擊所傷，最後才在一堆倒木之中發現了幾隻橙腹樹蛙，發現當時的感動和驚喜的心情，讓人永生難忘。

▲橙腹樹蛙的瞳孔會在燈光下快速的變成一條細線。

▼橙腹樹蛙的一生幾乎離不開樹洞。

莫氏樹蛙 *Rhacophorus moltrechti*

俗別名	雨怪、青葉（台語）
體長	♂ 4～5cm ♀5～6cm
繁殖期	1 2 3 4 5 6 7 8 9 10 11 12
分布海拔	0 500 1000 1500 2000 2500 3000

◆ **棲地**：廣泛的分布在全台海拔2500公尺以下的中、低海拔山區和丘陵。

◆ **特徵**：莫氏樹蛙體型中型纖細，頭部頭寬小於頭長，吻端尖，眼睛虹彩橘紅色，鼓膜不明顯而顳褶明顯。背部為墨綠色，會隨環境變深或淺，背部常帶有一些小白斑或黃斑。體側白色或黃色，有許多大小不一的黑斑。皮膚光滑沒有顆粒，腹部黃色或白色，有圓形小顆粒。前肢背面綠色，腹面白色有些黑斑，有時指間的微蹼及指端吸盤都有黑斑分布，手臂外側白色皮瓣明顯。後肢背面綠色，股部內側橘紅色為最大特徵，外側有明顯的白色皮瓣，黑斑散布在腿部及足部內側，趾間蹼及趾端吸盤發達，有時也有黑斑。雄蛙具單一咽下外鳴囊。

▲莫氏樹蛙在腿部及足部內側散布著黑斑。

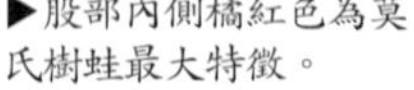

▶股部內側橘紅色為莫氏樹蛙最大特徵。

▲莫氏樹蛙眼睛虹膜橘紅色。

▶雄蛙具單一咽下外鳴囊。

相似種比較

橙腹樹蛙

- 體型較大。
- 體側有白線。
- 虹膜金黃色。
- 腹部橘紅色無黑斑。

台北樹蛙

- 腹部黃色。
- 體型較小。
- 虹膜金黃色。

1 卵

▲正在踢卵泡的莫氏樹蛙。
▶尾部已完全消失的莫氏樹蛙小蛙。
▼莫氏樹蛙的蝌蚪背上常有白色鑰匙狀花紋。

2 蝌蚪

4 小蛙

3 有尾小蛙

▲尾部未消失的莫氏樹蛙小蛙。

習性：莫氏樹蛙因為對環境的適應力佳而成為台灣方布最廣的綠色樹蛙，平常多半住在樹上，繁殖期時才到水邊活動，常會挖一個淺淺的洞藏身在落葉底下，也喜歡躲在水溝旁邊的石縫、鬆鬆的土堆或草根裡鳴叫，有時也會爬到樹上鳴叫。莫氏樹蛙的叫聲很響亮，是一長串「呱－阿，呱阿阿阿」，很像火雞的叫聲。雌蛙受雄蛙叫聲吸引主動接近雄蛙形成配對，偶爾也會出現一隻雌蛙同時和多隻雄蛙交配的情形。莫氏樹蛙一次產卵約300至400顆，卵粒包在白色泡沫卵塊中，卵泡直徑約8公分。蝌蚪黑色大型，身體橢圓形，尾長為體長兩倍，背上常有白色鑰匙狀花紋。

觀察要領：莫氏樹蛙有著吸引人的美麗綠色，加上超可愛的一號笑臉表情和會放電的紅色大眼，一直是青蛙界的親善大使。牠們的繁殖期會隨地區而異，台灣北部及東北部一般在春天及夏天繁殖，中南部則在夏天及秋天產卵，潮溼的山區、例如溪頭，則終年繁殖。莫氏樹蛙除了會出現在非常原始的山林裡之外，其實也常出現在半人為開墾過的山區，比如靠山邊的果園、菜園，這些地方因為灌溉用水的需要，農民常會在附近放置儲水容器，聰明的莫氏樹蛙就會利用這些人為的水源來繁殖，所以想觀察莫氏樹蛙並不一定要到深山野嶺，有時離家很近的小山丘就能發現牠們。莫氏樹蛙因為具有良好保護色，有時要找牠們還真是不簡單，但牠們算是非常容易被騙的蛙類，只要事先預錄好牠們的叫聲，在牠們出現的棲地播放出來，就算是在白天也常常可以騙到牠們跟著一起鳴叫，非常有趣。

▶莫氏樹蛙有著吸引人的美麗綠色，加上超可愛表情和會放電的紅色大眼。

翡翠樹蛙 *Rhacophorus prasinatus*

俗別名	無
體長	♂ 4.5 ~ 6.5cm ♀6.5 ~ 8cm
繁殖期	1 2 3 4 5 6 7 8 9 10 11 12
分布海拔	0 500 1000 1500 2000 2500 3000

◆ **棲地**：分布於台北、宜蘭、台北一帶海拔1000公尺以下的低海拔山區。

◆ **特徵**：翡翠樹蛙是體型中、大型的樹蛙，頭部頭長略大於頭寬，吻端鈍圓或尖，有類似磨損的感覺。眼鼻線及顳褶金黃色，但有些個體金黃色不明顯。背部翠綠色，皮膚粗糙有許多顆粒，體側從吻端到股部有一條白線，白線下方綴有一些大型黑斑；腹部白色，有許多黑斑及圓形小顆粒。前肢背面綠色，外側白色皮瓣不明顯，指端吸盤黃色，指間有微蹼。後肢背面綠色，股部內側有許多大型黑斑，有時黑斑相連成黑線，趾間蹼及趾端吸盤發達，無外蹠突。雄蛙具單一咽下外鳴囊。

▲雄蛙具單一咽下外鳴囊。

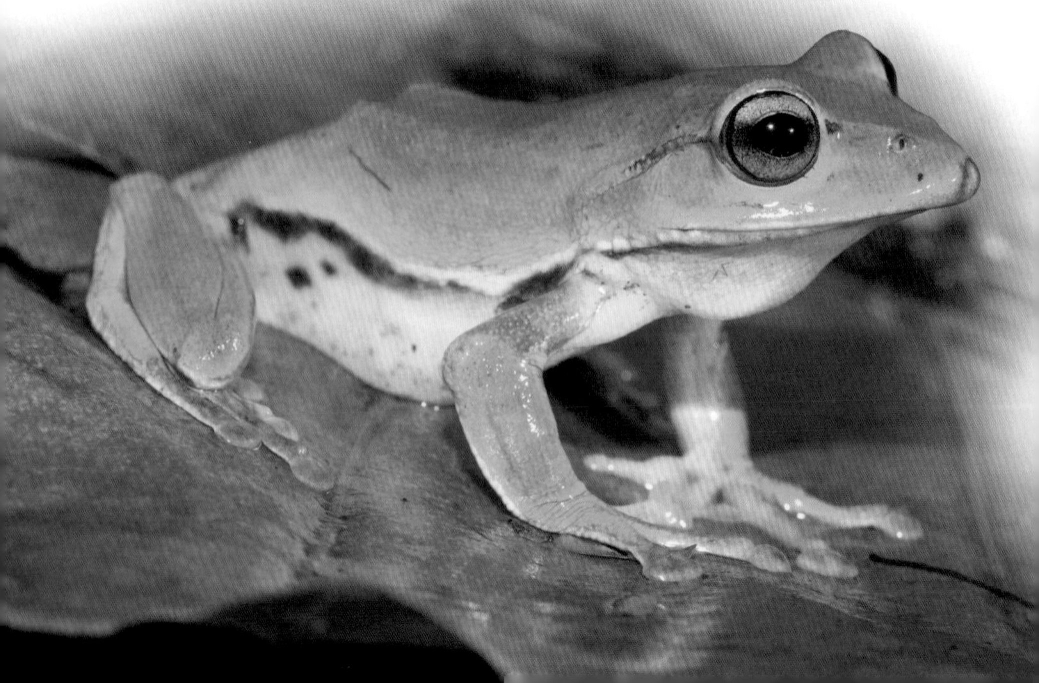

相似種比較

莫氏樹蛙

- 體型較小。
- 體側及後肢內側紅色。
- 虹膜紅色。
- 體側無白線。
- 無過眼金線。

橙腹樹蛙

- 無過眼金線。
- 腹部橙紅色。
- 體側無黑斑。

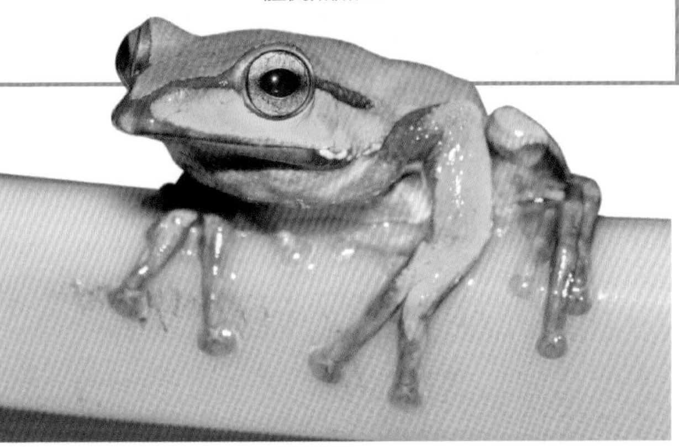

▶翡翠樹蛙眼鼻線及顳褶金黃色，吻端有類似磨損的感覺。

▼有些個體體色會呈棕色。

▲踢卵泡的過程中翡翠樹蛙會二次進入水中吸水。

習性： 翡翠樹蛙雄蛙常在雨天過後，集體來到水邊的植物體上鳴叫，叫聲是短促的「呱阿、呱阿、呱阿」，雌蛙受雄蛙叫聲的吸引，會主動接近雄蛙並在樹上形成配對。翡翠樹蛙產卵的時間非常久，整個過程長達五、六小時或更久，因為太耗體力且製做卵泡所需的水份用完，有時候雌蛙產卵產到一半，還會帶著配對的雄蛙再次跳到水中補充水分，並趁機中場休息，之後再回到樹上在第一團卵泡的附近再繼續產卵，有時也會出現一隻雌蛙和多隻雄蛙配對產卵現象。翡翠樹蛙每次產300至400白色卵粒，埋在淡粉紅色泡沫卵塊中，經常好幾個卵塊聚成一大團。卵塊經常遭受蒼蠅寄生而長蛆，導致孵化失敗。蝌蚪大型，體色黑色散布許多褐色細紋，尾鰭高而發達，呈波浪狀，受到驚擾時會迅速沉到水底。

觀察要領： 翡翠樹蛙這個中文名字取得非常好，除了和外型特色相符外，還跟主要棲地翡翠水庫有關。翡翠樹

1 卵泡

▲翡翠樹蛙第一波踢卵泡。

2 蝌蚪

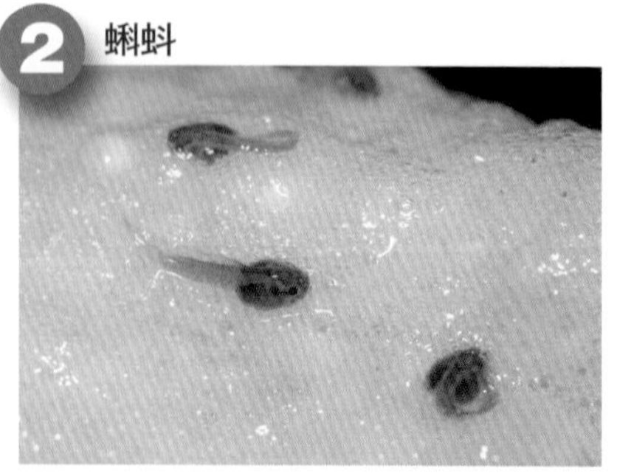

▲剛孵化的蝌蚪。

▲翡翠樹蛙為了搶產卵位置而出現推擠行為。

◀翡翠樹蛙喜歡在水邊的植物體上鳴叫，叫聲是短促的「呱阿、呱阿、呱阿」。

蛙除了冬天最寒冷的幾天以外，幾乎整年都會鳴叫繁殖，但以9、10月秋天及4月春天最活躍。牠們也是愛雨一族，在下雨天的時候牠們鳴叫起來會較大方，比較容易觀察。大概是牠的過眼金線就像戴了一付金框眼鏡，看起來就好像是學識淵博的學者而給人氣質出眾的高貴感覺，加上翠綠的體色使牠成為目光焦點的明星蛙種，大部分第一次看見牠的人都會有驚豔之感。翡翠樹蛙喜歡的出現地點，也不見得是非常原始、較少人為干擾的山區，一些輕微人為開發的山區果園、菜園或茶園，有時反而容易看到牠們。翡翠樹蛙特別喜歡使用農用儲水器具來作為繁殖的場所，如水桶、蓄水池、廢棄浴缸或是附近的植物體上，且常常多隻母蛙都會選到相同的產卵地點甚至因為搶產卵地點而產生打架的行為，也常見到多隻翡翠樹蛙擠成一團在產卵的畫面，另外公蛙也常因為彼此之間的競爭而爭鬥，看來斯文的外表卻藏不住翡翠樹蛙好戰的個性呢。

3 有尾小蛙

▲尾巴未消失的翡翠樹蛙小蛙。

4 小蛙

▲尾巴已消失的翡翠樹蛙。

台北樹蛙 *Rhacophorus taipeianus*

俗別名	無
體長	♂ 3.5 ~ 4.5cm ♀4.5 ~ 5.5cm
繁殖期	1 2 3 4 5 6 7 8 9 10 11 12
分布海拔	0 500 1000 1500 2000 2500 3000

◆ **棲地**：分布於南投以北海拔1500公尺以下的中、低海拔山區和丘陵，以台北近郊山區為主。

◆ **特徵**：台北樹蛙體型中型纖細，頭部頭長約等於頭寬，吻端尖圓，瞳孔水平狀，虹彩黃色，鼓膜不明顯，顳褶明顯。背部主色綠色，但隨環境會變成深褐色或淺綠色，有些個體會有白色、黃色或藍色小斑點。腹側黃色，有些細小的褐色斑點。皮膚光滑沒有顆粒，腹部白色帶黃色。前肢背面綠色，外側白色皮瓣明顯，指間有微蹼，指端吸盤黃色。後肢背面綠色，外側白色皮瓣明顯，股部內側黃色有許多褐色小斑點，趾間蹼及趾端吸盤發達。雄蛙具單一咽下外鳴囊。

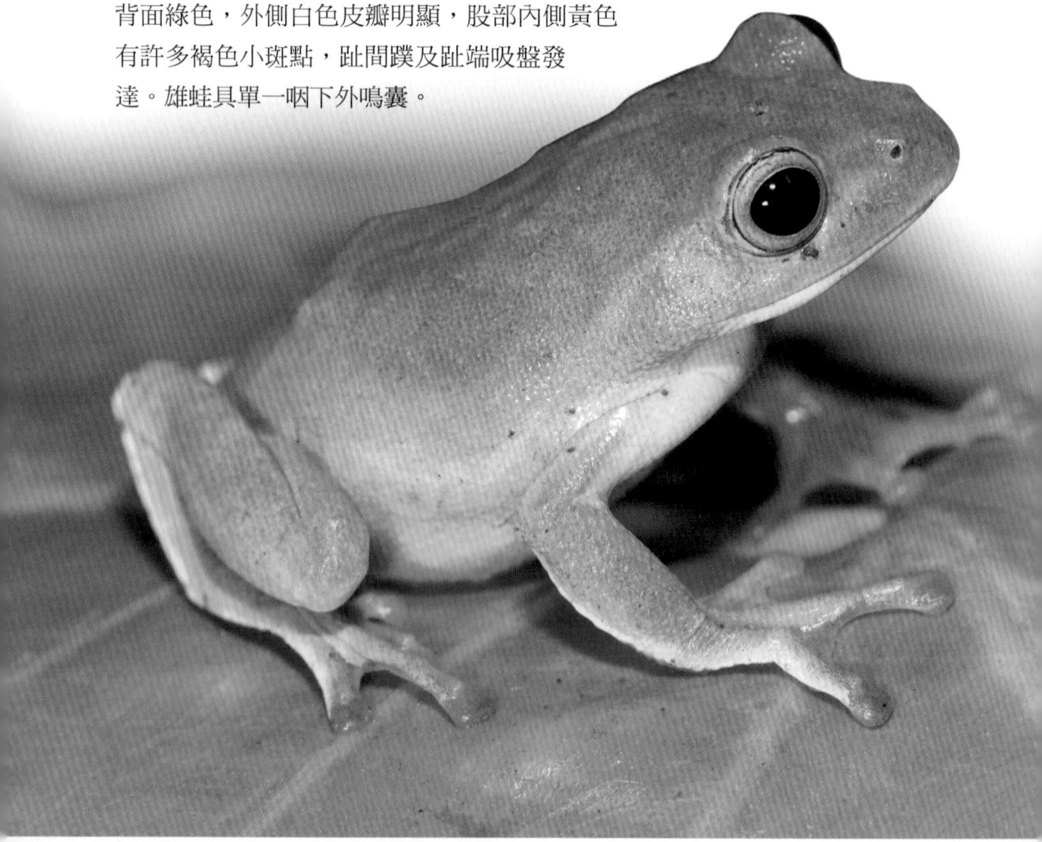

▲台北樹蛙肚子是黃色的。

相似種比較

莫氏樹蛙

- 體側及後肢內側紅色有黑斑。
- 虹膜紅色。

▶雄蛙具單一咽下外鳴囊。

▶台北樹蛙很會變色，可以變得完全不帶一點綠色。

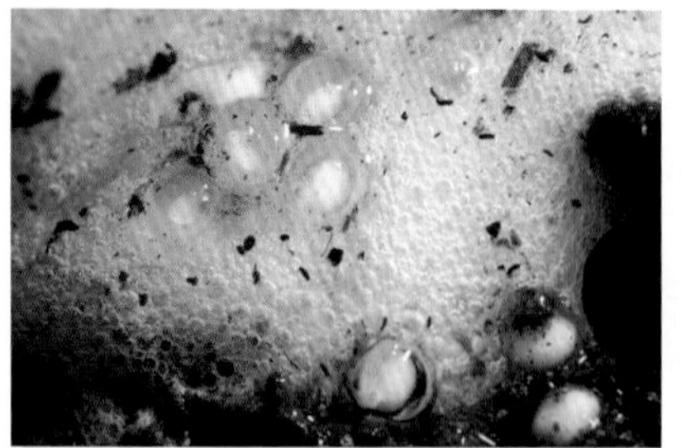

▲快孵化的台北樹蛙卵。

▲台北樹蛙抱接配對。

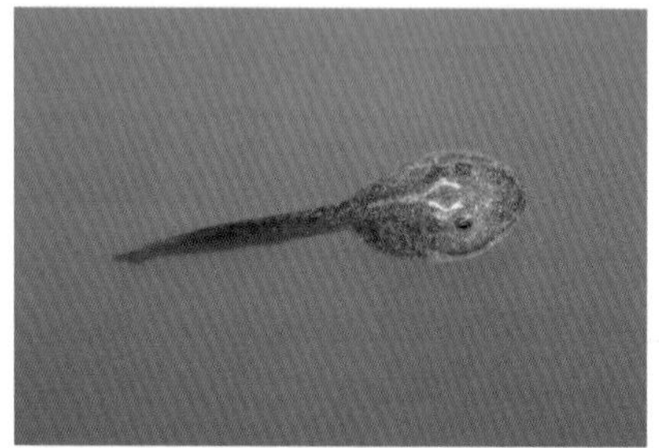

▲台北樹蛙的蝌蚪。

習性：台北樹蛙平常居住在樹上或樹林底層，繁殖期時雄蛙才會遷移到樹林附近的靜水域，並在靠近水邊的草根、石縫或落葉底下挖洞鳴叫，叫聲是低而悠長的「葛-葛-葛-」，有時尾音還會加上「咯、咯、咯」，來增加變化及吸引力，但當兩隻雄蛙彼此靠近時，則改發出以「嘎」為主的沙啞接觸叫聲，一旦兩隻雄蛙真的照面接觸後甚至會大打出手。由於雌蛙偏愛叫聲低沉體型大的雄蛙，體型小不受雌蛙青睞的雄蛙有時會捨棄挖洞鳴叫的求偶方式，乾脆直接爬進已獲得配對的雄蛙洞中，形成一隻雌蛙和多隻雄蛙共同交配產卵的現象。台北樹蛙的卵泡為白色，一次產卵約300至400顆，卵粒白色。台北樹蛙的蝌蚪為灰褐色，身體橢圓形，尾細長，散布許多淺色細斑點，背上偶爾也會有白色鑰匙狀花紋。

▲在洞裡的台北樹蛙。

觀察要領：台北樹蛙雖然是用「台北」來命名，但並非只有大台北地區可以看見牠們，而是從台北到桃園、新竹、苗栗，甚至連南投的少數幾個山區也可以發現牠們。台北樹蛙是一種不怕寒冷天氣的蛙類，而且還選在秋末及冬天繁殖，山區的繁殖期比較長，從10月到次年3月，平地一般

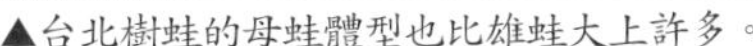

▲台北樹蛙的母蛙體型也比雄蛙大上許多。

▲台北樹蛙是一種不怕寒冷天氣的蛙類。

從12月到2月。台北樹蛙因為有挖洞求偶的習性，所以常常是只聽得到聲音，卻無法直接看見牠們，這時候我們可能需要試著開挖有叫聲傳出的地方，才可以順利找到牠們。通常在土裡的雄蛙體色都會呈現暗棕色、暗綠色或橄欖綠，較不美麗；有些棲地的台北樹蛙會特別喜歡出現在排水管裡鳴叫，如三芝三板橋就是如此，因此也成為最適合觀察台北樹蛙的地點。

▼三芝三板橋的台北樹蛙常會利用排水管作為繁殖場所。

第五章

青蛙的保育

青蛙的危機

相信很多老一輩的人都有明顯感覺，以往農業社會時期隨處可見的青蛙，現在要見上一眼都很困難，有些蛙種甚至要跋山涉水才可以見到，怎會有這麼大的落差呢？其實這情況不僅在台灣發生，甚至是全世界都在上演的戲碼，到底發生了什麼事情？其實最主要的原因有三：人為的獵補、棲地的切割破壞、環境污染和氣候變遷，分別詳述如下：

人為的獵補

造成青蛙減少的原因之一就是濫捕與食用。在過去的農業生活中，青蛙原本就是民間常用的食材，抓青蛙來吃也是相當正常且普遍的，既可滿足小孩子玩耍、抓青蛙的慾望，又可以當作晚餐的佳餚，而青蛙肉也成為當時人們補充蛋白質的重要來源。如果只是正常的捕抓，其實對蛙類的永續生

▲有毒的蟾蜍竟也成為料理，更何況其他蛙類。

▼以往到處可見的金線蛙，現在已經難得一見。

息影響是不大的，但總是有些人貪心，一網打盡的大量捕抓，使得濫捕青蛙也成為蛙類生態的一大威脅，虎皮蛙、貢德氏赤蛙、褐樹蛙和金線蛙就是最好的例子。另外近年來也流行的吃蟾蜍肉，這也悄悄地威脅蟾蜍的生存，筆者也有多次在山區遇過有人在捕捉蟾蜍，發現他們多半是野生蟾蜍肉料理店的業者，抓回去多半做成蟾蜍湯來賣，聽說生意好到可以開分店呢。由於這幾種大型的原生青蛙常常成為被捕捉的對象，族群量都曾受到相當的威脅。有鑑於此，農委會特於民國79年公告的10種保育蛙類中，有三種就是受到「捕食壓力」而上榜，而且一上榜就持續了18年之久。不過隨著時代進步和人民教育素質的提高，愈來愈少人以青蛙為食，加上體型更大的美國牛蛙引進台灣，也讓野外原生蛙種被捕食壓力減輕許多。

▲虎皮蛙是以前農業社會人們補充蛋白質的重要來源。

棲地的切割破壞

比起人為的獵捕，棲地的破壞對蛙類影響更大。隨著科技的進步和經濟發展，原本一些尚未開發的「荒地」，例如：熱帶雨林、溼地、原始森林等，這些原本是被人類認為經濟價值較低的土地，現在都變成必須加以開發的工業用地、住宅或耕地，原本給青蛙住的地方，今天卻要來給人類住，可憐的青蛙就此無家可歸、流離失所。棲地破壞的問題它所造成的威脅是立即性的，這是因為青蛙的遷徙能力有限，一旦原本居住的棲地被破壞後，青蛙可能無法在附近找到適

▼雲林斗六市的某片竹林消失，原本住在裡面的諸羅樹蛙也完全消失。

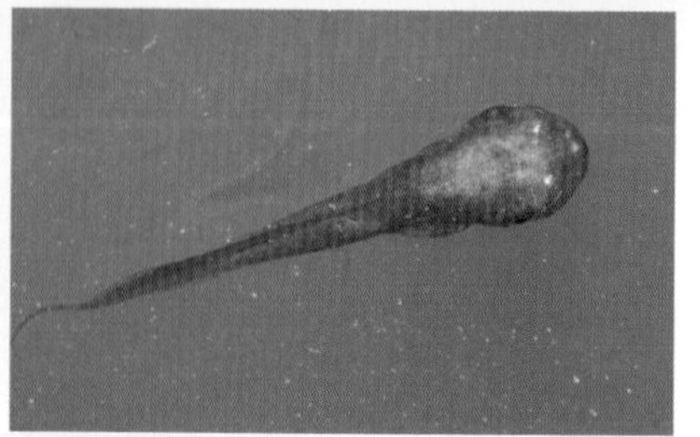

▲環境的問題也造成很多畸型蛙、畸型蝌蚪出現（畸形白頜樹蛙蝌蚪）。

▲躲在落葉堆或草堆裡的黑蒙西氏小雨蛙是除草劑的受害者。

合的環境產卵，食物的來源也可能短缺，甚至連藏身的地方都可能沒有，因此棲地消失後不用多久青蛙就可能完全消失。雲林斗六市的某片竹林，原本是筆者長期觀察諸羅樹蛙的地方，但竹農可能因筍子欠收加上蚊蟲滋生等問題，竹林就這樣被完全砍伐殆盡，當然原本住在裡面好幾百隻的諸羅樹蛙，目前已經完全看不見了，可見棲地對青蛙來講有多麼重要。

環境的污染與氣候的變遷

環境污染對蛙類生態的影響範圍可大可小，造成影響的時效性更是長短不一，例如農藥、除草劑、工業廢水、空氣污染……等等。通常是對人類健康不好的對青蛙也都不好，不過人類知道如何避開污染源，但是青蛙卻只能默默的承受。筆者印象最深的就是山區林道邊的除草劑噴灑，通常不用多久就見到枯黃一片，原本躲在落葉堆裡的小雨蛙當然也全部消失不見。而最近全球氣候異常的現象越來越明顯，原本多雨的地方常出現乾旱，而不應該下雨的時候卻又出現豪雨，這對生活史中需要水的蛙類首當其衝，受到很大影響。加上臭氧層的破洞加大，紫外線對蛙類也造成不小威脅，很多畸型蛙、畸型蝌蚪都因此出現，這些隱形的殺手對蛙類也產生非常鉅大的傷害，追究其原因，兇手其實還是人類。

賞蛙與保育

環境的保護

從前面探討青蛙危機的文章看來，要作好青蛙保育的工作，棲地、環境是最重要的。但筆者也發現，如果保育人士一味的堅持全面阻止環境開發來達成棲地保留，那終究會和一切以經濟掛帥的政府施政方向背道而馳，而導致最終失敗的結果。新的保育觀念應該是要講究「雙贏」，也就是找出經濟發展和生態保育能夠不相違背的方法，甚至更理想的是兩者可以相輔相成。比如本書第三章〈賞蛙地圖〉介紹過的南投桃米生態村就是很好的例子，居民利用當地的自然資源，有計劃的規劃成以蛙類和蜻蜓生態為主題的旅遊地點，不僅為當地居民帶來實質經濟的收益，同時也因為生態環境的好壞直接影響到旅遊的品質，也讓保育工作成為發展經濟的基礎工作，也讓人更願意投入資源和人力，當然就可以達到雙贏的局面。

外來種的影響

談到蛙類保育就不能不提到外來種肆虐的問題，這問題遠比一般人所想像的來得嚴重，原因是台灣是小型島

▲南投桃米生態村是讓保育和經濟發展相輔相成的成功例子。

▲牛蛙對原生蛙的生存會造成很大的傷害。

嶼，擁有獨特的生態系，對於外來種生物的侵入更是敏感與脆弱。外來種生物的引入，最直接的危害為掠食當地原生物種，使原生物種族群數量降低甚至是絕滅；以美國牛蛙為例，常常一個區域只要出現一隻牛蛙，可能一兩年內就會感覺到，附近的原生蛙種會因被牛蛙補食而大量減少。另外，外來種的生存競爭及排擠問題也很嚴重，如果被引進的外來種生物其生態習性與原生物種相似，那麼無論是在自然資源、食物或棲地利用方面，將會與原生物種發生競爭現象，導致生態系平衡的破壞或物種絕滅。最近幾年來四崁水、宜蘭的仁山植物園、新寮溪一帶出現了原產於雲嘉南一帶的諸羅樹蛙，雖然沒有獵食其它蛙類的現象，但是對當地蛙種是否產生競爭及排擠問題值得觀察。

外來種的成因有很多，棄養、隨貿易平行輸入、偷渡、科學研究、放生等都可能讓物種隨之進入原本不屬於牠們的環境，比如出現在高雄、屏東、台南一帶的花狹口蛙，就被懷疑可能是隨著東南亞原木的輸入而夾帶進來，或是水族棄養所致，目前花狹口蛙在野外已有穩定的族群，散佈的範圍更是日漸擴大，對於原生蛙類生態所造成的影響學術界尚在觀察監控中。另外最近新聞也報導有許多人嘗試在異地復育青蛙，筆者的看法是除非該青蛙原來棲地已確定無法保留或有可能短期內消失的特殊情況，否則這樣的動作就算是專家來做也很容易失敗。若是復育的蛙種無法適應新環境，那造成的影響可能還不大，但萬一新環境太適合該蛙種，甚至在附近變成強勢物種並擴散開來，那就可能形成另類的外來種問題，不可不慎。

保育類物種名單

2009年最新公布的台灣兩棲類保育類物種名單中，共有7種蛙類列名。

保育等級符號說明如下：

保育類 I 級：

表示瀕臨絕種野生動物

保育類 II 級：

表示珍貴稀有野生動物

保育類 III 級：

表示其他應予保育之野生動物

豎琴蛙	保育類 II 級
金線蛙	保育類 III 級
台北赤蛙	保育類 II 級
諸羅樹蛙	保育類 II 級
橙腹樹蛙	保育類 II 級
翡翠樹蛙	保育類 III 級
台北樹蛙	保育類 III 級

| 結語 |

公開賞蛙景點 喚起保育重視

楊胤勛

就在筆者起草本書時，聽到位於陽明山國家公園內的二子坪，為了興建大型廁所，破壞了原本的台北樹蛙棲地，不禁讓筆者感觸良多，不知台灣各地有多少類似的例子在上演著？人們不知道哪些地方有什麼珍貴的生態資源，就因環境開發而破壞殆盡。

《賞蛙地圖》一書毫無保留的將筆者所知道的賞蛙地點完全公開，雖然也怕有心人士會因此輕易找到稀有而具觀賞價值的蛙種，做出傷害的行為，但筆者仍相信人性本善，希望藉由本書告知什麼地方有著什麼樣的蛙類生態，進而讓這些地點受到重視而被保護，不再發生類似二子坪的悲劇。

另外，青蛙的保育工作不是單靠筆者、學者或少數愛蛙人士的力量就可以達成的，需要大家的通力合作參與，才可見到成效。但是，若是紙上談兵，以教條式宣傳青蛙保育工作，只會流於形式而不會有實質的成果；所以，如果可以透過推廣賞蛙活動，讓更多人可以一窺蛙類生態的奧妙，也讓原本弱勢且易被忽略的青蛙被更多人注意到，甚至對牠們產生興趣進而愛上青蛙，相信推廣青蛙保育就能有較多助力，這才是筆者最終想看到的發展。

《賞蛙地圖》除了有完整的圖片和文字介紹台灣青蛙外，重點還是放在「如何帶領讀者進入賞蛙的世界」。筆者也把這幾年來所累積的私房和大眾賞蛙景點做整理介紹，希望對於剛踏入賞蛙領域的新手能夠按圖索驥，很快的發現青蛙在哪裡，並深入觀察並記錄青蛙的生態，最後都能成為賞蛙專家，並投入蛙類保育的行列，這將會是台灣的蛙類之福。

最後也祝大家每次賞蛙都能順順利利，每次的夜間觀察都能滿載而歸。

國家圖書館出版品預行編目資料

賞蛙地圖／楊胤勛著.--初版.一台中市：晨星, 2009. 11
面； 公分. -- (台灣地圖 ;028)
參考書目：面
含索引
ISBN 978-986-177-309-4（平裝）

1. 蛙 2. 動物圖鑑 3. 台灣遊記

388.691025 98014631

台灣地圖 028

賞蛙地圖

作者 楊胤勛
審定 向高世
主編 徐惠雅
校對 楊胤勛、徐惠雅、向高世
美術編輯 洪素貞
地圖繪製 洪素貞

發行人 陳銘民
發行所 晨星出版有限公司
台中市407工業區30路1號
TEL：04-23595820 FAX：04-23597123
E-mail：morning@morningstar.com.tw
http：//www.morningstar.com.tw
行政院新聞局局版台業字第2500號
法律顧問 甘龍強律師
承製 知己圖書股份有限公司 TEL：（04）23581803
初版 西元2009年11月10日

總經銷 知己圖書股份有限公司
郵政劃撥： 15060393
（台北公司）台北市106羅斯福路二段95號4F之9
TEL：（02）23672044 FAX：（02）23635741
（台中公司）台中市407工業區30路1號
TEL：（04）23595819 FAX：（04）23597123

定價 590 元
ISBN 978-986-177-309-4
Published by Morning Star Publishing Inc.
Printed in Taiwan

◆讀者回函卡◆

以下資料或許太過繁瑣，但卻是我們瞭解您的唯一途徑

誠摯期待能與您在下一本書中相逢，讓我們一起從閱讀中尋找樂趣吧！

姓名：＿＿＿＿＿＿＿＿　別：□男　□女　生日：　／　／

教育程度：＿＿＿＿＿＿

職業：□學生　□教師　□內勤職員　□家庭主婦

□SOHO族　□企業主管　□服務業　□製造業

□醫藥護理　□軍警　□資訊業　□銷售業務

□其他＿＿＿＿＿＿＿

E-mail：＿＿＿＿＿＿＿＿＿＿＿　聯絡電話：＿＿＿＿＿＿＿

聯絡地址：□□□＿＿＿＿＿＿＿＿＿＿＿＿＿＿＿＿＿＿

購買書名：賞蛙地圖

本書中最吸引您的是哪一篇文章或哪一段話呢？＿＿＿＿＿＿＿＿＿

• 誘使您 買此書的原因？

□於＿＿＿＿書店尋找新知時　□看＿＿＿＿報時瞄到　□受海報或文案吸引

□翻閱＿＿＿＿雜誌時　□親朋好友拍胸脯保證　□＿＿＿＿電台DJ熱情推薦

□其他編輯萬萬想不到的過程：＿＿＿＿＿＿＿＿＿＿＿＿＿＿

• 對於本書的評分？（請填代號：1. 很滿意 2. OK啦！ 3. 尚可 4. 需改進）

面設計＿＿＿＿　版面編排＿＿＿＿　內容＿＿＿＿　文／譯筆＿＿＿＿

• 美好的事物、聲音或影像都很吸引人，但究竟是怎樣的書最能吸引您呢？

□價格殺紅眼的書　□內容符合需求　□贈品大碗又滿意　□我誓死效忠此作者

□晨星出版，必屬佳作！　□千里相逢，即是有緣　□其他原因，請務必告訴我們！

＿＿＿＿＿＿＿＿＿＿＿＿＿＿＿＿＿＿＿＿＿＿＿＿＿＿＿＿

• 您與眾不同的閱讀品味，也請務必與我們分享：

□哲學　□心理學　□宗教　□自然生態　□流行趨勢　□醫療保健

□財經企管　□史地　□傳記　□文學　□散文　□原住民

□小說　□親子叢書　□休閒旅遊　□其他＿＿＿＿＿＿＿＿＿＿

以上問題想必耗去您不少心力，為免這份心血白費

請務必將此回函郵寄回本社，或傳真至（04）2359-7123，感謝！

若行有餘力，也請不吝賜教，好讓我們可以出版更多更好的書！

• 其他意見：

晨星出版有限公司 編輯群，感謝您！

請填妥後對折裝訂，直接投郵即可，免貼郵票。

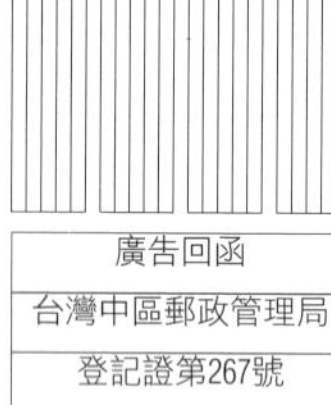

廣告回函
台灣中區郵政管理局
登記證第267號
免貼郵票

407
台中市工業區30路1號
晨星出版有限公司

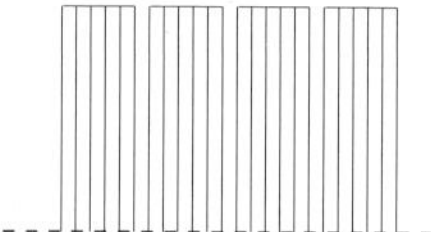

請沿虛線摺下裝訂，謝謝！

更方便的購書方式：

1. 網站：http://www.morningstar.com.tw
2. 郵政劃撥 帳號：15060393
戶名：知己圖書股份有限公司
請於通信欄中註明欲購買之書名及數量
3. 電話訂購：如為大量團購可直接撥客服專線洽詢

◎ 如需詳細書目可上網查詢或來電索取。
◎ 客服專線：04-23595819#230 傳真：04-23597123
◎ 客戶信箱：service@morningstar.com.tw